助焊剂
配方与制备技术

李东光　主编

化学工业出版社

·北京·

内 容 简 介

助焊剂是焊接材料中重要的辅助材料。本书按照无机系列助焊剂、有机系列助焊剂、树脂系列助焊剂划分，精选 200 种助焊剂配方，系统介绍了原料配比、制备方法、产品应用，并对产品特性做了详细介绍。

本书可供从事助焊剂研发、生产的相关人员，高等院校精细化工专业的师生参考。

图书在版编目（CIP）数据

助焊剂配方与制备技术 / 李东光主编. —北京：
化学工业出版社，2023.12
ISBN 978-7-122-44139-3

Ⅰ.①助… Ⅱ.①李… Ⅲ.①焊接材料–配方②焊接
材料–材料制备 Ⅳ.①TG42

中国国家版本馆CIP数据核字（2023）第171651号

责任编辑：张 艳 文字编辑：姚子丽 师明远
责任校对：刘曦阳 装帧设计：王晓宇

出版发行：化学工业出版社（北京市东城区青年湖南街 13 号 邮政编码 100011）
印 装：涿州市般润文化传播有限公司
710mm×1000mm 1/16 印张 17¼ 字数 325 千字 2024 年 1 月北京第 1 版第 1 次印刷

购书咨询：010-64518888 售后服务：010-64518899
网 址：http://www.cip.com.cn
凡购买本书，如有缺损质量问题，本社销售中心负责调换。

定 价：98.00元 版权所有 违者必究

助焊剂（钎焊熔剂）是钎焊过程中用的熔剂，与钎料配合使用，是保证钎焊过程顺利进行和获得致密接头不可或缺的。助焊剂可分为固体助焊剂、液体助焊剂和气体助焊剂。主要有辅助热传导、去除氧化物、降低被焊接材料表面张力、去除被焊接材料表面油污、增大焊接面积、防止再氧化等作用。助焊剂与钎料的合理选用对钎焊接头的质量起关键作用。

助焊剂的种类繁多，一般可分为无机系列、有机系列和树脂系列。

无机系列助焊剂：无机系列助焊剂的化学作用强，助焊性能非常好，但腐蚀作用大，属于酸性焊剂。因为它溶解于水，故又称为水溶性助焊剂。它包括含无机酸的助焊剂和含无机盐的助焊剂2类。含有无机酸的助焊剂中无机酸主要是盐酸、氢氟酸等，含有无机盐的助焊剂中无机盐主要是氯化锌、氯化铵等。使用无机系列助焊剂后必须立即进行非常严格的清洗，因为任何残留在被焊件上的卤化物都会引起严重的腐蚀。这种助焊剂通常只用于非电子产品的焊接，在电子设备的装联中严禁使用这类无机系列的助焊剂。

有机系列助焊剂（OA）：有机系列助焊剂的助焊作用介于无机系列助焊剂和树脂系列助焊剂之间，它也属于酸性、水溶性助焊剂。含有有机酸的水溶性助焊剂以乳酸、柠檬酸为基础，由于它的焊接残留物可以在被焊物上保留一段时间而无严重腐蚀，因此可以用在电子设备的装联中，但一般不用在表面安装技术（SMT）所使用的焊膏中，因为它没有树脂系列助焊剂的黏稠性（起防止贴片元器件移动的作用）。

树脂系列助焊剂：在电子产品的焊接中使用比例最大的是树脂系列助焊剂。由于它只能溶解于有机溶剂，故又称为有机溶剂助焊剂，其主要成分是松香。松香在固态时呈非活性，只有在液态时才呈活性，其熔点为127℃，活性可以持续到315℃。锡焊的最佳温度为240~250℃，所以正处于松香的活性温度范围内，且它的焊接残留物不存在腐蚀问题。这些特性使树脂系列助焊剂作为非腐蚀性助焊剂而被广泛应用于电子设备的焊接中。

助焊剂应满足以下基本要求。

（1）助焊剂的熔点和最低活性温度比钎料低，在活性温度范围内有足够的流动性。在钎料熔化之前，助焊剂就应熔化并开始起作用，去除钎缝间隙和钎料表面的氧化膜，为液态钎料的铺展润湿创造条件。

（2）应具有良好的热稳定性，使助焊剂在加热过程中保持其成分和作用稳定不变。一般说来，助焊剂应具有不小于 100℃的热稳定温度范围。

（3）能很好地溶解或破坏被钎焊金属和钎料表面的氧化膜。助焊剂中各组分的汽化（蒸发）温度应比钎焊温度高，以避免助焊剂挥发而丧失作用。

（4）在钎焊温度范围内，助焊剂应黏度小、流动性好，能很好地润湿钎焊金属，减小液态钎料的界面张力。

（5）熔融助焊剂及清除氧化膜后的生成物密度应较小，这样有利于上浮并呈薄膜层均匀覆盖在钎焊金属表面，有效地隔绝空气，促进钎料润湿和铺展。

（6）熔融助焊剂残渣不应对钎焊金属和钎缝有强烈的腐蚀作用，助焊剂挥发物的毒性应较小。

为满足市场需要，在化学工业出版社组织下，我们编写了《助焊剂配方与制备技术》一书，共收集助焊剂配方 200 种，在介绍配方的同时详细介绍制备方法、原料介绍、产品特性等。本书可作为从事助焊剂科研、生产、销售人员的参考读物。

本书的配方以质量份数表示，在配方中有注明以体积份数表示的情况下，需注意质量份数与体积份数的对应关系，例如质量份数以 g 为单位时，对应的体积份数单位是 mL，质量份数以 kg 为单位时，对应的体积份数单位是 L，以此类推。

需要请读者们注意的是，我们没有也不可能对每个配方进行逐一验证，本书所列配方仅供参考。读者在参考本书进行试验时，应根据自己的实际情况本着先小试后中试再放大的原则，小试产品合格后才能往下一步进行，以免造成不必要的损失。

本书由李东光主编，参加编写的还有翟怀凤、李桂芝、吴宪民、吴慧芳、邢胜利、蒋永波、李嘉等。由于作者水平有限，书中不妥之处在所难免，敬请广大读者提出宝贵意见。主编 E-mail 为 ldguang@163.com。

主编

2023.5

目 录

无机系列
助焊剂

配方 1

不锈钢助焊剂

原料配比

原料	配比（质量份）	原料	配比（质量份）
磷酸	25	氯化铵	12.5
氯化锌	12.5	水	50

制备方法 将各组分混合均匀即可。

原料介绍 其中氯化锌、氯化铵均采用化学纯等级的固体粉末，磷酸采用95%以上的化学纯等级制品，制备时将氯化锌、氯化铵、磷酸掺入水中搅拌至完全溶解即可，使用时涂于焊接物件表面进行锡焊，可取得良好的焊接效果。

产品应用 本品主要应用于不锈钢等金属的锡焊。

产品特性 本品以中强酸磷酸作为去氧化剂，由于其在高温下水分蒸发后留下黏稠状物质附着在不锈钢表面，可防止二次氧化，再添加氯化锌、氯化铵，在焊接时达到使锡与不锈钢形成合金层的目的。

配方 **2**

镀锡铜丝用助焊剂

原料配比

原料	配比（质量份）			
	1#	2#	3#	4#
乙二醇	0.3	0.5	0.6	0.4
三乙醇胺	0.3	0.5	0.6	0.5
丙三醇	0.3	0.5	0.6	0.4
二甲胺盐酸盐	0.05	0.1	0.12	0.08
氯化锌	0.1	0.5	0.6	—
氯化铵	0.3	0.5	0.6	0.4
工业盐酸	2.6	2	1.6	1.72
水	加至100	加至100	加至100	加至100

制备方法 先将乙二醇、三乙醇胺、丙三醇、二甲胺盐酸盐、氯化锌和氯化铵混合均匀得混合料；向混合料中加部分水，混匀，接着加入工业盐酸，再将余下的水加入混匀，即得镀锡铜丝用助焊剂。

原料介绍 氯化锌是强路易斯酸，遇水强烈水解，有溶解金属氧化物和纤维素的特性，能增强镀锡丝的光亮性。

二甲胺盐酸盐活性高，能减小表面张力，使焊料和焊接金属相互湿润，增强助焊能力。

氯化铵水溶液呈弱酸性，加热时酸性增强。对黑色金属和其它金属有腐蚀性，特别是对铜腐蚀作用更大，故有助于清理铜丝表面铜粉。

乙二醇、三乙醇胺及丙三醇能增强助焊效果，低毒，使用较安全。

所述的水为工业软化水。采用工业软化水，本品的助焊效果更佳。

产品应用 本品主要应用于生产连续退火镀锡铜丝。

产品特性

（1）助焊性强，提升助焊效果，连续生产不会出现漏铜现象；

（2）润湿效果好，焊接能力强，焊后光亮圆润；

（3）高温易分解，配合抽风机使用锡炉处无烟雾、无异味；

（4）用于生产镀锡铜丝，形成的镀层光亮平滑，对镀层内部起保护作用，防止被氧化。

配方 **3**

晶体管引线热浸锡用助焊剂

原料配比

原料	配比（质量份）			
	1#	2#	3#	4#
氯化锌	10	5	10	5
盐酸联氨	5	10	—	—
乙二醇单乙基醚	10	8	5	0.5
水合肼	适量	适量	1.4	2.8
氢溴酸	—	—	3.6	7.2
水	加至 100	加至 100	加至 100	加至 100

制备方法　1#、2#配方制备方法：先配好盐酸联氨，然后加入配方量的水以及润湿剂乙二醇单乙基醚，最后加入氯化锌，以防止锌离子沉淀。采用碱性水合肼调节其 pH 值，使 pH=5～6。

3#、4#配方制备方法：先将水合肼和氢溴酸少量地缓慢混合，并搅拌，混合过程中会放出大量的热，应防止过热引起暴沸而溅出，然后加入水以及润湿剂乙二醇单乙基醚，再加入氯化锌，防止沉淀产生，最后用水合肼调节 pH 值为5～6。

原料介绍　配方中，氯化锌的化学活性强，除去氧化膜的能力强，热稳定性较好。盐酸联氨化学活性较弱，其仅在焊接温度下呈活性，其分解产生的气体对母材及焊料的表面起保护作用，防止母材及焊料氧化，从而起到助焊作用。乙二醇单乙基醚的主要作用是减小熔融锡和助焊剂之间的界面张力，提高熔融锡的润湿性。乙二醇单乙基醚作为润滑剂，润湿效果尤其良好，在晶体管引线浸入熔融锡深度及浸锡工艺条件相同情况下，促使焊料爬升的高度最大。

产品特性　本品化学活性及润湿性好，防止母材和焊料氧化性能好。尤其适用于连续化工业生产的自动浸锡机。

铝及铝合金软钎焊用无铅焊膏及助焊剂

原料配比

原料	配比（质量份）		
	1#	2#	3#
氟化锌	10	0.6	7.2
氟化铋	—	3.9	1.6
氟化铜	—	0.5	1.2
多羟基胺的氢氟酸盐	75	85	70
乙二醇	15	10	20

制备方法 将多羟基胺的氢氟酸盐投入反应釜，加热至110～130℃，待多羟基胺的氢氟酸盐完全熔化后，加入重金属氟化物活性剂，待重金属氟化物活性剂完全溶解后，搅拌，加入乙二醇，冷却后即得助焊剂。

原料介绍 重金属氟化物活性剂选自氟化锌、氟化铋以及氟化铜中任意一种或两种及两种以上的组合。

多羟基胺选自乙醇胺、二乙醇胺、三乙醇胺、羟乙基乙二胺、二羟乙基乙二胺、四羟基乙基乙二胺、三异丙醇胺和三羟甲基氨基甲烷中的1～3种。

产品应用 本品主要应用于冶金化工。

产品特性 本品所采用的基质本身就具有极强去除氧化膜的特性，由此提高了助焊剂的整体活性。在钎焊过程中，由于助焊剂中具有极高的氟离子相对含量，能迅速去除铝表面的氧化膜，而重金属氟化物在钎焊过程中被铝基材还原，析出的重金属呈液态并与母材合金化，降低了熔态钎料与母材间的界面张力，保证了助焊剂最大的活性。

铝及铝合金用软钎焊金属置换型无铅助焊剂

原料配比

原料		配比（质量份）		
		1#	2#	3#
可还原的金属盐	氟硼酸亚锡	12	8	8
	氟硼酸锌	—	5	5

原料		配比（质量份）		
		1#	2#	3#
去膜剂	三羟乙基胺	28	30	30
润湿剂	氟硼酸钾	15	—	—
	氟硼酸铵	—	15	—
	氟硼酸钠	—	—	15
活化剂	三乙胺盐酸盐	5	—	5
	环己胺氢溴酸盐	—	5	—
表面活性剂	OP-10（辛基酚聚氧乙烯醚）	5	—	—
	溴代十六烷基吡啶	—	5	—
	FSN-100（非离子型氟碳表面活性剂）	—	—	2
缓蚀剂	5-苯并基四唑	5	—	—
	哌嗪	—	4	—
	吗啉	—	—	5
载体	聚乙二醇10000	30	—	—
	聚乙二醇20000	—	28	—
	聚乙二醇100000	—	—	30

制备方法　将原料混合搅拌均匀，加热体系变成乳白色膏状物即可。

产品应用　本品主要应用于电器、仪表、通信、电光源等电子设备的焊接。

产品特性　在焊接温度下与无铅焊料有极佳的匹配效果，其适用于与无铅焊料制成焊丝或焊膏。焊后焊接强度高，扩展率好，属环保型助焊剂，具有对铝及铝合金焊接缓蚀保护的作用且制备方法简单易行。

配方 6

铅酸蓄电池汇流排助焊剂

原料配比

原料	配比（质量份）			
	1#	2#	3#	4#
偏磷酸	15	10	8	8

原料	配比（质量份）			
	1#	2#	3#	4#
磷酸酯	5	6	8	7
乙醇	12	15	14	10
胭脂红	3	2	4	5
水	65	67	66	70

制备方法 将各组分混合均匀即可。

产品应用

使用助焊剂铸焊电池的方法：

① 浸助焊剂：正负板耳均插入助焊剂，确保浸液高度高 3～4mm 即可；

② 熔合：将浸过助焊剂的正负板耳插入铅熔液，插入深度为 3～4mm，使其板耳表面与铅液熔合；

③ 铸焊好汇流排：板耳与铅液熔合后冷却，铅液冷却凝固的铅金属称为汇流排，一起从铸焊模具拔出，铸焊结束。

产品特性 本品在铅酸蓄电池焊接过程中，没有出现板耳与铅液熔化不良的现象，铅液冷却后无气泡产生，铅液不粘板耳，并有效解决了助焊剂用量过多粘于隔板纸或者极板铅膏上，导致充电后不转换成活物的问题。采用本品助焊剂铸焊，铅液温度可以降低 10℃，铅渣减少 10%，铸焊电池时间减少 5%。

 配方 **7**

铅酸蓄电池极板助焊剂

原料配比

原料	配比（质量份）			
	1#	2#	3#	4#
次磷酸钠	20	15	17	15
浓硫酸	15	10	13	15
表面活性剂	5	15	10	10
水	60	60	60	60

制备方法

（1）将全部的浓硫酸缓慢地加入水中，搅拌至溶液均匀；

（2）将步骤（1）的酸溶液缓慢地加入全部的预配的表面活性剂水溶液中，搅拌至溶液均匀；

（3）加入全部的次磷酸钠，搅拌至充分溶解。

原料介绍 所述表面活性剂可以为乙烯基磺酸钠、丙基磺酸钠、烯丙基磺酸钠等有机磺酸盐，硫酸化蓖麻油、十二烷基硫酸钠等有机硫酸化物，脂肪酸甘油酯，多元醇中的任意一种或多种。

产品特性 本品铅酸蓄电池极板助焊剂，能够适用于铅酸蓄电池汇流排、极柱等部件的焊接，对于铅酸蓄电池的性能影响小，且可降低焊料表面张力，闪点高。

配方

铅酸蓄电池助焊剂

原料配比

原料	配比（质量份）		
	1#	2#	3#
亚磷酸	45	50	55
表面活性剂	0.5	1	1.5
助溶剂	0.1	0.15	0.2
醇类	1.5	2	2.5
染色剂	0.00001	0.000015	0.00002
添加剂	0.1	0.3	0.5
纯水	加至100	加至100	加至100

制备方法 将各组分混合均匀即可。

原料介绍

所述表面活性剂为乙烯基磺酸钠、丙基磺酸钠、烯丙基磺酸钠、硫酸化蓖麻油、十二烷基硫酸钠、脂肪酸甘油酯、多元酸或多元醇中的任意一种。

所述助溶剂为水杨酸、水杨酸钠、乙酰胺或苯甲酸钠中的任意一种。

所述醇类为乙醇、乙二醇、丙醇和丙二醇中的任意一种。

所述染色剂为甲基红。

所述添加剂为羟基亚乙基二膦酸、均三嗪与乙醇胺的组合物，其质量比为羟基亚乙基二膦酸：均三嗪：乙醇胺=1：（1～3）：（0.2～0.7）。在本配方中，加入的均三嗪是2,4,6-三巯基均三嗪三钠盐的水溶液，为无色或微黄色透明液体。2,4,6-三巯基均三嗪三钠盐是一种含N的多环有机化合物，可以任意比例溶于水、硫酸溶液中，化学性质稳定。

产品应用　本品主要应用于蓄电池制造。

产品特性

（1）本品可以保证铅酸蓄电池良好的焊接效果，使铅酸蓄电池有较长的使用寿命；

（2）本品可以有效清除极耳上的氧化物，实现铅酸蓄电池良好汇流排焊接效果，提高其高倍率放电性能，从而确保其较长的使用寿命。

配方 **9**

水溶性热浸镀锡助焊剂

原料配比

原料	配比（质量份）			
	1#	2#	3#	4#
氯化铵	5	—	—	—
氨基磺酸	—	10	—	—
水杨酸	—	1	—	—
盐酸	—	—	10	—
硼酸	—	—	—	5
苹果酸	—	—	—	5
柠檬酸	—	—	10	—
甲基磺酸	5	—	—	—
酒石酸	—	8	—	—
TX-10（壬基酚聚氧乙烯醚）	5	—	2	—
OP-10	—	3	—	3
癸二酸	—	—	—	3
去离子水	85	—	70	—
丙醇	—	78	—	—
异丙醇	—	—	8	—
乙醇	—	—	—	84

制备方法 先将铜、锡离子络合剂缓慢倒入溶剂中，搅拌均匀，再加入表面活性剂、去氧化膜剂混合均匀，调节其 pH 值为 2～3，得到水溶性热浸镀锡助焊剂。

原料介绍

所述的去氧化膜剂包括硼酸、盐酸、氨基磺酸等无机酸及其铵盐中的一种或几种。

所述的铜、锡离子络合剂包括羧酸、磺酸、氨基酸、羟基酸等有机酸中的一种或几种。有机酸包括水杨酸、溴化水杨酸、柠檬酸、苹果酸、琥珀酸、酒石酸、癸二酸、甲基磺酸、乙基磺酸、丙基磺酸、二甲苯磺酸、氨基间苯二甲酸、乙二胺四乙酸和氮川三乙酸。

所述的表面活性剂包括 OP-10 和/或 TX-10。

所述的溶剂包括去离子水和/或醇类溶剂。醇类溶剂包括乙醇、异丙醇和丙醇。

产品应用 本品主要应用于金属基体热锡焊加工。

产品特性 本品配方中无机酸铵盐起 pH 平衡作用，在焊接温度下，其分解的气氛能对基材和焊料的表面起保护作用，防止其氧化，同时与铜、锡离子络合物复配后，除氧化膜能力强，化学活性也比较强，与浸镀基材的氧化物络合作用强。且形成的化合物在焊接温度下均能挥发，这样不会对锡炉中的焊锡料造成成分的改变。表面活性剂降低了浸锡基材表面张力，润湿性能好，所以该助焊剂能满足无铅热浸镀锡的要求。

配方 **10**

特效助焊剂

原料配比

原料	配比（质量份）
环氧乙烷	30
氨水	10
盐酸	10
酒精	80
水	100

制备方法

（1）按上述配比先取环氧乙烷在氨水中进行氨化，然后再在盐酸中进行酸化，其 pH 值控制在 1～2 之间，并在混合反应器中进行充分搅拌混合均匀。

（2）将上述生成物在真空中加热到 75℃，保温 7min，然后干燥 6h，即制成助焊药，然后按配比在助焊药中加入酒精和水，进行充分搅拌混合均匀，即制成助焊剂。

产品应用 本品主要应用于金属焊接。

产品特性

（1）适用于多种焊料在不同温度条件下使用，焊点致密性好，结合力强，经干热、蒸煮、低温、盐雾、防腐性及易焊性等试验，均达到优良水平。

（2）适用于铁、镍、银等金属。还适用于镀层焊接，如镀镍、银、锌等金属镀层，助焊性能强、活性高。

（3）适用于电子元器件的浸锡、焊接。润湿性好、渗透性强、亲和性好，有焊料上爬能力，焊接率高，焊剂水渗性好，易于清洗。焊点外观平整、光亮，易获得优良焊缝及焊接质量。

（4）本品偏酸性，在 240～320℃条件下，具有极强的还原性能，去除氧化层能力强。

 配方 **11**

铜线热镀锡用助焊剂

原料配比

原料	配比（质量份）			
	1#	2#	3#	4#
氯化铵	1.5	0.5	1	1
氯化锌	5	2	3	4
三乙醇胺	5	0.2	0.5	2.5
OP-10 乳化剂	2	0.1	0.5	1.5
盐酸	7	5	5	6
去离子水	加至 100	加至 100	加至 100	加至 100

制备方法

（1）准备去离子水；

（2）在去离子水中添加氯化铵，充分搅拌直到全部溶解；

（3）在前一步得到的溶液中添加氯化锌，充分搅拌直到全部溶解；

（4）在上一步得到的溶液中添加三乙醇胺，充分搅拌直到全部溶解；

（5）在上一步得到的溶液中添加 OP-10 乳化剂，充分搅拌直到全部溶解；

（6）在上一步得到的溶液中添加盐酸，充分搅拌均匀。

产品应用　本品主要应用于铜线热镀锡工艺。

产品特性　本品配方溶液酸碱性平衡比较稳定，在高温焊接时其分解产生的气氛能对铜线和焊料表面起到有效的保护作用，防止铜线表面氧化腐蚀；另外，本品配方增加了表面活性剂，能够降低镀锡时锡液的表面张力，减少阻力，增加活性。该助焊剂能充分满足无铅热镀锡的各项技术要求。

配方 **12**

铜线热镀锌用助焊剂

原料配比

原料	配比（质量份）				
	1#	2#	3#	4#	5#
松香树脂	10	8	5	4	2
十二烷基硫酸钠	7	1	4	6	3
醋酸丁酯	9	3	5	7	4
氯化铵	6	2	4	5	3
氯化锌	6	2	5	5	3
氯化钠	6	2	4	5	3
盐酸	5	1	3	4	2
去离子水	加至 100	加至 100	加至 100	加至 100	加至 100

制备方法

（1）将氯化铵、氯化钠加入去离子水中，充分搅拌直到全部溶解；

（2）向步骤（1）所得的溶液中加入氯化锌，充分搅拌直到完全溶解；

（3）向步骤（2）所得的溶液中加入松香树脂、十二烷基硫酸钠（表面活性剂），充分搅拌直到完全溶解；

（4）向步骤（3）所得的溶液中边搅拌边加入醋酸丁酯、盐酸，充分搅拌直到完全溶解即可。

产品应用　本品主要应用于含铅以及无铅的热镀锌技术。

产品特性　本品助焊剂能有效清除铜线表面的氧化物，使其表面达到热镀锌所需的清洁度，同时防止铜线表面再次氧化，提高热镀时的焊接性能；本品助焊剂助焊性好，润湿效果好，表面活性剂降低了镀锌时锌液的表面张力，减少了阻力，提高了活性。

配方 **13**

无铅助焊剂

原料配比

原料	配比（质量份）
盐酸（10%）	35~55
氢氟酸	20~30
氯化锌	15~20
氯化锡	5~15

制备方法 将各组分混合均匀即可。

产品应用 本品主要应用于金属焊接。

产品特性

（1）采用无机酸与无机盐混合物来作为助焊剂，整体溶液可溶于水，属于水溶性助焊剂，使用方便、清洗方便，整体溶液呈酸性，因其具有强腐蚀性，故可去除铁以及非铁金属表面的氧化膜层，或者使用于不锈钢、铁镍钴合金、铜或者锡的焊接中；

（2）相对于一般的无铅助焊剂，该无铅助焊剂中盐酸的浓度小于10%，属于稀盐酸，活性强、化学性质稳定。

配方 **14**

无铅铝助焊剂

原料配比

原料	配比（质量份）							
	1#	2#	3#	4#	5#	6#	7#	8#
氯化铵	10	8	5	15	6	14	7	13
氯化锌	10	8	15	5	13	6	14	8
锡	35	33	40	30	39	31	38	32
锌	40	41	45	35	43	36	42	37

原料	配比（质量份）							
	1#	2#	3#	4#	5#	6#	7#	8#
盐酸肼	15	14	20	10	19	11	18	12
草酸	1	0.6	1.5	0.5	1.2	0.6	1.1	0.7

制备方法 先将锡熔化，依次加入氯化铵、氯化锌搅拌，最后加入锌、盐酸肼、草酸时，火力要减小，不可过热，否则会使锌蒸发。

产品应用 本品主要应用于电子工业装配。

用于浸焊及灌注焊锡丝时使用方法：灌注焊锡丝时建议锡含量为30%~63%，助焊剂含量≥2.5%。拉丝时需要将焊丝头尾用烙铁封住。施焊时，先将被焊的铝或铝合金加热到300~400℃，用钎铝焊锡丝直接触到被焊的位置上，让母体金属熔化焊锡丝，不可以先加热焊锡丝。用于浸焊时可用专用稀释剂按一定比例稀释，锡炉温度≥300℃。

产品特性 本品能去除金属表面的氧化膜，增加钎料在金属表面的润湿性，使钎料与金属母体焊接在一起。钎料与金属铝的润湿性、结合的强度与钎料成分及铝中硅、镁含量有关，锌可以使钎料在铝表面的润湿性增加，而镁和硅含量较高的铝合金，使用铅锡焊料是难以钎焊的。本品还具有可焊接性强，焊点牢固、饱满、光亮，电阻绝缘性高，腐蚀小，无味，少烟，发泡性好的特点。

配方 **15**

消除极耳氧化层的水性助焊剂

原料配比

原料	配比（质量份）		
	1#	2#	3#
十六烷基三甲基溴化铵	0.01	0.05	0.1
次亚磷酸钠	20	25	30
磷酸	40	45	50
去离子水	25	27	30

制备方法 首先放去离子水在容器中，其次往容器中加入磷酸，再次加入次亚磷酸钠，最后加十六烷基三甲基溴化铵，搅拌30min后完成配制。

原料介绍 十六烷基三甲基溴化铵为表面活性剂，次亚磷酸钠为还原剂，磷酸为调节剂，去离子水为溶剂。

产品应用 本品主要应用于蓄电池的制造。

产品特性 本品水性助焊剂有益于提高铅铸板栅的铸焊效果，消除了极耳表面的氧化层，避免了极耳再次氧化，使极耳和铅溶液更好地融合，减少了板栅上气孔的数量，并且减小气孔的体积，使得板栅表面光滑。

本品焊接能力强、无腐蚀和残留、配制方法简单，延长了电池的使用寿命，阻燃性能好。

蓄电池铅钙合金极板板栅铸焊用助焊剂

原料配比

原料	配比（质量份）
50%磷酸	10～15
乙二酸	3～6
甘油	2～5
乙醇	70～80

制备方法 配制过程中，先加入配方量的乙醇，边搅拌边加入配方量的磷酸，搅拌 5min 以上，再加入乙二酸和甘油，再搅拌 5～10min，配制完成后用玻璃瓶或塑料瓶密封保存，并防止太阳光直射。

产品特性 本品具有合金相溶性好、阻燃性好、腐蚀性小的优点。

用于焊接不锈钢的活性助焊剂

原料配比

原料	配比（质量份）		
	1#	2#	3#
氧化钛	25	30	40
氧化铬	25	30	30
氧化硅	30	15	10
硫化钼	15	10	10
氧化钼	5	15	10

制备方法　将各组分混合均匀即可。

产品特性　本品用于焊接不锈钢的活性助焊剂包含氧化钛、氧化铬、氧化硅、硫化钼及氧化钼（三氧化钼）等，其皆是用作活化添加物，以提升不锈钢工件利用添加焊材方式进行电弧焊接时的熔透深度、焊接性、焊道表面平整度、机械强度及冲击韧性等。不锈钢用焊材是一焊条或焊线，可选择由焊料包覆助焊剂，或由助焊剂包覆焊料，以增加焊接施工便利性及助焊剂供给匀称性。

配方 **18**

用于焊接不锈钢的免洗助焊剂

原料配比

原料	配比（质量份）
邻羟基苯甲酸	5~8.5
磷酸	10~15
氯化锌	15~20
有机溶剂	1.5~3
防腐蚀剂	1~2.5
助溶剂	1.8~2.6
成膜剂	3~4.5
去离子水	加至100

制备方法　将各组分混合均匀即可。

原料介绍

所述有机溶剂为全氯乙烯或三氯乙烯。

所述防腐蚀剂为十八烷胺的氧化石蜡盐。

所述助溶剂为酰胺类化合物中的烟酰胺或乙酰胺。

所述成膜剂为丙烯酸酯改性丁二烯树脂。

所述去离子水的 pH 值为 3~4。

产品应用　本品主要应用于焊接不锈钢。

产品特性　本品不仅能用于铜铁材料的锡焊，更能应用于不锈钢或镀铬材料的焊接，同时采用免洗助焊剂，可焊性好、无毒、不污染环境、无腐蚀性、节约了工时、提高了生产效率。

用于金属材料焊接的抗氧化助焊剂

原料配比

原料		配比（质量份）		
		1#	2#	3#
稀土添加剂	氯化镧	20	20	20
	氯化铈	30	30	15
	氧化钇	—	14	5
有机酸	丁二酸	1	5	—
	己二酸	—	—	10
稀释剂	己二酸二乙酯	—	1	5
	乙酸乙酯	5	—	—
铵盐	氯化铵	2	—	5
	氟化铵	12	15	10
去离子水		30	15	30

制备方法 将各原料混合均匀后，静置沉淀 60min，静置结束后，将得到的固体物质过 200 目的不锈钢筛，将过筛后的固体物置于干燥箱中，控制温度为 135℃，干燥 60min，将烘干后的固体物质用研磨机进行研磨并粉碎，再过 200 目筛网，即得本品助焊剂。

原料介绍

在抗氧化助焊剂中，通过加入稀土添加剂，能够使焊接过程中助焊剂容易熔化，焊后效果好，且焊接后还可以改善焊缝金属合金的理化性能。所述稀土添加剂选自镧、铈、钪、氧化钇、氯化镧、氯化铈、氧化铈和氧化镧中的一种或几种。

所述有机酸选自丁二酸、辛二酸、戊二酸和己二酸中的一种或几种。本品采用二元酸目的是配合材料中的铵盐成分，两者之间相互起到协同作用，从而能够有效去除焊盘上的氧化层，使元件焊接强度增强且具有焊点光亮的效果。

所述铵盐选自氯化铵和氟化铵中的一种或两种。通过添加氯化铵和氟化铵能够起到较好的助焊作用，且还可以增加焊料的活性，尤其是增加无铅焊锡条 Sn/0.5Cu 焊料的活性。

所述稀释剂为乙酸乙酯或己二酸二乙酯。加入稀释剂目的是起到稀释作用，在焊接时有利于焊渣的脱落，起到较好的助焊效果。

所述助溶剂为去离子水。采用去离子水能够起到除油、除污作用，还可以进一步增强焊接后金属表面的光亮度和提高金属的可焊性能。

产品应用　本品主要应用于金属材料焊接。

产品特性　本品中加入的有机酸和铵盐配合使用，两者之间能够起到较好的协同作用，并结合本助焊剂的各成分之间的共同作用，从而实现增强焊接后金属表面的光亮度和提高扩展率的效果，扩展率达到80%以上。

配方 **20**

用于铝及铝合金软钎的固态助焊剂

原料配比

原料	配比（质量份）		
	1#	2#	3#
氟化锌	3.4	4.6	—
氟化亚锡	6.3	7.5	2.6
氟化铋	—	2.9	2
氟化铜	—	—	0.8
多羟乙基胺和多羟甲基胺的氢氟酸盐	90.3	—	—
三羟甲基氨基甲烷	—	85	—
多羟乙基胺的氢氟酸盐	—	—	94.6

制备方法　将所述多羟乙基胺和/或多羟甲基胺的氢氟酸盐加热并保持在110～130℃，待多羟乙基胺和/或多羟甲基胺的氢氟酸盐完全熔化后，加入重金属氟化物活性剂，待重金属氟化物活性剂完全溶解后，搅拌10min，然后冷却凝固，即得产品。

原料介绍　所述重金属氟化物活性剂选自氟化锌、氟化亚锡、氟化铋以及氟化铜中任意两种及以上的组合。

所述多羟乙基胺和/或多羟甲基胺的氢氟酸盐通过多羟乙基胺和/或多羟甲基胺与氢氟酸反应制得，其制备步骤为：

（1）将多羟乙基胺和/或多羟甲基胺置于蒸发锅内，加水溶解，多羟乙基胺和/或多羟甲基胺与水的质量比为1:（2～4），边搅拌边加热至120℃，蒸发锅内水溶液轻微沸腾。

（2）向蒸发锅内逐滴加入质量分数为10%的氢氟酸水溶液，保持水溶液轻微沸腾，调节pH值保持在6～8之间，停止加热。

（3）将蒸发锅内物料投入另一聚丙烯容器冷却，待容器内物料呈白色蜡状，即得所述多羟乙基胺和/或多羟甲基胺的氢氟酸盐。

所述多羟乙基胺和/或多羟甲基胺选自一乙醇胺、二乙醇胺、三乙醇胺、羟乙基乙二胺、二羟乙基乙二胺、四羟基乙基乙二胺、三异丙醇胺和三羟甲基氨基甲烷中的 1～3 种。

产品应用　本品主要应用于冶金化工领域。

产品特性

（1）本品采用了活性更高的全氟化物作为活性剂，同时为了能够溶解这种全氟化物，配合使用了高活性的多羟乙基胺和/或多羟甲基胺的氢氟酸盐基质，这种基质不仅起到了载体的作用，而且使助焊剂中完全不含无活性的充填物。

（2）本品可随温度变化而产生相变且可灌注于焊锡丝中作为药芯，在钎焊加热过程中助焊剂迅速铺展，覆盖住熔化的钎料和在界面上析出的液态金属，有效避免了氧化层的出现。

（3）本品完全不含氯离子以及氟离子以外的其他卤素离子，在钎焊时含氟的大部分副产物均会挥发，因此助焊剂焊后残渣留存极少，同时也降低了残渣的腐蚀性，从而在助焊剂用量合理的情况下焊后残渣无需清洗，而即使需要清洗，由于所产生的残渣易溶于水，也极易冲净。

（4）本品所采用的基质本身就具有极强去除氧化膜的特性，由此提高了助焊剂的整体活性，在钎焊过程中，由于助焊剂中具有极高的氟离子相对含量，能迅速去除铝表面的氧化膜，而重金属氟化物在钎焊过程中被铝基材还原，析出重金属呈液态并与母材合金化，保证了助焊剂最大的活性。

二

有机系列
助焊剂

配方 1

SnZn 系无铅钎料用新型助焊剂

原料配比

原料	配比（质量份）
成膜剂聚乙二醇	35～65
表面活性剂壬基酚聚氧乙烯醚	0.5～1.5
抗氧化剂	1.5～4.5
活化剂	0.5～2.5
缓蚀剂	0.85～1.5
溶剂无水乙醇	加至 100

制备方法　将各组分混合均匀即可。

原料介绍

所述成膜剂聚乙二醇为聚乙二醇 400 与聚乙二醇 1000 的混合物。

所述抗氧化剂为二丁基羟基甲苯及叔丁基对苯二酚的共混物。

所述活化剂为丁二酸、柠檬酸、N,N-二甲基酰胺及二乙醇胺中的一种或两种的混合物。

所述缓蚀剂为巯基苯并噻唑、苯并三氮唑中的一种。

产品应用 本品主要应用于 SnZn 系无铅钎料。

产品特性 本品能够显著提升 SnZn 系无铅钎料在基板上的铺展性能，降低金属氧化倾向，同时焊接的金属间不含杂质和气孔，能有效抑制金属间化合物的生长。

配方 **2**

低固含量免清洗助焊剂

原料配比

原料	配比（质量份）		
	1#	2#	3#
碳氟离子表面活性剂	1	4	10
快速渗透剂 OT	2	2	2
乳化剂 OP-10	10	7	5
己二酸	10	15	20
癸二酸	8	5	5
苯并三氮唑	1	1.5	2
单硬脂酸甘油酯	0.1	0.5	1
助溶剂乙二醇单丁醚	55	30	20
乙酸丁酯	20	10	40
乙醇	250	300	350
异丙醇	642.9	625	545

制备方法

（1）将己二酸、癸二酸、苯并三氮唑、单硬脂酸甘油酯加入乙醇中。再加入异丙醇、助溶剂乙二醇单丁醚、乙酸丁酯、乳化剂 OP-10、快速渗透剂 OT，以及碳氟离子表面活性剂；

（2）在 60~80℃条件下搅拌，使原料充分溶解混合；

（3）过滤；

（4）沉淀；

（5）取上清液包装，即获得免清洗助焊剂成品。

产品应用 本品主要应用于大屏幕彩色投影电视机、彩色电视机和黑白电视机等电子印制板锡焊工艺。

产品特性 本品在PCB（印制电路板）上润湿性好，扩展率>85%，涂布均匀，可焊性好；固含量低，一般<3.5%，可达到1.8%左右，焊后表面干净，不留任何有损PCB和电子元器件的残留物质，无需清洗即可满足对离子洁净度要求；干燥度好，无腐蚀，表面绝缘电阻高，无毒性，无气味。

低固含量无卤化物水基型免洗助焊剂

原料配比

原料	配比（质量份）		
	1#	2#	3#
乙醇酸	0.2	—	—
水杨酸	—	0.5	—
DL-苹果酸	—	—	1
戊二酸	—	—	0.2
丙二酸	0.5	—	—
丁二酸	—	1	—
3-羟基-4-甲基苯甲酸	0.5	—	—
3-羟基-2-甲基苯甲酸	—	0.2	0.2
2,6-二羟基苯甲酸	1	1	1
三异丙醇胺	—	—	0.3
苯甲酸乙酯	1	—	—
二乙醇胺	0.5	—	—
三乙醇胺	—	0.3	—
乙酸乙酯	—	1	1
苯并三氮唑	0.04	0.04	0.04
乙二醇	—	—	4
二甘醇	—	18	—
丙三醇	16	—	14
二乙二醇乙醚	—	—	10
羧甲基纤维素	—	—	0.5

原料	配比（质量份）		
	1#	2#	3#
乙二醇丁醚	12	10	
聚丙烯酸	—	0.5	—
PEG400	0.5	—	
去离子水	加至 100	加至 100	加至 100

制备方法 在带有搅拌器的反应釜中先加入助溶剂、润湿剂和部分去离子水，搅拌下加入成膜剂，溶解后加入活化剂、缓蚀剂，搅拌至固体物完全溶解，最后加入加至 100 的去离子水，物料混合均匀，静置过滤后保留滤液即得本品助焊剂。

原料介绍

活化剂是由有机酸和有机胺两部分构成，其中有机酸选自间位含有一个羟基的芳香族羟基羧酸以及含有至少两个羟基的芳香族羧酸中的一种或者多种，其质量分数为 1%～4%，该类有机酸与金属氧化物的反应温度范围很广，从大约 130℃的低温区到大约 200℃的高温区都能显示出很强的去除氧化膜的效果。这是由于该类型芳香族羟基羧酸具有比其它小分子有机酸如丙二酸、丁二酸、己二酸、苹果酸等更广的反应温度范围，它连续地在很广的温度范围内与金属氧化膜反应并且显示了防止金属表面被重新氧化的作用。即使在相对长的预热（加热温度 150～195℃，加热时间 100～120s）过程中，该类型的芳香族羟基羧酸也不会分解。

本品中使用的芳香族羟基羧酸化合物在苯环上相对羧基的间位上结合有一个羟基或者在相对于羧基的任意位置含有两个或多个羟基，而且在其它位置上还可以含有一个或多个其它取代基，例如烷基、卤素原子、氨基。

适合于本品的间位含有羟基的芳香族羟基羧酸的非限制性实例包括：3-羟基-2-甲基苯甲酸、3-羟基-4-甲基苯甲酸、3-羟基-2,4,6-三溴苯甲酸、3-羟基-2-氨基苯甲酸和 3-羟基苯甲酸。适合于本品的含有至少两个羟基的芳香族羟基羧酸的非限制性实例包括：二羟基苯甲酸、二羟基肉桂酸、五倍子酸和二羟基苯乙酸。可以使用一种或多种这样的芳香族羟基羧酸。

有机酸中还包括 0.5%～5% 质量分数的一种包含至少 6 个碳原子的脂肪族羟基羧酸。试验发现，通过使用含有至少 6 个碳原子的脂肪族羟基羧酸与上述的芳香族羟基羧酸共存于助焊剂中，可有效对抗金属涂层的再氧化，促进无铅焊料的铺展。小于 6 个碳原子的脂肪族羟基羧酸没有足够的耐热性，在达到焊接温度之前就可能会分解，无法显示出上述的作用。适合于本品的脂肪族羟基羧酸的非限制性实例包括：羟基十八烷酸、羟基油酸、羟基辛酸和二羟基十八烷酸。

活化剂有机胺是选自至少 8 个碳原子的脂肪胺以及 4 个碳原子以上的脂肪胺衍生物中的一种或者多种。小于 8 个碳原子的有机胺没有足够的耐热性,在达到焊接温度之前就可能会挥发,无法显示出上述的作用。适合于本品的有机胺的非限制性实例包括癸胺、三丁胺、壬胺和三异戊胺。适合于本品的有机胺衍生物的非限制性实例包括二乙醇胺、三乙醇胺、三异丙醇胺和丁二酸胺。脂肪胺及其衍生物与金属氧化层的作用机理不同,是利用其化合物分子结构中 N 原子的孤对电子与铜、镍等金属离子的空轨道形成配位键,也就是将金属氧化物转变为可溶的金属络合物,实现了对金属表面氧化层的去除,保证了合金焊料对镀层的合金化,实现焊接的可靠性。

助溶剂选自丙二醇、乙二醇、丙三醇、二甘醇、二甘醇乙醚、二甘醇丁醚、乙二醇丁醚中的一种或多种。在水基型助焊剂中完全采用去离子水作为溶剂也不能发挥最好的效果。因为水的沸点低,在焊接温度下造成大量挥发,活性剂失去载体将大大影响其活性的发挥,导致助焊剂的润湿能力变差。因此,助焊剂中一定要含有适量的高沸点溶剂或助溶剂。在免清洗助焊剂中,活性剂的加入量是有限的,选择具有适当黏度和热稳定性的助焊剂载体也是一个关键因素。试验发现:高沸点的醇优于低沸点的醇,多元醇优于一元醇。这主要是因为低沸点的醇易于挥发,在焊接温度下,对已去除氧化膜的钎料表面起不到良好的保护作用,致使其重新被氧化。而高沸点的醇由于蒸气压低,挥发缓慢,保护效果较好。但是单独使用高沸点的醇会使助焊剂的黏度过大,不利于助焊剂的涂覆工艺。因此,本品助焊剂就是将高沸点溶剂和低沸点溶剂混合使用作为助溶剂,高、低沸点的醇混合使用,使得焊接温度下,不同沸点的溶剂载体呈阶梯状挥发掉,确保活性剂充分发挥活性。

润湿剂为一元脂肪酸酯、二元脂肪酸酯、芳香酸酯、氨基酸酯。选自乙酸乙酯、丁二酸二乙酯、苯甲酸乙酯、混合酯 DBE 中的一种或多种,添加量为 0.1%~2%。

成膜剂为水溶性树脂,选自聚乙二醇(PEG)、聚丙烯酸、羧甲基纤维素、聚乙烯基吡咯烷酮、马来酸松香树脂中的一种或多种。

缓蚀剂是氮杂环化合物,选自苯并三氮唑、苯并噻唑、乙二醇苯唑中的一种,添加量为 0.01%~0.1%,起氧化抑制作用,减少助焊剂对 PCB 板(印制电路板)的腐蚀性。

产品应用 本品主要应用于邮电通信、航空航天、计算机等各种印制电路板的波峰焊或浸焊生产线。

产品特性 本品不含卤素,不含松香,焊料在焊接时铺展性好,PCB 板透锡性好,焊点饱满光亮,焊后 PCB 板面无明显残留,无腐蚀,表面绝缘阻抗高,常温下稳定,不吸潮,不分解,可免去清洗工艺。由于用去离子水作溶剂,不含任何 VOC（挥发性有机化合物）物质，不燃不爆，是环保型助焊剂。

配方 4

低碳环保型水基助焊剂

原料配比

原料	配比（质量份）		
	1#	2#	3#
去离子水	94	85	95
C_{12} 醚类	1.8	4.2	1.1
PEG800	—	5	—
丁二酸	3	—	3
2-乙基咪唑	—	—	0.2
丙二酸	—	4	—
羟甲基苯并三氮唑	0.1	0.4	—
N,N-二甲基十二胺	0.1	0.4	0.2
表面活性剂 YK-302	1	1	0.5

制备方法 将各组分混合均匀即可。

原料介绍

溶剂的主要作用是作为载体溶解活性物质，并在波峰焊预热过程中即挥发完全。溶剂以去离子水为主，同时还包括聚乙二醇 800、聚乙二醇 1000、聚乙二醇 1200、聚乙二醇 1400 之中的一种或多种，溶剂还可包括碳原子数在 10～14 之间的醚类化合物。

活性添加剂的主要作用是降低焊料及助焊剂的表面张力，促进润湿。活性添加剂包括一种或多种水溶性有机弱酸和表面活性剂。水溶性有机弱酸是由丙二酸、丁二酸、戊二酸、己二酸中的两种或两种以上组成。表面活性剂选自羟甲基苯并三氮唑、2-乙基咪唑、N,N-二甲基十二胺等中的一种或多种。

产品应用 本品主要应用于电路板组装行业。

产品特性 本助焊剂以去离子水为主要溶剂，比传统醇基助焊剂沸点更高，不易燃，更低碳，在预热和焊接阶段不会发生火灾，比传统醇基助焊剂更安全。该助焊剂不含任何卤素类的化学物质，适应电子行业中无卤和环保的要求。

电子电路表面组装用水溶性助焊剂

原料配比

原料	配比（质量份）		
	1#	2#	3#
柠檬酸	4	5	4
酒石酸	—	—	0.5
DL-苹果酸	1	2	2.5
三异丙醇胺	2	—	2.6
乙醇酸	—	1	1
三乙醇胺	—	3	—
脂肪醇聚氧乙烯醚	—	1	—
烷基酚聚氧乙烯醚	—	—	0.7
烷基糖苷	0.5	—	—
混合溶剂	65	70	67
二乙二醇丁醚	8	—	—
三乙二醇丁醚	—	5	—
二丙二醇丙醚	—	—	6
水溶性丙烯酸树脂	17	21	18
次亚甲基苯并三氮唑	—	—	1
2-巯基苯并噻唑	0.8	—	—
1-羟基苯并三氮唑	—	1.2	—
3-叔丁基-4-甲氧基苯酚	0.12	—	—
2-叔丁基对苯二酚	—	0.1	—
2,6-二叔丁基对甲酚	—	—	0.15

制备方法 在带有搅拌器和温度计的容器中，将羟基有机酸和醇胺混合后，再加入羟基有机酸质量10%~20%的水，于50~60℃反应1~2h，然后加入水溶性丙烯酸树脂，迅速升温到80~90℃，充分搅拌3~4h后，冷却、过滤、烘干、研碎成白色粉末，制得活性物质，备用；用一元醇、二元醇和三元醇按质量比1：（0.8~1）：（0.5~1）配制混合溶剂，加入带有搅拌器和温度计的容器中，加入助

溶剂，开启搅拌，在40～50℃的条件下，缓慢加入表面活性剂、缓蚀剂、抗氧剂，搅拌的同时，缓慢加入制得的活性物质，继续搅拌2～3h，即得水溶性助焊剂。

原料介绍

所述的羟基有机酸是水溶性的柠檬酸、DL-苹果酸、酒石酸、乙醇酸中的两种或两种以上的混合物。

所述的醇胺优选三乙醇胺和三异丙醇胺。

所述的表面活性剂优选脂肪醇聚氧乙烯醚、烷基酚聚氧乙烯醚和烷基糖苷。

所述的混合溶剂是水溶性的一元醇、二元醇和三元醇配制的溶剂；一元醇优选无水甲醇和无水乙醇；二元醇优选乙二醇和丙二醇；三元醇优选丙三醇和丁三醇。

所述的助溶剂优选二丙二醇丁醚、二乙二醇丁醚、三丙二醇丁醚、三乙二醇丁醚、丙二醇丁醚、乙二醇丁醚、二乙二醇丙醚、二丙二醇丙醚、三丙二醇丙醚和三乙二醇丙醚。

所述的缓蚀剂优选1-羟基苯并三氮唑、次亚甲基苯并三氮唑和2-巯基苯并噻唑。

所述的抗氧剂优选2,6-二叔丁基对甲酚、对苯二酚、2-叔丁基对苯二酚、2-叔丁基-4-甲氧基苯酚和3-叔丁基-4-甲氧基苯酚。

产品应用 本品主要应用于电子电路表面组装。

使用方法：将所制得的水溶性助焊剂与无铅焊锡微粉（平均粒径20～70μm）按照1：（8～9）的质量比，于40～50℃下，搅拌混合均匀，即可进行不锈钢模板印刷及回流焊接。

产品特性 本品具有残留低、腐蚀小、易水洗、无铅无卤的特点，助焊剂与无铅焊锡微粉具有良好的适配性。本品抗氧化性、流变性和稳定性良好。

配方 **6**

电子焊接用助焊剂

原料配比

原料	配比（质量份）
丁二酸	1～3
丙二酸	1.4
水杨酸	2.7
三乙醇胺	2
苯并三氮唑	0.8
三羟基硬脂酸三甘油酯	10

原料	配比（质量份）
油醇聚氧乙烯醚	1.3
苯基缩水甘油醚	5
改性松香	3～3.5
二乙二醇单丁醚	70.3

制备方法

（1）将原料加入反应釜中；

（2）搅拌2～3h，使原料充分溶解；

（3）静置0.5h，对产品进行过滤、包装。

产品应用 本品主要应用于电子焊接材料。

产品特性 本品助焊剂中添加二乙二醇单丁醚和改性松香等，起到提高助焊剂的活性、保护生产环境和保证工作人员身体健康的作用。

配方 7

电子零配件用助焊剂

原料配比

原料	配比（质量份）		
	1#	2#	3#
柠檬酸	15.5	14.5	16.5
氯化铵	30	28	32
草酸	15.5	16.5	15
丙三醇	55	53	57
去离子水	890	885	895

制备方法 先取好各个组分，然后将柠檬酸加入去离子水中充分搅拌使其溶解后，再加入氯化铵搅拌溶解，然后再加入草酸搅拌，最后加入丙三醇搅拌均匀后静置1.5～3h，即可使用。

产品应用 本品主要应用于电子零配件。

产品特性 本品助焊剂用于单焊，只要将要焊接的部件直接浸入配好的助焊剂里或用小刷子浸液后涂在要焊部位后2～3s即可马上焊接，上焊快。本品用于整块线路板的焊接，也只需将线路板焊接部件涂上助焊剂，然后将全部要焊接的电子元件插好，直接浸入焊接的容器中，全部一次上焊完成即可，焊点均匀。本品性能稳定，长时间后仍可继续使用，无需多次配制，因此，采用本品焊接的电子零配件焊接牢固、不易脱落，焊接的产品使用寿命长。

配方 **8**

电子元件用助焊剂

原料配比

原料		配比（质量份）	
		1#	2#
松香		12	22
有机酸活化剂	戊二酸和邻氟苯甲酸的混合物	3	4
表面活性剂	烷基酚聚氧乙烯醚	0.7	—
	辛基酚聚氧乙烯醚	—	0.9
成膜剂	氨基酸酯	0.2	0.6
消泡剂	辛醇	0.1	0.5
稳定剂	对苯酚	0.25	0.35
缓蚀剂	苯并三氮唑	0.3	0.5
触变剂	氢化蓖麻油	3	4
联氨类羟基羧酸化合物		12	12
有机溶剂	乙二醇	加至100	加至100

制备方法

（1）将有机酸活化剂和松香加入有机溶剂中，加热至35℃搅拌均匀；

（2）加入缓蚀剂、表面活性剂、触变剂，保温并搅拌使之溶解；

（3）加入成膜剂、消泡剂、稳定剂和联氨类羟基羧酸化合物，溶解后使之自然冷却。

产品应用 本品主要应用于电子元器件。

产品特性 本品制作工艺简单，对无铅焊料润湿力强，使焊料铺展均匀，焊后残留物可溶于水，用水清洗后，印制板绝缘电阻高。另外，本品无毒，无刺激性气味，使用安全，基本不含VOC物质，符合环保要求，且不易燃烧。

防霉抗菌型低腐蚀性水基助焊剂

原料配比

原料	配比（质量份）			
	1#	2#	3#	4#
柠檬酸	1.8	2	1.8	—
丁二酸	0.3	—	—	0.4
苹果酸	—	—	0.3	—
2-羟基苯甲酸	—	—	—	1.8
三乙醇胺	0.8	0.8	—	0.3
二乙烯三胺	—	—	0.6	—
油溶性聚丙烯酸酯	5.8	5.6	5.4	5
十二烷基酚聚氧乙烯醚	0.3	0.3	0.25	0.3
乙二醇壳聚糖	0.01	0.01	0.01	0.01
去离子水	90.99	91.29	91.64	92.19

制备方法

（1）在反应釜中完成活化剂的微包裹：首先称取活化剂（由67%～80%有机酸和20%～33%有机胺混合），倒入反应釜中，加入两倍活化剂质量的蒸馏水，在50℃下搅拌1h；接着在反应釜中加入微包裹介质，迅速升温至90℃，搅拌4h，以完成活化剂的微包裹；然后水冷同时快速搅拌，经烘干、研碎获得白色粉末，即为微包裹后的活化剂。

（2）助焊剂的制备：先称取表面活性剂和去离子水，倒入反应釜中混合并搅拌均匀，升温至（40±2）℃；并在搅拌的同时缓慢加入步骤（1）制备所得的白色粉末，搅拌2h，最后加入防霉抗菌剂，并搅拌均匀，即得防霉抗菌型低腐蚀性水基助焊剂。

原料介绍

所述的活化剂由有机酸和有机胺混合而成，有机酸含量为活化剂的67%～80%，有机胺含量为20%～33%。

所述的有机酸为柠檬酸、丁二酸、酒石酸、衣康酸、2-羟基苯甲酸、苯甲酸、庚二酸、苹果酸等中的一种或多种。所述的有机胺为甲胺、乙胺、三乙醇胺、二乙烯三胺、三乙胺、尿素、乙二胺等中的一种或多种。活化剂主要功能是除去引线脚上的氧化物和熔融焊料表面的氧化物。

所述微包裹介质为油溶性聚丙烯酸酯。它作为包裹载体，实现活化剂的微包裹；并有利于微包裹处理后的活化剂均匀分散在溶剂中。

表面活性剂指非离子表面活性剂或阳离子表面活性剂，如十二烷基酚聚氧乙烯醚、辛基酚聚氧乙烯醚、壬基酚聚氧乙烯醚、十二烷基二甲基氧化胺、十四烷基二甲基氧化胺。其主要作用是降低表面张力，增强润湿力，提高可焊性。

防霉抗菌剂可选乙二醇壳聚糖、羟丙基壳聚糖、黄姜根醇中的一种或几种。其主要作用为抑制微生物（如细菌、真菌和霉菌）在水中生长，提高可焊性和焊后服役可靠性。

产品应用　本品主要应用于 PCB 板焊接。

产品特性

（1）不含挥发性有机物，无卤素，能有效抑制微生物（如细菌、真菌和霉菌）滋长；

（2）焊接时对线路板和传送带基本不造成腐蚀，焊后无需清洗，是真正安全环保的助焊剂；

（3）适用于通过喷雾、浸蘸、发泡方式将其涂覆在 PCB 板焊接面，实现电子产品的无铅焊接。

配方 **10**

高活性免清洗助焊剂

原料配比

原料	配比（质量份）		
	1#	2#	3#
硼酸三甲酯	45	45	80
丙酮	10	10	0.01
氟化铯	0.001	—	1
氟化铷	—	0.001	—
乙醚	0.001	0.001	2.5
甲醇	加至 100	加至 100	加至 100

制备方法　向硼酸三甲酯中加入氟化铯（或氟化铷）、丙酮、乙醚及甲醇，混合均匀，即可得到性能优良的高活性免清洗助焊剂。

产品应用　本品主要应用于金属焊接。

产品特性

（1）丙酮和乙醚的加入，对抑制助焊剂的分解作用显著。

（2）助焊剂可显著地提高钎料的润湿性、流动性，可减少焊接缺陷的产生，并可提高钎缝强度，具有可阻止钎焊区金属表面氧化，焊后一般也不需要酸洗（免清洗）的特性。

配方

高绝缘性无卤助焊剂

原料配比

表1　互穿网络改性成膜剂

原料	配比（质量份）		
	1#	2#	3#
端羟基氢化蓖麻油聚丁二烯	10	20	30
氢化蓖麻油	10	20	30
松香改性聚氨酯	10	15	20
N,N′-二甲基吡啶	1	3	5
松香改性丙烯酸树脂	69	42	15

表2　高绝缘性无卤助焊剂

原料	配比（质量份）		
	1#	2#	3#
异丙醇	93.28	66.12	—
无水乙醇	—	—	78.75
二丙二醇己醚	4	—	—
三丙二醇二丁醚	—	—	12
2-乙基-1,3-己二醇	—	20	—
己二酸	0.84	—	—
丁二酸	—	—	2.25
二乙二醇二丁醚	—	8	—
戊二酸	—	1.6	—
羟基丙酸	0.36	—	—
羟基丁酸	—	0.4	—

原料	配比（质量份）		
	1#	2#	3#
羟基乙酸	—	—	0.25
互穿网络改性成膜剂	1	3.5	6.5
苯并三氮唑	0.02	—	—
甲基苯并三氮唑	—	0.08	—
咪唑	—	—	0.15
十八烷基酚聚氧乙烯醚	0.5	—	—
乙氧基炔二醇二乙氧基醚	—	0.3	—
丁炔二醇二乙氧基醚	—	—	0.1

制备方法

（1）互穿网络改性成膜剂的制备：首先取端羟基氢化蓖麻油聚丁二烯、氢化蓖麻油、松香改性聚氨酯、N,N′-二甲基吡啶倒入反应釜中，搅拌（60±5）min，搅拌速度为（1500±100）r/min；接着在（10±2）min 内将反应釜升温至（40±5）℃，升温的同时进行真空脱气；然后取出将其在（60±5）℃固化 24h，即得互穿网络改性成膜剂。

（2）助焊剂的制备：首先称取溶剂和助溶剂，倒入反应釜中搅拌（15±5）min；接着依次加入复合型活化剂、步骤（1）制备所得的互穿网络改性成膜剂、其它添加剂搅拌（90±10）min；最后加入表面活性剂，搅拌（20±5）min，即得本高绝缘性无卤助焊剂。

原料介绍

所述的助溶剂为二丙二醇甲醚、二丙二醇己醚、二丙二醇二甲醚、二丙二醇二己醚、三丙二醇己醚、三丙二醇二己醚、三乙二醇二己醚、三乙二醇己醚、二乙二醇单丁醚、二乙二醇二丁醚、三丙二醇丁醚、三丙二醇二丁醚、二乙二醇戊醚、二乙二醇二戊醚、三丙二醇戊醚、三丙二醇二戊醚中的一种或几种。其主要作用是提高助焊剂对固态原料的溶解能力，并延长产品的存储时间。

所述的复合型活化剂为 70%～90%二元酸和 10%～30%羟基一元酸中的一种或几种。其中，所述的二元酸为己二酸、戊二酸、癸二酸、丁二酸、丙二酸、庚二酸、辛二酸、壬二酸中的一种或几种，所述的羟基一元酸为羟基乙酸、羟基丙酸、羟基丁酸、羟基戊酸、羟基己酸中的一种或几种。其主要作用表现在：提高助焊剂去除氧化物的能力，增加对被焊母材的润湿能力。

所述的互穿网络改性成膜剂为采用互穿网络技术改性的成膜剂。其主要作用表现在两个方面：一是明显提高了助焊剂在印制电路板表面的铺展性，二是大大提高了助焊剂的焊后绝缘性。

所述的表面活性剂为辛基酚聚氧乙烯醚、庚基酚聚氧乙烯醚、十烷基酚聚氧乙烯醚、十一烷基酚聚氧乙烯醚、十二烷基酚聚氧乙烯醚、十三烷基酚聚氧乙烯醚、十四烷基酚聚氧乙烯醚、十五烷基酚聚氧乙烯醚、十六烷基酚聚氧乙烯醚、十七烷基酚聚氧乙烯醚、十八烷基酚聚氧乙烯醚、乙氧基炔二醇二乙氧基醚、丁炔二醇二乙氧基醚中的一种或几种。其主要作用是有效降低表面张力，提高润湿性。

所述的其它添加剂为咪唑、苯并三氮唑、甲基苯并三氮唑中的一种或几种。其主要作用是提高助焊剂对固态原料的溶解能力，并延长产品的存储时间。

所述的溶剂为异丙醇、正丙醇、正丁醇、异丁醇、无水乙醇、二缩三乙二醇、2-乙基-1,3-己二醇中的一种或几种。其主要作用是提高助焊剂对固态原料的溶解能力，并延长产品的存储时间。

产品应用 本品主要应用于电子电器行业。

产品特性

（1）采用互穿网络技术对成膜剂进行改性，一方面使其明显提高了在印制电路板表面的铺展性，另一方面大大提高了助焊剂的焊后绝缘性，其焊后表面绝缘电阻值（40℃/90%RH/96h）高达 $2 \times 10^{14} \Omega$；

（2）采用无卤原材料制备得到符合无卤要求的助焊剂，进一步增加其适用范围。本品实用性强，应用潜力大。

配方 **12**

光伏电池片自动焊接用特殊助焊剂

原料配比

原料	配比（质量份）				
	1#	2#	3#	4#	5#
氢化松香醇	0.1	0.3	0.2	0.3	0.2
丁二酸和己二酸的组合物	1	1.2	1	—	—
戊二酸和己二酸的组合物	—	—	—	1.2	—
丁二酸、戊二酸和己二酸的组合物	—	—	—	—	1.1
二溴丁烯二醇	0.1	0.2	0.1	0.3	0.2
低分子量聚醚类表面活性剂	0.1	0.2	0.2	0.3	0.1
乙二醇单丁醚	5	8	5	8	5
异丙醇	加至100	加至100	加至100	加至100	加至100

制备方法 将各组分混合均匀即可。

原料介绍

成膜物采用氢化松香醇，具有抗氧性能好、色泽浅、无渣、无需清洗的特点。主要作用是将助焊剂中的其他有效成分吸附到基材表面，在高温焊接条件下可以有效地提高化锡速率，同时有效地避免了焊接后残渣的产生。

二元羧酸可以是丁二酸、戊二酸、己二酸中的一种或两种以上的组合物。主要作用是清洗基材表面的氧化物，起到活化基材的作用，选取以上组合物能够保证其在有效焊接温度范围内可以完全分解，无任何残留。

含溴表面活性剂可以是二溴丁烯二醇或二溴丁二酸中的一种或两种的组合物。起表面活性剂的作用，具有活性强的特点。

表面润湿剂是低分子量聚醚类表面活性剂，具有良好的分散性、流平性，可有效降低基材表面张力，同时在有效焊接温度范围内可以完全分解，残留少。

高沸点溶剂是乙二醇单丁醚，是优良的溶剂和表面活性剂，可有效清除焊带表面的污渍，有利于助焊剂中其他活性成分和焊带表面直接接触发挥作用。

产品应用 本品主要应用于电子焊接。适用于光伏电池片自动焊接工艺。

产品特性 本品具有残留低，焊接结合力高，虚焊率低，层压后无白斑发黄的优点，同时满足光伏行业老化测试要求。焊接可靠性高，成品率高。

配方 **13**

含复配表面活性剂低 VOC 免清洗助焊剂

原料配比

原料	配比（质量份）		
	1#	2#	3#
丁二酸	0.5	—	—
戊二酸	—	1.25	—
衣康酸	—	—	0.6
DL-苹果酸	0.5	1.25	0.6
异丙醇	1	1	1
乙二醇	1	1	1
乙二醇丁醚	1	1	1
丙三醇	—	—	1
聚乙烯醇	0.5	—	—

原料	配比（质量份）		
	1#	2#	3#
聚乙烯吡咯烷酮	—	0.1	—
缓蚀剂	0.01	0.03	0.04
LA300SB	0.05	—	0.25
CO-436	—	0.25	—
CO-630	—	0.25	—
CO-977	0.05	—	—
FT900	—	—	0.25
溶剂去离子水	加至100	加至100	加至100

制备方法 含聚乙烯吡咯烷酮（或丙三醇）成膜剂助焊剂的制备：在反应容器中依次加入复配活化剂、溶剂、复配助溶剂、聚乙烯吡咯烷酮（或丙三醇）、缓蚀剂和复配表面活性剂，加完各组分后在室温下搅拌至完全溶解，待混合液混合均匀后过滤得到助焊剂。

含聚乙烯醇成膜剂助焊剂的制备：在反应容器中依次加入复配活化剂、溶剂、复配助溶剂、聚乙烯醇、缓蚀剂和复配表面活性剂，加完各组分后在85～95℃搅拌至完全溶解，待混合液混合均匀后过滤得到助焊剂。

原料介绍

所述的复配活化剂为：①丁二酸、戊二酸、衣康酸或己二酸与DL-苹果酸复配，其质量比为1∶1；②丁二酸、戊二酸与DL-苹果酸复配，戊二酸、衣康酸与DL-苹果酸复配，其质量比为1∶1∶1；③丁二酸和DL-苹果酸、戊二酸和DL-苹果酸、衣康酸和DL-苹果酸、己二酸和DL-苹果酸，分别与三乙醇胺或三异丙醇胺复配，其质量比为10∶10∶1。

所述的复配助溶剂为乙二醇丁醚、乙二醇和异丙醇，其质量比为1∶1∶1。

所述的复配表面活性剂是由阴离子与非离子、非离子与非离子或阴离子与阴离子表面活性剂复配组成，上述阴离子表面活性剂是CO-436、Hostapal BVConc、ANPEO10-P2或LA300SB；非离子表面活性剂是LCN-407、Dynol 604、CO-977、CO-630、FT900、WF-21D、PEG-400或PEG-600。

产品应用 本品主要应用于PCB板焊接面上。

产品特性

（1）本品含复配表面活性剂低VOC免清洗助焊剂，适用于无铅焊料焊接工艺，其VOC含量低于4.5%，固体含量低于2.5%，因而对环境友好；制备的助焊剂免清洗、绝缘电阻高、不易燃烧、存储及运输方便；制备工艺简单，原料易得，价格较低，适合大量制备和工业化生产。

（2）本品所选的活化剂分解能力都较强，焊后给板面造成的残留污染较小；本品复配阴离子/非离子、非离子/非离子或阴离子/阴离子表面活性剂，能有效降低助焊体系的表面张力，提高了焊料的浸润性能；本品选择的成膜剂用量少、残留量少，且成膜效果好。

含有噻二唑衍生物的助焊剂

原料配比

原料	配比（质量份）		
	1#	2#	3#
无水甲醇	82	—	—
无水乙醇	—	91.2	86.6
二乙二醇丁醚	3	0.3	1.3
有机缓蚀活化剂	1	5	2
丙二醇丁醚	—	—	0.7
有机活化剂	3.9	2	4
十六烷基三甲基溴化铵	0.08	—	0.1
十八烷基三甲基溴化铵	—	0.3	0.1
烷基糖苷	0.02	0.2	0.2
松香树脂成膜剂	10	—	—
萜烯树脂成膜剂	—	1	5

制备方法　在搅拌的条件下依次将各组分加入有机溶剂中，继续搅拌待各组分溶解后，停止搅拌，过滤即可得产品。

原料介绍

成膜剂为树脂类化合物。

所述的有机缓蚀活化剂是噻二唑的衍生物，是噻二唑与顺丁烯二酸酐反应生成的产物，具有如下结构（Ⅰ）：

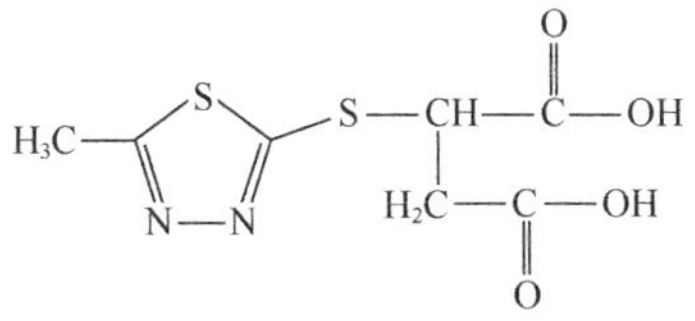

（Ⅰ）

所述的有机活化剂可以是巴豆酸与顺丁烯二酸酐反应生成的加成产物，具有如下结构（Ⅱ）：

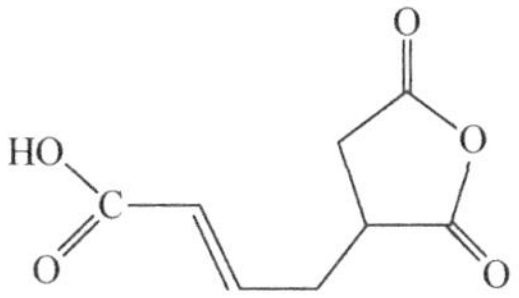

（Ⅱ）

分散剂为乙二醇丁醚、二乙二醇丁醚、丙二醇丁醚和二丙二醇丁醚中的一种或几种。

表面润湿剂为烷基糖苷和烷基三甲基溴化铵，所述的烷基三甲基溴化铵优选十六烷基三甲基溴化铵和十八烷基三甲基溴化铵。

有机溶剂为无水甲醇和无水乙醇中的一种或两种。

产品应用　本品主要应用于电子工业 PCB 焊接领域。

产品特性　噻二唑与顺丁烯二酸酐反应生成的噻二唑衍生物，具有有机活化特性和对铜缓释的特性，再利用巴豆酸与顺丁烯二酸酐合成化合物的有机活化特性，实现了去除氧化物和防锈同步，充分利用了可再生的巴豆酸与顺丁烯二酸酐资源。

配方 15

含有松油醇副产松油烯衍生物的助焊剂

原料配比

原料	配比（质量份）		
	1#	2#	3#
无水乙醇	82.4	—	—
无水甲醇	—	94.1	87.3
二丙二醇丁醚	4	—	—
二乙二醇丁醚	—	0.5	—

原料	配比（质量份）		
	1#	2#	3#
乙二醇丁醚	—	—	2
丙二醇丁醚	—	—	1.5
1-异丙基-4-甲基二环[2.2.2]-5-辛烯-2,3-二甲酸酐	12	5	8
甲基苯并三氮唑	0.5	0.1	0.3
2,6-二叔丁基对甲酚	0.2	0.1	0.5
烷基糖苷	0.3	0.05	0.15
2,3-二溴-1,4-丁烯二醇	0.2	0.05	0.25

制备方法　在搅拌的条件下依次将各组分加入有机溶剂中，继续搅拌待各组分溶解后，停止搅拌，过滤即可得产品。

产品应用　本品主要应用于电子工业 PCB 焊接领域。

产品特性　本品充分利用松油醇副产松油烯衍生物 1-异丙基-4-甲基二环[2.2.2]-5-辛烯-2,3-二甲酸酐的有机活化特性，为副产松油烯的再利用提供了途径，提升了其经济价值，节约和充分利用了可再生的松脂资源，有利于实现工业化生产。

 配方 **16**

焊锡丝芯用的中性助焊剂

原料配比

原料	配比（质量份）				
	1#	2#	3#	4#	5#
软脂酸	20	—	—	10	—
硬脂酸	—	15	—	—	10
癸二酸	—	—	20	—	—
月桂酸	—	—	—	—	5
三乙醇胺	20	22	—	15	—
二乙醇胺	—	—	20	—	15
水合联胺盐酸盐	2.8	—	—	—	20
乙二胺盐酸盐	—	15	—	8	—

原料	配比（质量份）				
	1#	2#	3#	4#	5#
水合联胺氢溴酸盐	—	—	4.8	—	—
丙二醇	—	—	—	10	—
丙三醇	—	—	—	—	8
水	加至 100	加至 100	加至 100	加至 100	加至 100

制备方法

（1）在反应器中按所需量加入有机羧酸和烷基醇胺，加热至完全溶解后，在搅拌下于 70～140℃下加入所需要量的胺的盐酸盐水溶液或胺的氢溴酸盐水溶液。

（2）用碱调节反应溶液的 pH 值至 6～9，保温搅拌 5～120min。

（3）在 60～150℃的温度下加入醇和加至 100 的水进行乳化，继续搅拌降温至 25～50℃。

产品应用　本品主要应用于电光源（例如白炽灯泡触点）、仪器仪表、无线电元件、半导体器件、印制电路板、车用散热器等方面的手工或生产自动线的铜锡焊接。

产品特性

（1）具有高活性、高润滑力、高扩展性，非腐蚀绝缘电阻高，焊点洁净几乎无残留物，是一种通用性广的适用于低锡焊丝（含锡量≤30%）芯用高活性助焊剂。

（2）本品无毒、无臭、无味、不污染环境，与锡铅焊料在焊接温度上有极佳的匹配效果，可有效地除去金属氧化层，焊接后具有成膜薄和保护基材的作用。

配方

环保型免清洗助焊剂

原料配比

原料	配比（质量份）					
	1#	2#	3#	4#	5#	6#
天冬氨酸	1	4	2.5	1.5	3.5	2.5
乳酸	0.4	1	0.7	0.6	0.8	0.7
没食子酸	0.4	1.2	0.8	0.5	1	0.75
肉桂酸	—	0.8	0.55	0.3	—	—

原料	配比（质量份）					
	1#	2#	3#	4#	5#	6#
原儿茶酸	—	—	—	0.4	1	0.7
乳酸乙酯	2	8	5	3	5	4
乙醇	5	15	10	8	14	12
丙三醇	6	12	9	7	9	8
丙二醇单甲醚丙酸酯	0.3	1.5	0.8	0.6	1.2	0.8
表面活性剂亚油酸钠	0.4	—	—	—	—	—
表面活性剂烷基糖苷	—	2.2	—	—	—	—
表面活性剂吐温	—	—	1.3	—	—	—
表面活性剂十二烷基苯磺酸钠	—	—	—	0.8	—	—
表面活性剂葡萄糖	—	—	—	—	2	1.4
缓蚀剂	0.2	1.6	0.9	0.5	1.1	0.8
去离子水	加至100	加至100	加至100	加至100	加至100	加至100

制备方法 将各组分混合均匀即可。

原料介绍

天冬氨酸为氨基酸，也是一种二元羧酸，用作助焊剂的活化剂，除去引线脚上的氧化物和熔融焊料表面的氧化物，是助焊剂的关键成分之一，具有环保、有效的特点。当与乳酸、没食子酸组合使用时，由于三种有机酸具有不同的沸点，可使活化剂的沸点或分解温度呈一个较大的区间分布，从而保持整个焊接过程中助焊剂都具有较高的活性。另外没食子酸具有抗氧化效果，能够防止焊剂材料再次被腐蚀，从而保证很好的焊剂效果。肉桂酸与原儿茶酸也是活化剂。

乙醇、乳酸乙酯和丙三醇为助溶剂，能够阻止活化剂等固体成分从溶液中脱溶的趋势，避免活化剂不良的非均匀分布。

丙二醇单甲醚丙酸酯为成膜剂，在引线脚焊锡过程中，所涂覆的助焊剂沉淀、结晶，形成一层均匀的膜，可使高温分解后的残余物快速固化、硬化、减小黏性。

表面活性剂的主要功能是减小焊料与引线脚金属两者接触时产生的表面张力，增强表面润湿力，增强有机酸活化剂的渗透力，也可起发泡剂的作用。在此，表面活性剂可以选择亚油酸钠、烷基糖苷、吐温、十二烷基苯磺酸钠、葡萄糖中的任一种。

缓蚀剂能够减少活化剂等固体成分在高温分解后残留的物质，可以是肉桂酸环己胺、糖胺、苯甲酸、六次甲基亚胺、尿素、肉桂酸乙醇胺中的任一种或两种。

去离子水为主溶剂，节约了醇类溶剂，经济易得，且避免了醇类在挥发过程中带来的空气污染，同时焊后无需清洗。

产品应用 本品主要应用于电子工业助焊。

产品特性 本品具有焊接后残留物少、无需清洗、不易腐蚀焊料、环保绿色等优点。

配方

环保型水溶性助焊剂

原料配比

表1　白色粉末A

原料	配比（质量份）		
	1#	2#	3#
无水柠檬酸	60	50	50
DL-苹果酸	45	40	50
三乙醇胺	45	40	50
去离子水	200	100	100
改性聚乙烯醇	120	90	80
聚丙烯酸甲酯	90	70	100
醋酸乙烯-乙烯共聚胶粉	3	2	3
羟乙基甲基纤维素醚	2	2	3

表2　环保型水溶性助焊剂

原料	配比（质量份）		
	1#	2#	3#
乙醇	200	200	100
丙三醇	400	300	400
异丙醇	—	100	200
乙二醇丁醚	100	100	100
乙二醇	400	300	400
异辛基酚氧乙烯醚	15	10	13
辛基酚聚氧乙烯醚	—	2.5	—
脂肪醇聚氧乙烯醚	—	—	2
苯并三氮唑	15	12	15

原料	配比（质量份）		
	1#	2#	3#
对苯酚	2	1.5	2
改性聚乙烯醇	80	100	100
聚丙烯酸甲酯	50	70	70
白色粉末 A	360	294	336

制备方法

（1）将无水柠檬酸、DL-苹果酸、三乙醇胺、去离子水放入混合搅拌槽，升温至 40～60℃，搅拌 0.5～2h，待其充分混合后，加入改性聚乙烯醇、聚丙烯酸甲酯、醋酸乙烯-乙烯共聚胶粉、羟乙基甲基纤维素醚，并迅速升温至 80～100℃，充分搅拌 2～6h 后，迅速冷却并快速搅拌，过滤、烘干、粉碎后得到白色粉末 A。

（2）将复配溶剂、表面活性剂、苯并三氮唑抗氧化剂、对苯酚热稳定剂、改性聚乙烯醇、聚丙烯酸甲酯放入混合搅拌槽，升温至 30～50℃，搅拌 0.5～2h 后，缓慢加入白色粉末 A，搅拌 2～4h 后，即得环保型水溶性助焊剂。

原料介绍 所述的改性聚乙烯醇为含 1%～5%异丁基乙烯基醚-马来酸酐共聚物的聚乙烯醇复合物，所述的表面活性剂为异辛基酚氧乙烯醚、辛基酚聚氧乙烯醚、脂肪醇聚氧乙烯醚的一种或多种的组合物，所述的溶剂为由乙醇、异丙醇、乙二醇、丙三醇、乙二醇丁醚组成的复配溶剂。

产品应用 本品主要应用于电子工业。

产品特性 本品针对现有含铅焊料助焊剂对无铅焊料的不适应性，提供一种能有效配合无铅焊料使用的水溶性助焊剂，尤其适用于 Sn-Ag-Cu 系无铅焊料，提高其润湿性以及抗氧化能力，增强无铅焊料的可焊性，并能适应无铅焊料的焊接温度要求，对无铅焊料合金腐蚀作用小，焊后残留物少，并可用水清洗干净，焊点质量好，表面光洁，稳定性强，干燥后的电路板具有较高的绝缘电阻值。

配方 **19**

环保型无铅焊料用水基助焊剂

原料配比

原料	配比（质量份）							
	1#	2#	3#	4#	5#	6#	7#	8#
无水柠檬酸	1.5	1.6	1.5	1.4	1.6	1.5	1.5	1.5

原料	配比（质量份）							
	1#	2#	3#	4#	5#	6#	7#	8#
丁二酸	0.6	—	—	—	—	0.6	0.6	0.6
水杨酸	—	0.5	—	—	—	—	—	—
苹果酸	—	—	0.7	—	—	—	—	—
乙二酸	—	—	—	0.7	—	—	—	—
山梨酸	—	—	—	—	0.8	—	—	—
三乙醇胺	0.8	0.8	0.7	0.9	0.8	0.8	0.8	0.8
OP-10	0.1	0.1	0.1	0.1	0.1	0.1	0.1	0.1
硬脂酸甘油酯	0.4	0.4	0.4	0.4	0.4	0.4	0.4	0.4
聚乙二醇	2	2	2	2	2	2	2	2
乙二醇丁醚	9	9	9	9	9	6	7	5
丙三醇	—	—	—	—	—	4	—	2
乙二醇	—	—	—	—	—	—	2.5	2
苯并三氮唑	0.1	0.1	0.1	0.1	0.1	0.1	0.1	0.1
去离子水	加至100	加至100	加至100	加至100	加至100	加至100	加至100	加至100

制备方法 在常温下将有机酸有机胺活化剂、表面活性剂、成膜剂、助溶剂、缓蚀剂、去离子水这些原料按其组分配方比混合，先将去离子水加入干净的带有搅拌装置的不锈钢釜中，再加入固体或难溶原料，搅拌 0.5h 后，然后将其他原料依次加入，继续搅拌至全部物质完全溶解，停止搅拌，静置过滤即为产品。

原料介绍

所述有机酸有机胺活化剂可选自水杨酸、苹果酸、乙二酸、丁二酸、山梨酸、无水柠檬酸、一乙醇胺、二乙醇胺、三乙醇胺。

所述的表面活性剂可为非离子表面活性剂或阳离子表面活性剂，可选自TX-10（辛基酚聚氧乙烯醚）、OP-10（异辛基酚聚氧乙烯醚）、FSN（非离子氟表面活性剂）、FSO（非离子氟表面活性剂）、AEO（脂肪醇聚氧乙烯醚），以 OP-10（异辛基酚聚氧乙烯醚）为第一表面活性剂，其他活性剂为次。

所述成膜剂可选自硬脂酸甘油酯、聚丙烯酰胺、山梨糖醇、苯甲酸乙酯、马来酸二甲酯、乙二酸二甲酯，以硬脂酸甘油酯为首选，其他为辅。

所述助熔剂可选自二甘醇、丙三醇、乙二醇、乙二醇乙醚、乙二醇丁醚、聚乙二醇，优选聚乙二醇、乙二醇丁醚、丙三醇、乙二醇。

所述缓蚀剂可选自苯并三氮唑、三乙胺，优选苯并三氮唑。

产品应用 本品主要应用于电子、电工行业中印制电路板之类电子组件的焊接。

使用方法：可采用喷雾、发泡、浸渍等方法将助焊剂均匀涂敷在待焊接的 PCB 板上，对 PCB 板进行预热，预热温度为 100℃ 左右，将焊剂中的水完全蒸发掉，再经波峰焊剂槽焊接，焊料温度视无铅焊料而定，一般为 250～300℃，传送速度为 1.2～1.8m/min。

产品特性

（1）不含松香和卤素，固体含量低，对无铅焊料润湿力强，使焊料铺展均匀，焊后残留物少，无须清洗，无黏性，无腐蚀性，绝缘电阻高。

（2）用去离子水作溶剂，几乎可以避免 VOC 物质，无毒、无刺激性气味，使用完全且不易燃烧，储存和运输方便，并且成本低。

配方 20

环保型无铅焊料用免清洗助焊剂

原料配比

原料	配比（质量份）						
	1#	2#	3#	4#	5#	6#	7#
丙烯酸	0.5	—	—	—	—	1	1.2
草酸	0.1	—	—	0.2	1.5	—	—
正戊酸	—	—	—	1	—	—	—
柠檬酸	—	—	1.5	1	—	1	1.5
L-苹果酸	0.4	1	—	—	—	—	0.8
正丁酸	—	0.5	0.5	—	1	—	—
琥珀酸	—	—	1	—	—	—	—
山梨酸钾盐	—	—	—	—	0.3	—	—
8-羟基喹啉	—	—	—	—	0.5	—	—
维生素 C	—	—	0.5	0.5	—	—	1
改性环氧树脂	—	—	—	—	—	0.4	—
苯甲酸	—	—	—	—	—	0.9	—
丙烯酸树脂	0.1	—	—	0.2	—	—	0.1
邻氨基苯甲酸	—	—	—	1.8	—	—	—
酒石酸（外消旋）	—	0.5	—	—	—	—	—
烷基葡萄糖酰胺	0.1	0.2	0.3	1	0.3	0.3	0.5

原料	配比（质量份）						
	1#	2#	3#	4#	5#	6#	7#
苯甲酸钠	—	0.5	—	—	—	—	—
聚氨酯改性环氧树脂	—	0.3	—	—	—	—	—
L-抗坏血酸棕榈酸酯	0.05	—	0.5	—	—	0.1	—
马来酸松香树脂	—	—	0.2	—	—	—	—
溶剂	加至 100	加至 100	加至 100	加至 100	加至 100	加至 100	加至 100

制备方法

（1）配制好溶剂；

（2）在容器中加入有机酸活化剂、缓蚀剂、表面活性剂和成膜剂，再加入配制好的溶剂，加热搅拌使原料混合均匀，过滤，得环保型无铅焊料用免清洗助焊剂。

原料介绍

本品所用的有机酸活化剂是不同沸点范围内有机酸的复配物，使得焊剂在焊接过程中不同温度范围内都能起到相应的作用。有机酸活化剂最好选自丙烯酸、L-苹果酸、柠檬酸、草酸、正丁酸、正戊酸、琥珀酸和酒石酸（外消旋）中的至少两种。

缓蚀剂最好选自食品添加剂所用的缓蚀剂苯甲酸、苯甲酸钠盐类、山梨酸、山梨酸钾盐类、维生素 C 和 L-抗坏血酸棕榈酸酯中的至少一种。缓蚀剂的加入使得焊后金属表面被保护，具有防潮、防霉、防腐蚀性能。

成膜剂最好选自聚氨酯改性环氧树脂、马来酸松香树脂、丙烯酸树脂、邻氨基苯甲酸、8-羟基喹啉中的至少一种，成膜剂能在焊后形成一层致密的有机膜，保护了焊点和基板，具有防腐蚀性和优良的电气绝缘性。

表面活性剂最好为烷基葡萄糖酰胺，合成该产品所用的原料生物降解性好、低毒、无刺激，并且可以采用再生资源进行清洁生产。表面活性剂由于其两亲分子结构特征，极易富集于界面，改变界面性质，对界面过程产生影响，从而使得焊接的润湿性大大提高。

溶剂最好选自酯类和醇类的水溶液，醇类最好选自一元醇类或二元醇类，按质量比，酯类：醇类：水=3：1：6。溶剂是将助焊剂中的各种成分溶解在一起，成为均相溶液。助焊剂中大部分都是溶剂，保证溶剂的安全环保性尤其重要。

产品应用　本品主要应用于电子产品的焊接。

产品特性　由于本品中大部分添加剂选用的均是环保型添加剂，因此能满足环保性要求和对使用者安全无毒副作用性的要求，并且焊后的焊点光亮，成形性好。

配方 **21**

基于陶瓷电容钎焊的水溶性助焊剂

原料配比

原料	配比（质量份）		
	1#	2#	3#
山梨醇	34	—	—
PEG400	—	25	—
甘油	—	—	5
PEG1000	—	—	20
季戊二醇	—	—	2
苯甲酸	—	—	1.5
偏苯二甲酸	—	—	0.3
己二酸	2.1	—	—
丁二酸	—	1.5	—
丁二酸酐	—	—	0.3
乙二胺	—	—	1.1
硬脂酸	0.4	0.3	—
丙酸	0.5	—	—
油酸	—	1	—
柠檬酸	—	0.2	—
异丙醇胺	—	2	—
异构醇醚	—	—	0.2
二甘醇单丁醚	—	—	8
三乙醇胺	1.2	—	—
TX-10	0.5	0.2	—
四氢糠醇	—	10	—
DBE（混合酸二价酯）	—	2	—
季戊二醇酯	1.5	—	—
二甘醇单丁醚	6	—	—
异丙醇	加至100	—	—
乙醇	—	加至100	—
混合醇	—	—	加至100

制备方法 首先在反应釜中加入计量好的醇类溶剂，开启搅拌装置，加入有机酸，再加有机胺类，混合搅拌 30～60min，使有机酸与有机胺反应完全。后面依次加入高温成膜剂、助溶剂、高沸点溶剂，最后加入非离子表面活性剂。混合均匀，静止后过滤的澄清溶液即为本品助焊剂。

原料介绍

助溶剂可选用多元醇类物质，如甘油、聚乙二醇、聚丙二醇、异构醇醚、改性聚醚、二甘醇、山梨醇、季戊二醇等。本助焊剂选用分子量适中的多元醇，使其具有良好的水溶性和良好的耐温性，控制其闪点在 250℃ 以上。此类多元醇物质在本助焊剂中是一种不可缺少的介质，它带来良好的润湿性，改善锡的流动性和防止锡的氧化。而且因为闪点高，耐高温能力强，可以很好地保护银在焊接过程中的腐蚀和变色问题。多元醇类物质通常选用分子量在 200～1000 之间的，使其抗高温和在水中的溶解性均良好（分子量越大其在水中的溶解性会变差，但同时其可以提高焊剂的耐高温性）。

有机酸系一元或二元脂肪酸，以及含苯环的有机酸、酸酐等，主要有：苹果酸、柠檬酸、丁二酸、己二酸、丙酸、乳酸、苯甲酸、偏苯二甲酸、丁二酸酐、硬脂酸、油酸等。选用有机酸的原则首先必须考虑其活化能力，其次得考虑其沸点和分解温度。通常选用几种有机酸的复配物，使其焊接活化温度范围宽，焊锡的去氧化能力强，能满足无铅焊料的焊接活件。

有机胺主要系三乙醇胺、单乙醇胺、环己胺、异丙醇胺、乙二胺、十二胺、尿素等，选用胺类的目的主要是使其与酸类反应完全，提高酸类的耐高温能力。另外有机胺可以平衡 pH 酸度，降低酸在高温下对元器件的腐蚀，进一步保护银的表面外观，使得银表面干净光亮。

高沸点溶剂主要为醇醚类物质，主要为：乙二醇乙醚、乙二醇丁醚、丙二醇乙醚、二甘醇单丁醚、四氢糠醇等。其可以提高助焊剂的高温挥发性，扩大助焊剂的温度使用范围。

表面活性剂为非离子类，主要有辛基酚聚氧乙烯醚（TX-10）、改性的聚氧乙烯醚、异构醇醚、磷酸酯类等。这类表面活性剂具有良好的水溶性和清洗能力，可以降低助焊剂和锡料的表面张力，提高助焊剂的扩展性，提高锡料的流动性。

醇类溶剂主要有：异丙醇、乙醇、甲醇、混合醇。

高温成膜剂主要有：季戊二醇酯、DBE（混合酸二价酯）、季戊二醇等。

产品应用 本品主要应用于电子行业陶瓷电容焊接。

产品特性

（1）其具有良好焊接性，化锡能力强，引线和银层表面结合力好，锡的流动性非常好，焊锡光亮且能完全把引线与银层之间空隙溜平。结合力良好，牛顿拉力测试合格。

（2）电容损耗率低，不损害电容银层表面，电容的损耗率可达其标准的十分之一。

（3）耐温性强，助焊剂采用多种高分子成膜物质，能很好地防止银在高温环境下腐蚀，表面无发黄和印迹生成。

（4）电容经清洗后可耐高压，耐压达 3000～5000V 以上。适用于交流高压的电容焊接。

配方 22

金属工件用助焊剂

原料配比

原料	配比（质量份）						
	1#	2#	3#	4#	5#	6#	7#
2,3-吡啶二甲酸	1	3	2	1.5	2.5	2	1.5
乳酸	0.3	1.5	0.9	0.5	1	0.75	0.5
苯甲酸	0.3	1.1	0.7	0.5	0.9	0.7	0.5
苯甲酸钠	—	—	0.4	0.4	0.95	1.5	—
水杨酸	0.2	0.8	0.5	0.5	0.7	0.6	0.5
水杨酸钠	—	0.8	—	0.8	1.15	—	1.5
异佛尔酮	4	10	7	5	8	6.5	5
乳酸正丁酯	6	12	9	8	8～10	9	8
乙二醇	5	15	10	7	11	9	7
苯甲醇	0.3	1.9	1.1	0.5	1.5	1	0.5
表面活性剂	0.5	2.1	1.3	0.8	1.6	1.2	0.8
三乙醇胺	0.3	0.3～1.5	0.9	0.5	1.2	0.85	0.5
乙醇	加至 100	加至 100	加至 100	加至 100	加至 100	加至 100	加至 100

制备方法　将各组分混合均匀即可。

原料介绍

该组分中，2,3-吡啶二甲酸、乳酸、苯甲酸和水杨酸是活化剂，用于除去引线脚上的氧化物和熔融焊料表面的氧化物，是助焊剂的关键成分之一。其中，2,3-吡啶二甲酸是一种二元酸，酸性较强，乳酸、水杨酸都是羟基酸，苯甲酸是一种芳香酸，具有一般有机羧酸的化学性质，热稳定性好。羟基酸因为分子中含有羟基和羧基两种官能团，具有含羟基和羧基有机物的一般性质，而且由于羟基酸分子中羟基是吸电基具有吸电子诱导效应，使羧基的离解度增加，酸性比相应的羧酸强。因为这些有机酸的沸点或分解温度有一定的差别，把多种有机酸活化剂组合使用，可使活化剂的沸点或分解温度呈一个较大的区间分布，保持整个焊接过程中助焊剂都具有较高的活性，同时助焊剂的活化温度与无铅焊料合金的熔点相适应，改善了无铅焊料润湿性、防止氧化和提高了焊接性能的效果。

苯甲酸钠和水杨酸钠为助活化剂。

乙醇为溶剂，主要作用是溶解助焊剂中的固体成分，使之形成均匀的溶液，便于待焊元件均匀涂布适量的助焊剂成分，同时它还可以清洗轻的脏物和金属表面的油污。

异佛尔酮、乳酸正丁酯和乙二醇为助溶剂，能够阻止活化剂等固体成分从溶液中脱溶的趋势，避免活化剂不良的非均匀分布。

苯甲醇为成膜剂，在引线脚焊锡过程中，所涂覆的助焊剂沉淀、结晶，形成一层均匀的膜，可使高温分解后的残余物快速固化、硬化、减小黏性。

表面活性剂的主要功能是减小焊料与引线脚金属两者接触时产生的表面张力，增强表面润湿力，增强有机酸活化剂的渗透力，也可起发泡剂的作用。在此，表面活性剂可以选择双（2-乙基己基）琥珀酸酯磺酸钠或吐温，如果选择十二烷基苯磺酸钠则效果更好。

三乙醇胺是缓蚀剂，能够减少活化剂等固体成分在高温分解后残留的物质。

产品应用 本品主要应用于金属工件表面。

产品特性 把 2,3-吡啶二羧酸、乳酸、苯甲酸和水杨酸四种有机酸作为活化剂组合使用，可使活化剂的沸点或分解温度呈一个较大的区间分布，从而保持整个焊接过程中助焊剂都具有较高的活性。此外，助焊剂的活化温度与无铅焊料的熔点相适应，大大提高了无铅焊料的润湿性、防氧化性和焊接性能。

配方 **23**

可抑制焊点界面化合物生长的免清洗水基型助焊剂

原料配比

原料	配比（质量份）		
	1#	2#	3#
抗坏血酸	0.2	—	—
抗坏血酸钠	—	—	0.3
L-抗坏血酸棕榈酸酯	—	0.1	—
草酸	0.01	0.7	0.1

原料	配比（质量份）		
	1#	2#	3#
邻氨基苯甲酸	—	—	0.1
8-羟基喹啉	—	0.3	—
乙酸	—	—	0.1
己二酸	1	—	—
丁二酸	—	0.15	—
三乙醇胺	—	0.05	—
TX-100	—	2	—
柠檬酸	0.5	—	0.5
二乙醇胺	—	—	0.1
尿素	0.5	—	—
OP-10	0.1	—	1
苯并三氮唑	0.1	0.1	0.1
乙二醇	15	30	—
丙三醇	5	—	5
去离子水	加至 100	加至 100	加至 100

制备方法　在带有搅拌器的反应釜中先加入助溶剂和去离子水，搅拌下加入有机活化剂、表面活性剂、缓蚀剂、抑制金属间化合物生长剂和还原剂，后加热至 50～70℃，搅拌均匀，静置过滤，即得产品。

原料介绍　有机还原剂为抗坏血酸、4-己基间苯二酚、抗坏血酸盐、L-抗坏血酸棕榈酸酯、异抗坏血酸、植酸、茶多酚、维生素 E 和胡萝卜素中的至少一种。

抑制金属间化合物生长剂为草酸、邻氨基苯甲酸、8-羟基喹啉和喹啉-2-羧酸中的至少一种。

有机活化剂由 50%～90% 的有机酸和 10%～50% 的有机胺组成。有机酸主要是脂肪族一元酸、脂肪族二元酸、脂肪族多元酸、酒石酸、水杨酸和柠檬酸中的至少一种。有机胺为醇胺、酰胺或脂肪胺，醇胺可以是一乙醇胺、二乙醇胺和三乙醇胺等中的一种，酰胺是尿素，脂肪胺是碳原子数小于 12 的一元胺或二元胺；有机胺也可以是三类胺中的至少一种。

表面活性剂为非离子型表面活性剂，可以是 OP 系列表面活性剂、TX 系列表面活性剂中的至少一种，其中以高分子量和低分子量的表面活性剂相配合为佳。

缓蚀剂为含氮杂环化合物。

助溶剂为沸点 140℃ 以上的醇或醇醚，可以是乙二醇、丙三醇和乙二醇丁醚中的至少一种。

产品应用 本品主要应用于金属焊接。

产品特性 由于本品采用有机还原剂，具有抗氧化作用，因此保证了焊点的光亮；由于抑制金属间化合物生长剂的加入，在焊料与界面处形成一层界面化合物沉淀层，抑制了焊料与基板的原子扩散，因此阻碍了金属间化合物的生长；由于加入有机活化剂，因此可起清除铜板表面氧化膜的作用；由于表面活性剂的加入，降低焊料金属的表面张力和基板的表面能，因此增强了焊接效果；由于加入其他助溶剂来调节焊接过程助焊剂沸腾的稳定性，因此保证了基本的助焊性能的同时，又改善了界面性能。

配方 **24**

可直排水溶性元件焊接用助焊剂

原料配比

原料	配比（质量份）							
	1#	2#	3#	4#	5#	6#	7#	8#
丁二酸	2	3	1	1.5	2	2.5	3	2.5
丙二酸	—	—	0.3	0.5	0.5	0.8	—	—
乙二酸	—	—	—	—	—	—	1	0.8
二溴丁烯二醇	0.6	1	0.5	0.8	1.2	1.2	1.5	1.1
表面活性剂	0.6	1.2	0.5	0.8	1.2	1.5	2	1.8
溶剂	加至100	加至100	加至100	加至100	加至100	加至100	加至100	加至100

制备方法 将各组分混合均匀即可。

原料介绍 本品采用的表面活性剂有利于提高焊接助焊剂的表面活性，加快清洗效率。可选用异构醇聚氧乙烯醚，异构醇聚氧乙烯醚有利于增大松香的反应面积，且对钢板进行润湿，清洗效果好。或选用脂肪醇聚氧乙烯醚（AE），水溶性较好，耐电解质，易于生物降解，泡沫小。

产品应用 本品主要应用于电子元件焊接。

产品特性 本品可直排水溶性元件焊接助焊剂，添加了含有游离卤素的二溴丁烯二醇进行焊接，用有机酸及共价卤代替盐酸盐后可以有效降低化学需氧量及生化需氧量，采用本焊接助焊剂焊后用去离子水进行清洗，收集清洗后液体进行测试，其测试指标达到国家废水排放一级标准，对环境污染小。

铝合金无铅助焊剂

原料配比

原料	配比（质量份）		
	1#	2#	3#
己二酸	1	—	—
羟基乙酸	—	2	—
癸二酸	—	—	2
柠檬酸	2	—	—
草酸	—	2	—
十八酸胺	—	—	2
氟硼酸锌	7	5	7
氟硼酸锡	8	5	5
氟硅酸锌	—	3	3
氟硅酸锡	—	2	—
单乙醇胺	—	5	—
丙二醇	—	—	5
三乙烯四胺	10	—	10
二乙醇胺	10	5	—
三乙醇胺	—	—	5
二乙烯三胺	—	10	—
FSN-100	0.1	—	—
FC-4	—	0.1	—
FC-3	—	—	0.1
苯并三氮唑	0.3	0.3	—
巯基苯并噻唑	—	—	0.3
脂肪醇聚氧乙烯醚	—	—	40
聚乙二醇 400～500	40	—	—
OP-10	—	40	—

原料	配比（质量份）		
	1#	2#	3#
异丙醇	—	5	15
乙醇	5	—	5.6
去离子水	16.6	15.6	—

制备方法

（1）将助焊剂配方中的有机羧酸及其衍生物活化剂溶入溶剂，搅拌均匀，酸碱中和会有放热反应出现，注意保持温度不要超过 100℃，必要时可用冰水浴降温，放置至室温；

（2）将氟碳表面活性剂加入步骤（1）制得的液体中，搅拌均匀；

（3）将高沸点溶剂加入步骤（2）制得的液体中，搅拌均匀；

（4）将水溶性树脂加入步骤（3）制得的液体中，搅拌均匀；

（5）将缓蚀剂加入步骤（4）制得的液体中，搅拌均匀；

（6）出料，包装。

上述所说的步骤（1）中的有机羧酸及其衍生物活化剂取一种或两种以上复配物使用。

原料介绍

所说的铝合金无铅助焊剂所包含的有机羧酸及其衍生物活化剂可以是单羧酸、二羧酸及其胺盐或酰胺盐，包括：乙酸、苯甲酸、癸酸、十二酸、十四酸、十六酸、十八酸、油酸、柠檬酸、草酸、丁二酸、己二酸、癸二酸、十二酸至十八酸胺、十二酸至十八酸酰胺、羟基乙酸、氟硼酸锌、氟硼酸锡、氟硅酸锌、氟硅酸锡等，可选一种或两种以上的复配物。

上述所说的铝合金无铅助焊剂所包含的高沸点溶剂可以是丙二醇、丙三醇、单乙醇胺、二乙醇胺、三乙醇胺、二乙烯三胺、三乙烯四胺等中的一种或两种以上的复配物。

上述所说的铝合金无铅助焊剂所包含的氟碳表面活性剂可以是 FC-3、FC-4、FC-5、FSN-100、FC-4430 等中的一种或两种以上的复配物。

上述所说的铝合金无铅助焊剂所包含的缓蚀剂可以是改性肌醇六磷酸酯、咪唑啉、苯并三氮唑、巯基苯并噻唑等中的一种或两种以上的复配物。

上述所说的铝合金无铅助焊剂所包含的水溶性树脂是脂肪醇聚氧乙烯醚、聚乙二醇 400～1500、OP-10 或 OP-15 中的一种。

上述所说的铝合金无铅助焊剂所包含的溶剂可取自异丙醇、乙醇、去离子水，可选一种或两种以上的复配物。

产品应用 本品主要应用于无铅铝合金软钎焊。

本品的工作原理：（1）在软钎焊温度下能迅速破坏铝的氧化膜，清洁被焊金属活性表面；（2）剥离铝的氧化膜后，焊剂能在铝的表面残留下一层活性膜，能有效降低钎料与金属之间的表面张力，提高无铅焊料的流动性和润湿性；（3）能适用于手工电烙铁焊接，工作温度在260～350℃；（4）基体金属与钎料结合紧密、不易脱落；（5）残留物为水溶性，可以用清水清洗干净；（6）铝合金软钎焊接用无铅焊丝配套专用助焊剂，能最大程度发挥功效。

产品特性

（1）离子污染度低，所以焊接残留低，板面干净，无松香类树脂残留；

（2）扩展率高所以透锡性能好，润湿性好，无拉尖连焊现象；

（3）表面绝缘电阻高，pH为中性、无腐蚀，所以可靠性好；

（4）对现有的设备工艺适应性强，特别适用于铝合金漆包线的无铅软钎焊。

配方

铝软钎焊用高可靠性助焊剂

原料配比

原料		配比（质量份）		
		1#	2#	3#
去膜剂	乙醇胺氢氟酸盐	25	—	—
	二乙胺氢氟酸盐	—	30	—
	二甲胺氢氟酸盐	—	—	27
金属盐	氟硼酸锌	5	7	6
	氟化亚锡	3	1	2
活化剂	二乙醇胺	66.4	41.5	64.48
	乙醇胺	—	20	—
表面活性剂	FSN-100	0.1	—	—
	FC-4430	—	0.1	0.12
缓蚀剂	十二烷基苯并咪唑啉	0.5	—	—
	咪唑啉	—	0.4	—
	苯并三氮唑	—	—	0.4

制备方法 将各组分混合均匀即可。

产品应用 本品主要应用于电器、仪表、通信、照明等电子设备焊接。

产品特性 焊剂与焊接工艺极度匹配，对铝及铝合金软钎焊焊接速度快，润湿性好，适合高速焊接。焊点高温高湿后抗拉强度高，制备工艺简单，适合大规模生产。

配方 **27**

免清洗无残留助焊剂

原料配比

原料	配比（质量份）			
	1#	2#	3#	4#
氢化松香醇	0.5	1.5	1.1	2
己二酸	0.3	0.6	0.5	0.8
丙二酸	0.3	0.6	0.5	1
乙醇酸	1	2.5	0.5	1.6
丁二酸	18	16	15	20
环己胺氢溴酸盐	0.15	2	0.1	2.5
壬基酚聚氧乙烯醚	1	2	1.5	2
表面活性剂	0.2	1.5	0.8	0.9
三乙二醇丁醚	2	3	1	1.5
四氢糠醇	1	3	1.5	2.5
无水乙醇	75.55	67.3	77.5	65.2

制备方法

（1）将氢化松香醇、己二酸、丙二酸、乙醇酸、丁二酸、环己胺氢溴酸盐、壬基酚聚氧乙烯醚、三乙二醇丁醚、四氢糠醇和无水乙醇加入反应容器中，然后不断搅拌使原料充分溶解。

（2）向反应容器中加入配方量的表面活性剂，搅拌均匀。

（3）静置 0.5h，使未溶解的部分沉淀。

（4）将静置后的液体进行过滤，即获得免清洗无残留助焊剂。

产品应用 本品主要应用于电子元器件组装时焊接。

产品特性 本品配方中的氢化松香醇为无色有光泽的高黏稠液体，其具有很强的附着力，锡焊后在被焊物表面形成一层透明、光滑的保护膜，被焊物的表面看上去像清洗过一样，并能保护焊点永久不氧化、不吸潮；配方中所用的己二酸、丙二酸、乙醇酸、丁二酸均为有机酸类活化剂，它们能在焊接过程中发挥作用，清除焊接物表面的氧化层，提高锡焊过程的可焊性能，其中，己二酸的沸点高，活性强，而乙醇酸为液态，焊后无残留；环己胺氢溴酸盐，具有很强的去除氧化物能力，吸湿性也很小，环己胺氢溴酸盐分解后，无残留；四氢糠醇、三乙二醇丁醚具有透锡能力强的优点，焊接过程中，上锡完整，无联焊。因此，与现有技术相比，采用本品的助焊剂焊接后，无残留固体物，被焊物的表面更透明、更干净而没有痕迹，解决了以往固体残留物难以清洗的问题，从而免除了清洗的工序，显著降低了生产成本，而且该助焊剂具有可焊性能好的优点，扩展率大于75%。

配方 **28**

免清洗无铅低银焊膏用助焊剂

原料配比

原料	配比（质量份）					
	1#	2#	3#	4#	5#	6#
活化剂	7	9	11	13	11	13
表面活性剂	0.2	0.5	1	1.5	1.2	1.5
乳化剂	1	3	1.6	2.4	1.8	3
成膜剂	3	5	6	5.8	6.3	8
抗氧化剂	0.1	0.5	0.8	0.6	0.73	1
缓蚀剂	0.1	0.3	0.4	0.3	0.18	0.4
溶剂	加至100	加至100	加至100	加至100	加至100	加至100

制备方法 将各组分混合均匀即可。

原料介绍 所述的活化剂为丁二酸、乙二酸、水杨酸、戊二酸、柠檬酸、己二酸、乳酸、苯甲酸、苹果酸、三乙醇胺等中的四种或五种组分，以各自含量大于零的任意配比混合得到的混合物；其中，该混合物最好含有两种或以上的二元酸（丁二酸、乙二酸、戊二酸、己二酸），选用的二元酸为等比例混合，质量分数相同，混合时的温度低于50℃。

所述的溶剂为丙三醇、异丙醇、二甘醇、二缩三乙二醇、三丙二醇丁醚、乙二醇丁醚中的任一种，或一种以上以各自含量大于零的任意配比混合得到的混合物；其中，该混合物最好含有一种多元醇，且其含量超过总溶剂量的50%。

所述的乳化剂为蓖麻油酰二乙醇胺。

所述的抗氧化剂为对苯二酚。

所述的缓蚀剂为苯并三氮唑。

所述的表面活性剂为OP-10。

所述的成膜剂为聚乙二醇2000或聚乙烯树脂中的一种。

产品应用 本品主要应用于 Sn-0.45Ag-0.68Cu 或 Sn-0.3Ag-0.7Cu 无铅低银焊膏产品。

产品特性

（1）本品助焊剂不含卤素，大幅度减少了对电路板的腐蚀。

（2）焊膏的印刷质量好，不搭桥，不塌边，经过回流后，焊点的成型好，明显减少了钎焊连接缺陷。

（3）本品助焊剂残留少，无锡珠，无需清洗，可直接用于装配。

（4）本品不含卤素，不含松香，有机化学烟雾少，对环境污染小。

配方 **29**

免清洗液体铝助焊剂

原料配比

表1　氟化羟胺

原料	配比（质量份）			
	1#	2#	3#	4#
乙二胺	1	5	2	2
乙醇胺	30	3	3	3
二乙醇胺	64	84	20	90
三乙醇胺	5	8	75	5

表2　活性物质

原料	配比（质量份）			
	1#	2#	3#	4#
氟化羟胺	80	60	85	83
氟硼酸锌	—	—	5	—
三乙胺盐酸盐	—	—	2.5	0.25
氟硼酸亚锡	—	—	—	5
氟化锌	—	—	—	5
氟化铋	—	—	—	5.9
氟化锡	15	—	—	—
氟化钠	—	—	2.5	—
氟化亚锡	—	30	—	—
氟化镁	—	—	—	0.25

原料	配比（质量份）			
	1#	2#	3#	4#
氟化铝	—	—	—	0.25
氟化锂	—	5	—	—
哌嗪	—	5	3	—
二乙胺盐酸盐	2	—	—	0.25

表3　助焊剂

原料	配比（质量份）			
	1#	2#	3#	4#
活性物质	15	30	25	20
水	50	—	75	—
乙醇	35	—	—	—
异丙醇	—	20	—	80
甘醇	—	20	—	—
丙二醇	—	30	—	—

制备方法

（1）氟化羟胺的制备：①取乙二胺、乙醇胺、二乙醇胺和三乙醇胺，混合均匀，得到混合物；

②用氢氟酸将所得混合物中和至 pH 值为 6.5～8；

③将上述中和产物在 140～160℃温度下蒸发 3.5～4.5h。

（2）助焊剂的制备：①称取氟化羟胺、金属活性盐、活化剂、缓蚀剂，混合均匀，得到活性物质，备用；

②分别称取上述的活性物质和所述的溶剂，备用；

③将上述称量好的溶剂和活性物质混合，并在混合过程中不断搅拌，然后升温至 50～60℃，搅拌 8～12min，放入密闭塑料容器保存，即得所述免清洗液体铝助焊剂。

原料介绍　所述的金属活性盐为氟化锡、氟化亚锡、氟硼酸亚锡、氯化亚锡、氟化锌、氟硼酸锌、氯化锌和氯化铋中的一种或一种以上的组合。

所述的活化剂为二乙胺盐酸盐、三乙胺盐酸盐、氟化锂、氟化钠、氟化镁和氟化铝中的一种或一种以上的组合。

所述的溶剂为水、乙醇、异丙醇、甘醇、丙二醇中的一种或一种以上的组合。

所述的缓蚀剂为苯并三氮唑和/或哌嗪。

产品应用　本品主要应用于电子工业领域。

产品特性 本品具有可焊性好，焊接效率高，焊接时飞溅小，几乎无飞溅，节约焊料，焊后残留极少，焊点无需清洗，使用寿命长等优点。

配方 **30**

免清洗助焊剂

原料配比

原料	配比（质量份）	
	1#	2#
去离子水	24.2	30.5
乙醇	—	65
异丙醇	70	—
氧代戊二酸	5	—
樟脑酸	—	3.5
甘油	0.2	0.2
聚乙烯醇 10	0.2	0.4
表面活性剂 501	0.4	0.4

制备方法 将不锈钢反应釜洗净晾干，先将去离子水、异丙醇加入反应釜中，再将其它原料依次加入反应釜中，用不锈钢搅拌机充分搅拌至溶液为透明均匀为止，静置 4h，经检验合格后分装。

产品应用 本品主要应用于电子行业。

产品特性 本品与松香助焊剂和 NCF 免清洗助焊剂相比，提高了印制板的清洁度，焊点合格率达 99%，焊接时没有挥发出刺激性气味，焊点饱满，具有免清洗、无刺激性气味、焊接质量好等优点。

配方 **31**

纳米水基助焊剂

原料配比

原料	配比（质量份）			
	1#	2#	3#	4#
纳米水杨酸	1	—	—	—

原料	配比（质量份）			
	1#	2#	3#	4#
纳米柠檬酸	—	2.5	—	—
纳米乙醇酸	—	—	1.5	0.5
纳米庚二酸	—	—	—	0.5
纳米水性丙烯酸树脂	5	1	—	2
纳米松香改性水性丙烯酸树脂	—	—	4	3
十二烷基酚聚氧乙烯醚	0.1	—	—	—
十二烷基二甲基氧化胺	—	—	—	0.2
十四烷基二甲基氧化胺	—	—	—	0.3
辛基酚聚氧乙烯醚	—	0.6	—	—
壬基酚聚氧乙烯醚	—	—	0.5	—
纳米二醇壳聚糖	0.3	—	—	—
纳米羟丙基壳聚糖	—	0.01	—	—
纳米黄姜根醇	—	—	0.2	—
纳米乙二醇壳聚糖	—	—	—	0.2
去离子水	加至 100	加至 100	加至 100	加至 100

制备方法

（1）原料准备：按上述的各成分比例准备好纳米活化剂、纳米成膜剂、表面活性剂、纳米防霉抗菌剂及溶剂水；

（2）初步混合：将步骤（1）准备的溶剂水、纳米活化剂、纳米成膜剂，倒入反应釜中混合并搅拌至完全溶解；

（3）混合成品：在步骤（2）基础上加入步骤（1）中所备的表面活性剂、纳米防霉抗菌剂，并搅拌至完全溶解，即得纳米原料的水基助焊剂。

原料介绍

所述溶剂水为去离子水；去离子水杂质少，电导率低，使用效果好。

所述的纳米活化剂为纳米水杨酸、纳米衣康酸、纳米柠檬酸、纳米酒石酸、纳米乙醇酸、纳米庚二酸中的一种或多种，主要功能是除去引线脚上的氧化物和熔融焊料表面的氧化物。

所述的纳米成膜剂为纳米有机硅改性水性丙烯酸树脂、纳米水性丙烯酸树脂、纳米松香改性水性丙烯酸树脂中的一种或多种。纳米成膜剂一方面给焊后印制电路板涂覆上均匀的保护膜，另一方面在焊接过程中起到保护焊点再氧化的作用。

所述的表面活性剂为非离子表面活性剂或阳离子表面活性剂，为十二烷基酚聚氧乙烯醚、辛基酚聚氧乙烯醚、壬基酚聚氧乙烯醚、十二烷基二甲基氧化胺、十四烷基二甲基氧化胺中的一种或多种，其主要作用是降低表面张力，增强润湿力，提高可焊性。

所述的纳米防霉抗菌剂为纳米乙二醇壳聚糖、纳米羟丙基壳聚糖、纳米黄姜根醇中的一种或几种，其主要作用为抑制微生物（如细菌、真菌和霉菌）在水中生长，提高可焊性和焊后服役可靠性。

产品应用　本品主要应用于电子钎焊。

产品特性　本品以水作溶剂，通过将一定比例的纳米活化剂、纳米成膜剂、表面活性剂、纳米防霉抗菌剂溶解而成，不含挥发性有机物，无卤素，能有效抑制微生物（如细菌、真菌和霉菌）滋长，焊接时对线路板和传送带基本不造成腐蚀，焊后无需清洗，是真正安全环保的助焊剂；适用于通过喷雾、浸蘸、发泡方式将其涂覆在 PCB 板焊接面，实现电子产品的无铅焊接。另外，本品的生产工艺无需进行微包裹即可解决水基助焊剂存在的问题，无需加热和复杂反应过程，工艺简单，过程简单可靠，省时省力；固含量更低，从而减少固态物质的使用量，降低成本。

配方

软钎焊助焊剂

原料配比

原料	配比（质量份）
有机溶剂	81～98
有机羧酸活化剂	0.2～10
表面活性剂	0.1～1
有机醛酸化合物	0.1～2
助溶润湿剂	0.5～8

制备方法　将各组分混合均匀即可。

原料介绍

所述的有机醛酸化合物是以下三种有机化合物中的至少一种：苯甲醛羧酸、2,4-二甲基-5-醛基-吡咯-3-羧酸和 D-葡糖醛酸。其中苯甲醛羧酸包括对位、邻位、间位的苯甲醛羧酸。

所述的有机溶剂为 C_1～C_5 的一元醇。所述 C_1～C_5 的一元醇为甲醇、乙醇、异丙醇中的至少一种。

所述助溶润湿剂为 $C_2 \sim C_3$ 的二元醇、$C_4 \sim C_8$ 的醚醇和 $C_4 \sim C_8$ 的酯中的至少一种。其中 $C_2 \sim C_3$ 的二元醇为乙二醇或丙二醇；$C_4 \sim C_8$ 的醚醇为乙二醇单丁醚、二乙二醇单丁醚、乙二醇苯醚、丙二醇单甲醚或二丙二醇单甲醚；$C_4 \sim C_8$ 的酯为丁二酸二甲酯、戊二酸二甲酯、己二酸二甲酯、乙酸乙酯、乙酸丁酯或 DBE。

所述有机羧酸活化剂为一元羧酸、二元羧酸或羟基羧酸。选择一元羧酸时，其质量份数为 0.2 ~ 10；选择二元羧酸时，其质量份数为 0.5 ~ 4；选择羟基羧酸时，其质量份数为 0.2 ~ 2。一元羧酸优选为苯甲酸、月桂酸、棕榈酸、硬脂酸、松香酸、氢化松香酸中的至少一种；二元羧酸为丁二酸、戊二酸、己二酸、辛二酸、癸二酸、联二丙酸、二聚松香酸中的至少一种；羟基羧酸为苹果酸、柠檬酸、邻羟基苯甲酸中的至少一种。

所述表面活性剂优选非离子表面活性剂或阴离子表面活性剂。非离子表面活性剂优选辛基酚聚氧乙烯醚、脂肪醇聚氧乙烯醚、聚乙二醇、dynol 604 或 surfynol 104 炔二醇类中的至少一种；阴离子表面活性剂为丁二酸二辛酯磺酸钠。

产品应用　本品主要应用于电子电工焊接。

产品特性

（1）本品通过一种含还原性醛基的有机羧酸活化剂，在不使用卤素类活化剂和有机酸固态含量较低的情况下，保证焊剂的焊接活性，提高了表面绝缘电阻和焊后清洁度。

（2）本品助焊剂可焊性好、无腐蚀、表面绝缘电阻高。

配方 **33**

水基绿色环保助焊剂

原料配比

原料	配比（质量份）		
	1#	2#	3#
苯甲酸	1	1	—
戊二酸	—	1	—
苹果酸	0.5	—	0.5
丁二酸	—	—	1
水杨酸	1.5	1.5	1.5
己二酸	1.5	1.5	1.5
三乙胺	—	0.05	—

原料	配比（质量份）		
	1#	2#	3#
琥珀酰胺	0.8	0.8	0.85
聚氧乙烯-20-山梨醇单月桂酸酯	0.2	—	0.2
异辛基酚聚氧乙烯醚	0.3	0.3	—
辛基酚聚氧乙烯醚	—	—	0.1
苯并三氮唑	—	0.05	0.05
聚乙二醇	—	—	0.3
去离子水	加至 100	加至 100	加至 100

制备方法 将各组分混合均匀即可。

原料介绍

有机酸活化剂为一元酸、二元酸、芳香酸或选自甲酸、乙酸、丁二酸、苹果酸、苯甲酸、水杨酸、戊二酸或己二酸中一种或多种复配的脂肪族有机酸。

有机胺类活化剂为含氮的脂肪族化合物或含氮杂环化合物，尤其为苯并三氮唑、三乙胺或琥珀酰胺。

表面活性剂为非离子表面活性剂，尤其为聚氧乙烯-20-山梨醇单月桂酸酯、辛基酚聚氧乙烯醚、异辛基酚聚氧乙烯醚、山梨糖醇酐单月桂酸酯中的一种或多种。

产品应用 本品主要应用于电子焊接工艺。

产品特性 助焊剂不含卤素化合物，绿色环保，可以显著提高焊后绝缘电阻，同时促进润湿，提高助焊剂的助焊性能。另外，使用本品助焊剂焊后残留量低，无需进行清洗工艺，焊剂本身为水性基体，不易燃烧，生产、运输、存储和使用安全性好。

配方 **34**

水基无卤免清洗助焊剂

原料配比

原料	配比（质量份）	
	1#	2#
蒸馏水	200	—
去离子水	—	120
辛二酸二乙醇酰胺	6	—

原料	配比（质量份）	
	1#	2#
正十一碳二元酸二乙醇酰胺	—	2.5
戊二酸铵盐	—	3
油酸与顺丁烯二酸酐合成的多元羧酸三乙醇胺盐	10	—
三嗪氨基酸酯	8	5
马来海松酸三乙醇胺盐	—	4
巯基噻唑	1	—
苯并三氮唑	—	0.6
表面润湿剂	2	1.5
有机硅氧烷消泡剂	0.2	0.1

制备方法　在搅拌的条件下依次将各组分加入水中，20～40℃条件下，继续搅拌待各组分溶解后，停止搅拌，过滤即得产品。

原料介绍

有机活化剂为水溶性的有机二元酸酰胺、有机二元酸醇胺盐、有机二元酸铵盐及水溶性的有机多元酸酰胺、有机多元酸醇胺盐、有机多元酸铵盐和水溶性有机酸中的一种或几种。

缓蚀剂为巯基噻唑、苯并三氮唑及其衍生物中的一种或几种。

三嗪氨基酸酯为水溶性的含氮杂环有机酸酯 NEUF726。

表面润湿剂为非离子表面活性剂 AEO-9。

产品应用　本品主要应用于电子工业 PCB。

产品特性　本助焊剂免清洗，焊接质量好。

配方 **35**

水基无卤素无松香抗菌型免清洗助焊剂

原料配比

原料	配比（质量份）
活化剂	20
表面活性剂	4
成膜剂	4
缓蚀剂	0.08

原料	配比（质量份）
抗氧化剂	1
抗菌剂	0.5
有机溶剂	0.4
去离子水	加至 100

制备方法 在常温下，将去离子水加入干净的带搅拌的搪瓷釜中，先加入难溶原料，搅拌 0.5h，依次加入其它原料，继续搅拌 1h 至全部溶化，混合均匀，停止搅拌，静置过滤即为助焊剂成品。

原料介绍

所述活化剂包括 DL-苹果酸、丁二酸、戊二酸、己二酸、邻苯二甲酸、柠檬酸和乳酸中的至少两种。其中，己二酸、邻苯二甲酸、丁二酸、戊二酸为酸性较强的二元酸，均能溶解于水，有利于溶解抗菌剂；其中，DL-苹果酸、柠檬酸和乳酸均为羟基酸，羟基酸因为分子中含有羟基和羧基两种官能团，具有羟基和羧基的一般性质，而且由于羟基酸分子中羟基是吸电基，具有吸电子诱导效应，使羧基的离解度增加，酸性比相应的羧酸强。因为这些有机酸的沸点及分解温度有一定的差别，把多种有机酸类活化剂组合使用，可以使助焊剂的沸点和活化剂的分解温度呈现一个较大的区间分布，保持整个焊接过程中助焊剂都具有较高的活性，获得良好的焊接效果，因为助焊剂的活化温度与无铅焊料合金的熔点相适应，所以能起到改善无铅焊料润湿性、防止氧化和提高焊接性能的效果。

所述表面活性剂为脂肪酸甲酯乙氧基化物或者异构十三碳醇乙氧基化合物中的至少一种。其中，脂肪酸甲酯乙氧基化物（FMEE）是一种典型的非离子表面活性剂，是脂肪酸甲酯在相应催化剂作用下，直接与环氧乙烷（EO）发生加成制得，与传统的脂肪醇乙氧基化物（AEO）相比，具有低泡沫、高浊点、冷水溶速快而且除油除蜡效果好的特点。

所述缓蚀剂为苯并三氮唑（BTA）和三乙胺中的至少一种。缓蚀剂能够有效地控制助焊剂对金属基体的腐蚀作用。

所述抗氧化剂为特丁基对苯二酚。

所述成膜剂为乙烯基双硬脂酰胺、阴离子聚丙烯酰胺和聚乙二醇 3000 中的至少一种。焊后，成膜剂在焊点表面形成保护膜，增强了焊点的耐腐蚀性能。

所述有机溶剂为无水乙醇、乙酰胺、四氢糠醇和乙烯乙二醇醚中的至少两种，溶剂类型的配置是根据焊接温度值设定的，溶剂的沸点温度值接近焊接温度值。

所述抗菌剂为甲壳素，可以抑制细菌的生长和繁殖，延长助焊剂的保护年限，提高焊料的可焊性。

产品应用　本品主要应用于金属焊接。

产品特性　本品水基无卤素无松香抗菌型免清洗助焊剂采用抗菌的甲壳素可以延长焊料的寿命或者保证焊接质量；通过采用替代烷基酚聚氧乙烯醚（APEO）的环保型表面活性剂可以降低焊料的环境污染，助焊剂整体具有无松香、无卤素、固体含量低、润湿性好、成本低、稳定性好和环保的优点。

配方 **36**

水基助焊剂

原料配比

原料	配比（质量份）		
	1#	2#	3#
丁二酸	1	—	—
丙二酸	—	0.3	—
戊二酸	—	—	0.5
聚乙二醇	4	—	—
聚丙二醇	—	1	—
聚丁二醇	—	—	2.5
氯化铵	4.5	1.5	3
合成甘油	3	—	1.5
天然甘油	—	3.3	—
一水柠檬酸	5	—	3.5
无水柠檬酸	—	5.3	—
壬基酚聚醚磷酸酯	20	10	15
FC-4430	0.6	0.1	0.5
自来水	30	—	30
纯水	—	30	—
异丙醇	31.9	—	—
乙酸丁酯	—	48.2	—
受阻酚类抗氧剂	—	0.3	—

原料	配比（质量份）		
	1#	2#	3#
异构十二烷	—	—	43.1
抗氧剂	—	—	0.4

制备方法

（1）按照配方准确称取物料，分别放置于不同的容器中；其中，称取溶剂的时候分三次称取，第一次称取与壬基酚聚醚磷酸酯质量相等的溶剂，置于第一容器中，第二次称取与表面活性剂质量相等的溶剂，置于第二容器中，第三次称取配方剩余加至100的溶剂，置到第三容器中。

（2）将壬基酚聚醚磷酸酯和第一容器中的溶剂加入第一反应釜中，充分搅拌，使得壬基酚聚醚磷酸酯均匀分散到溶剂中形成第一分散体。

（3）将表面活性剂和第二容器中的溶剂加入第二反应釜中，充分搅拌，使得表面活性剂均匀分散到溶剂中形成第二分散体。

（4）将烷基二元酸、聚二醇、氯化铵、甘油、柠檬酸、水、第一分散体、第二分散体、抗氧剂和第三容器的溶剂加入第三反应釜中，充分搅拌，分散均匀，即得成品。

原料介绍

所述烷基二元酸为乙二酸、丙二酸、丁二酸和戊二酸中的一种或一种以上的混合物。

所述聚二醇为聚乙二醇、聚丙二醇、聚丁二醇和聚戊二醇中的一种或一种以上的混合物。

所述表面活性剂FC-4430是一种氟素表面活性剂，能够有效降低水相/有机相之间的界面张力，并且在聚合物体系中的有机相中保持表面活性。

所述溶剂为异丙醇、二甲苯、异构十二烷和乙酸丁酯中的一种或一种以上的混合物。

所述抗氧剂为亚磷酸酯类抗氧剂和受阻酚类抗氧剂中的一种或两种的混合物。

产品应用　本品主要应用于焊接材料。

产品特性　该水基助焊剂固含量低，沸点高，挥发慢，无气味，难燃，不会爆炸，在预热和焊接阶段不会发生火灾，安全性高；该水基助焊剂不含卤素类的化学物质，污染小，不影响人体健康，符合电子行业中无卤和环保法规的要求；该水基助焊剂含碳量低，二氧化碳排放量小，环保。此外，该水基助焊剂焊后PCB板面干净，无残留污染（锡珠、助焊剂残留）；受环境因素影响极低，性质稳定，可焊性强，焊点饱满均匀，小孔贯穿性好，表面绝缘电阻高，提高了焊后产品的稳定性，耐腐蚀性好；该水基助焊剂的制备工艺简单，操作容易，生产效率高，产率高，适合于大规模推广应用。

配方 **37**

水溶性高分子热风整平助焊剂

原料配比

原料	配比（质量份）
耐热载体	85
活化剂混合物	3.5
缓蚀剂	0.75
表面活性剂	2
热稳定剂	2.5
耐腐蚀剂	1.8
去离子水	55

制备方法 将各组分混合均匀即可。

原料介绍

所述耐热载体为耐热聚醚。耐热聚醚由丙三醇、丙二醇、季戊四醇及环氧乙烷置于反应釜中，然后添加一定的催化剂聚合反应而成。耐热聚醚各成分包括：丙三醇5～10（质量份）、丙二醇10～15、季戊四醇15～20及环氧乙烷5～8、添加剂1.5～3.5。

所述活化剂混合物为联二丙酸与丁二酸咪唑的组合物，其组合比例为联二丙酸：丁二酸咪唑=（0.5∶1）～（1∶1.5）。

所述缓蚀剂为膦酸（盐）、巯基苯并噻唑、苯并三氮唑中的一种。

所述热稳定剂为聚亚烷基醇。

所述表面活性剂为硬脂酸或十二烷基苯磺酸钠。

产品应用 本品主要应用于印制电路表面装贴。

产品特性 本水溶性高分子热风整平助焊剂，以耐热聚醚为载体，添加其他助剂，耐热性能、浸润性能佳，活性、产率高，易于清洗，使用安全，与同类水溶性热风整平助焊剂或有机溶剂型助焊剂相比较，具有明显的优越性。

水溶性免清洗助焊剂

原料配比

原料	配比（质量份）	
	1#	2#
丙烯酸活化剂	2.2	3.5
三乙醇胺	—	0.7
苯并三氮唑	0.3	—
OP-10	0.2	—
TX-10	—	0.3
乙酸丁酯	—	2
氨基酸酯	—	1
丁二酸二乙酯	2	—
己二酸二甲酯	2	—
二甘醇单丁醚	5	1.6
二甘醇单甲醚	—	2
聚甲基硅氧烷	0.3	—
聚氧丙基甘油醚	—	0.2
去离子水	加至 100	加至 100

制备方法　将各组分混合均匀即可。

原料介绍

助焊剂中活化剂的主要作用是在焊接温度下去除焊盘和焊料表面的氧化物，从而提高焊料和焊盘之间的润湿性。目前对于焊剂的研究重点是寻找高活性、低腐蚀性的活化剂。传统的活化剂为氢卤酸的有机胺盐，这对无铅焊料是十分不利的。有机酸酯、酰胺类化合物在常温下性质温和，在高温、催化剂作用下能快速分解成高活性的酸而成为人们研究的重点。本品用的此类活化剂有足够的助焊活性，能很好地清除氧化物，在焊接温度下能够分解、升华或挥发，使 PCB 板焊后板面无残留，无腐蚀。

所述的表面活化剂为 OP-10、TX-10 中的一种。

所述的酯类润湿剂为氨基酸酯、乙酸丁酯、丁二酸二甲酯、丁二酸二乙酯、戊二酸二甲酯、己二酸二甲酯、己二酸二己酯中的两种或多种。这些酯类在焊接过程中可以起到润湿作用，同时也可以达到清除氧化物效果，在焊接温度下能自由挥发，焊后板面没有残留。

所述的醚类助溶剂为二甘醇单甲醚、二甘醇单丁醚、丙二醇甲醚中的一种或多种。

为得到透明稳定无气泡的助焊剂，本品还加用消泡剂，消泡剂选自聚氧丙基甘油醚、二甲基硅油、聚甲基硅氧烷中一种或两种以上，其中聚氧丙基甘油醚及聚甲基硅氧烷的分子量为1000～2000。

采用去离子水作为溶剂，去离子水的表面张力大，加适量的表面活性剂可降低表面张力，增强润湿力，提高焊锡液的可焊性。表面活性剂不易挥发，表面活性剂用量一般在0.1%～0.5%。所述的表面活性剂可以是非离子表面活性剂TX-10（辛基酚聚氧乙烯醚）、OP-10（异辛基酚聚氧乙烯醚）。

本品助焊剂可以添加抗氧化剂0.05%～1%，选用苯并三氮唑或三乙醇胺。它可以起到保护焊锡面防止再度被氧化的作用。

产品应用　本品主要应用于电子材料。

产品特性

（1）本品常态下为琥珀色透明液体，在生产使用过程中，其铺展工艺性良好、助焊效果优，其无铅化焊膏焊接时扩展率达到84%，可与一些高腐蚀性助焊剂相媲美。焊后并无腐蚀性，残留量极微，一般用途可免于清洗。

（2）本产品使用性能也相当好：焊接性能强、焊点光亮、焊点饱满、不连锡、表面干净度强、表面绝缘阻性能也高、抗腐蚀性能好。

配方 **39**

水溶性助焊剂（一）

原料配比

原料	配比（质量份）		
	1#	2#	3#
丁二酸	3	7	10
己二酸	3	7	10
苹果酸	3	7	10
烷基酚聚氧乙烯醚	0.5	0.7	1
甘油	9	10	12
松油醇	30	40	50
异丙醇	400	450	475
硫酸联氨	551.5	478.3	432

制备方法

（1）将上述原料加入反应釜中；

（2）搅拌 2～3h，使原料充分溶解；

（3）静置 0.5h，使得未溶解的部分沉淀；

（4）将所得液体进行过滤，包装。

产品应用 本品主要应用于电子焊接材料。

产品特性 本品在使用上与树脂（松香）型助焊剂相比，一是其助焊效果丝毫不差，二是没有易燃的危险，三是焊接后几乎没有残留物不会影响其他工序的进行。另外在价格上与树脂（松香）型助焊剂相比要低而降低了生产成本。

配方 **40**

水溶性助焊剂（二）

原料配比

原料	配比（质量份）	
	1#	2#
烷基酚聚氧乙烯醚	1	1
丙三醇	30	—
二甘醇	—	35
有机硅油	0.6	0.6
甲基磺酸	—	7
苹果酸	6	—
去离子水	加至 100	加至 100

制备方法 在带有搅拌器的反应釜中先加入助溶剂和少量去离子水，搅拌下加入烷基酚聚氧乙烯醚，溶解后加入剩余去离子水、消泡剂和有机酸活化剂，搅拌溶解后，过滤后保留滤液即可。

原料介绍 所述有机酸活化剂为苹果酸、柠檬酸、水杨酸、甲基磺酸、乙基磺酸、丙基磺酸中的一种。

所述助溶剂为丙三醇或二甘醇。

所述消泡剂为有机硅油。

产品应用 本品主要应用于电子装配。

产品特性 本品助焊活性强，洁净化工艺简单，焊接后无残留，无腐蚀，成本低，无毒无害，对环境无危害。

配方 **41**

酸性弱腐蚀小的无卤水溶性助焊剂

原料配比

原料	配比（质量份）		
	1#	2#	3#
DL-苹果酸	2.5	—	0.5
顺丁烯二酸酐	—	1	—
羟基乙酸	2.5	1	1
三异丙醇胺	2	1	0.8
环己胺	1	—	—
三甘醇	—	1	1
四氢糠醇	9	—	3
二丙二醇甲醚	6	—	—
炔二醇类表面活性剂	1	0.5	0.5
壬基酚聚氧乙烯醚	1	—	0.5
去离子水	75	95.5	92.7

制备方法 取有机酸有机胺活化剂、无卤表面活性剂和助溶剂，将去离子水、有机酸活化剂置于搅拌釜中搅拌均匀，再在搅拌过程中依次加入助溶剂、无卤表面活性剂，直至搅拌均匀，即可得到所述水溶性助焊剂。

原料介绍

所述有机酸有机胺活化剂为 DL-苹果酸、羟基乙酸、乳酸、顺丁烯二酸酐、反丁烯二酸、三异丙醇胺、环己胺中的一种或几种的组合物。

所述无卤表面活性剂为炔二醇类表面活性剂中的一种或几种的组合物，还可再添加一种或几种壬基酚聚氧乙烯醚。

所述助溶剂为三甘醇、二丙二醇甲醚、三丙二醇丁醚、四氢糠醇中的一种或几种的组合物。

产品应用 本品主要应用于电子行业中。

产品特性 本品酸性较弱，腐蚀性较小，对焊接设备及用具的损害小，能提高生产效率、降低生产成本；本产品完全不含卤素，印制电路板焊后电气性能好，产品的可靠性高、使用寿命长，且大大拓展了水溶性助焊剂的应用领域和范围。

配方 **42**

太阳能光伏组件用助焊剂

原料配比

原料	配比（质量份）					
	1#	2#	3#	4#	5#	6#
丙二酸	9	—	—	9	9	9
丁二酸	—	3	6	—	—	—
十六烷基磺酸钠	2.5	1	2	2.5	2.5	2.5
脂肪胺聚氧乙烯醚	0.5	1.5	1	0.5	0.5	0.5
鲸蜡基二甲基氧化胺	3.5	1.5	2.5	—	3.5	3.5
十八烷基二甲基苄基氯化铵	2.5	0.5	1.5	2.5	—	2.5
亚麻酸	4	1	3	4	4	—
N,N-二甲基十二胺	—	0.1	0.1	—	—	—
羟甲基苯并三氮唑	2	—	—	2	2	2
聚乙二醇800	15	—	—	15	15	15
聚乙二醇1000	—	5	10	—	—	—
无水乙醇	110	80	95	110	110	110

制备方法 将上述各种成分混合均匀后即得助焊剂。

产品应用 本品主要应用于太阳能光伏组件。

产品特性 本品的润湿效果显著优于传统的助焊剂，可满足太阳能光伏工艺对助焊剂的需求。该环保型助焊剂不含任何卤素类的化学物质，满足太阳能光伏行业中环保及无卤法规的要求。

配方 **43**

太阳能电池片自动焊接专用助焊剂

原料配比

原料	配比（质量份）				
	1#	2#	3#	4#	5#
改性松香树脂	0.2	0.1	0.2	0.1	0.1
丁二酸、戊二酸、己二酸、柠檬酸和草酸的组合物	1.6	—	—	—	—

原料	配比（质量份）				
	1#	2#	3#	4#	5#
戊二酸、己二酸和草酸的组合物	—	1.8	—	—	—
丁二酸和柠檬酸的组合物	—	—	2	—	1.8
己二酸和柠檬酸的组合物	—	—	—	1.6	—
氟碳表面活性剂	0.1	0.1	0.1	0.2	0.2
无水乙醇	加至100	—	加至100	—	—
异丙醇	—	加至100	—	加至100	加至100

制备方法 将各组分混合均匀即可。

原料介绍 改性树脂采用改性松香树脂，主要作用是将助焊剂中的其他有效成分吸附到基材表面，在自动设备高温条件下起到化锡的作用，可以有效地提高化锡速率。

有机酸组合物可以是丁二酸、戊二酸、己二酸、柠檬酸、草酸中的两种或以上。主要作用是清洗基材表面的氧化物，起到活化基材的作用，在320~350℃的焊接温度范围内可以完全分解无任何残留。

氟碳表面活性剂采用全氟类表面活性剂，具有良好的分散性、流平性，能有效降低基材表面张力。

醇类溶剂可以是无水乙醇或异丙醇，具有气味小、挥发速率适中的特点。

产品应用 本品主要应用于太阳能电池片自动焊接。

产品特性 本品具有锡面平整光滑，结合力高，虚焊率低，层压后无白斑发黄的优点，焊接可靠性高。

配方 **44**

太阳能组件焊接专用助焊剂

原料配比

原料	配比（质量份）				
	1#	2#	3#	4#	5#
聚醚改性树脂	0.2	0.3	0.3	0.4	0.3
丁二酸和草酸的组合物	1	—	—	—	—
戊二酸、己二酸和柠檬酸的组合物	—	1.3	—	—	—
丁二酸、戊二酸、己二酸、柠檬酸和草酸的组合物	—	—	1.2	—	—

原料	配比（质量份）				
	1#	2#	3#	4#	5#
丁二酸、柠檬酸和草酸的组合物	—	—	—	1	—
丁二酸和戊二酸的组合物	—	—	—	—	1.2
氟碳表面活性剂	0.1	0.2	0.1	0.1	0.2
乙二醇丁醚	5	—	—	—	10
乙二醇丙醚	—	10	6	8	—
异丙醇	加至100	加至100	加至100	加至100	加至100

制备方法 将各组分混合均匀即可。

原料介绍 改性树脂采用聚醚改性树脂，主要作用为将助焊剂中的其他有效成分吸附到基材表面，在320～350℃的焊接温度范围内起到化锡作用，可以有效地提高化锡速率。

有机酸组合物可以是丁二酸、戊二酸、己二酸、柠檬酸、草酸中的两种或以上。主要作用是清洗基材表面的氧化物，起到活化基材的作用，在320～350℃的焊接温度范围内可以完全分解无任何残留。

氟碳表面活性剂采用全氟类表面活性剂，具有良好的分散性、流平性，能有效降低基材表面张力。

高沸点溶剂可以是醚类高沸点溶剂，如乙二醇丁醚、乙二醇丙醚，主要作用是降低体系的挥发速率，保证助焊剂有效成分的比重在工艺控制范围内。

产品应用 本品主要应用于太阳能组件焊接。

产品特性 本品具有刺激气味低，化锡流畅，锡面平整光滑，结合力高，虚焊率低，层压后无白斑发黄的优点，适用于太阳能电池片焊接及通用电子工业，可替代具有潜在腐蚀性的活化松脂焊剂以及性能不佳的纯松脂焊剂。

配方 45

提高表面绝缘电阻的水溶性助焊剂

原料配比

表1 水溶性助焊剂

原料	配比（质量份）
吐温20	1
丙三醇	5

原料	配比（质量份）
苹果酸	3
二甲胺盐酸盐	0.5
乙醇	5
去离子水	85.5

表2　提高表面绝缘电阻的水溶性助焊剂

原料	配比（质量份）		
	1#	2#	3#
水溶性助焊剂	99.9	99.7	99.5
粒径为200nm的无机膨润土	0.1	—	—
粒径为250nm的无机膨润土	—	0.3	—
粒径为300nm的无机膨润土	—	—	0.5

制备方法　在带有搅拌器的反应釜中，先按配比制成水溶性助焊剂，之后，加入纳米无机膨润土，搅拌30min，使物料混合均匀，静置后即得到本品水溶性助焊剂。

产品应用　本品主要应用于Sn-Cu-Ni、Sn-Cu-Ag、Sn-Ag-Cu系无铅焊料。

使用方法：本品水溶性助焊剂，可采用喷雾、发泡、浸渍等方法将助焊剂均匀涂覆在印制板上，预热温度为100～110℃，焊接温度为255～270℃，传递速度为1.1～1.5m/min。

产品特性

（1）在水溶性助焊剂中添加了纳米无机膨润土（利用纳米材料"界面效应"和"小尺寸效应"的特性），由于无铅焊料合金的微米粒子比重大，在焊接时先在被焊接金属面上的沉积，膨润土纳米粒子沉积速度稍慢一些，有一个时间差 Δt，结果是纳米粒子沉积在焊料与被焊基材晶粒的空隙中，使焊接界面牢固性良好及强度提高。

（2）由于水溶性助焊剂中不挥发物的比重远小于无铅焊料的比重，所以在焊接过程中无铅焊料凝固时，水溶性助焊剂的不挥发物微米粒子会有序地沉积在印制板表面，膨润土纳米粒子会沉积在水溶性助焊剂不挥发物微米粒子的空隙中，增加了残留助焊剂膜的致密性，同时，膨润土的主成分之一是 SiO_2 纳米粒子，促进了水溶性助焊剂焊后表面绝缘电阻的提高，使腐蚀性降低、干燥快，最终提高了电子信息产品焊后的可靠性。

（3）由于无机膨润土纳米粒子改变了水溶性助焊剂膜的成膜状态，对焊接时防止再氧化作用显著，提高了无铅焊料的润湿性及减少了焊接缺陷。

配方 **46**

提高成膜性能的助焊剂

原料配比

原料		配比（质量份）
活化剂	戊二酸	2
	DL-苹果酸	4
	甲基琥珀酸	2
	衣康酸	2
表面活性剂	脂肪酸甲酯乙氧基化物	2
	异构十三碳醇乙氧基化合物	2
助溶剂	乙酰胺、酰胺和乙二醇丁醚以质量比1:1:1进行复配的混合物	0.5
缓蚀剂	苯并三氮唑（BTA）和苯并咪唑（BIA）以质量比1:1进行复配的混合物	0.08
抗氧化剂	特丁基对苯二酚	0.5
	四氯间苯二甲腈	0.5
成膜剂		0.2～2
去离子水		加至100

制备方法 在常温下，将助溶剂加入干净的带搅拌的搪瓷釜中，搅拌，先加入难溶原料，搅拌0.5h，依次加入其它原料，继续搅拌至全部溶化，混合均匀，停止搅拌，静置过滤即为助焊剂成品。

产品应用 本品主要应用于电子产品。

产品特性

（1）通过设定成膜剂的优化选择含量提高助焊剂整体的性能；通过苯并三氮唑（BTA）和苯并咪唑（BIA）的结合，降低污染；通过脂肪酸甲酯乙氧基化物和异构十三碳醇乙氧基化合物代替传统的APEO表面活性剂，可以降低污染。另外，本提高成膜性能的助焊剂具有无卤素、低残渣、免清洗、运输方便和环保等综合优势，成本不高，适合工业化生产。

（2）与普通的提高成膜性能的助焊剂相比，润湿力强，可焊性优越，可提高无铅焊料的焊接性能，焊后板面残留物少，且铺展均匀，无需清洗，表面绝缘电阻高；采用环保性的缓蚀剂，提高环保性能；采用抗氧化剂和除菌剂相结合，提高焊剂性能。与普通的水基无卤素无松香抗菌型免清洗助焊剂相比，具有抗菌、环保、稳定的特点，是新型的绿色环保助焊剂。

提高缓蚀性能的助焊剂

原料配比

原料	配比（质量份）
丁二酸与DL-苹果酸活化剂	2
乙二醇、异丙醇和乙二醇丁醚复配助溶剂	3
聚乙二醇6000成膜剂	0.25
苯并咪唑（BIA）和苯并三氮唑（BTA）（质量比1∶1）缓蚀剂	0.08
异构十三醇乙氧基化物	3
抗菌剂三氯生	1
去离子水	加至100

制备方法 按顺序将各组分混合，在50～60℃加热搅拌混合均匀，过滤，冷却后即得。

原料介绍 缓蚀剂为苯并咪唑（BIA）和苯并三氮唑（BTA）以质量比1∶1进行复配的混合物，原料均为化学纯。

活化剂为丁二酸与DL-苹果酸质量比为1∶1的混合物。其中，丁二酸为酸性较强的二元酸，溶于水，有利于溶解抗菌剂；DL-苹果酸为羟基酸，羟基酸因为分子中含有羟基和羧基两种官能团，具有羟基和羧基的一般性质，而且由于羟基酸分子中羟基是吸电基，具有吸电子诱导效应，使羧基的离解度增加，酸性比相应的羧酸强。因为这些有机酸的沸点及分解温度有一定的差别，把多种有机酸类活化剂组合使用，可以使助焊剂的沸点和活化剂的分解温度呈现一个较大的区间分布，保持整个焊接过程中助焊剂都具有较高的活性，获得良好的焊接效果。因为助焊剂的活化温度与无铅焊料合金的熔点相适应，所以能起到改善无铅焊料润湿性、防止氧化和提高焊接性能的效果。

助溶剂为乙二醇、异丙醇和乙二醇丁醚以质量比1∶1∶1进行复配的混合物。

成膜剂为聚乙二醇6000，聚乙二醇6000，与乙二醇具有很好的相似相容性。

产品应用 本品主要应用于电子工业领域。

产品特性

（1）通过采用苯并咪唑（BIA）和苯并三氮唑（BTA）复配的缓蚀剂代替苯并三氮唑（BTA），在降低毒性的同时还能提高缓蚀性能，通过加入三氯生抗菌剂还可以提高助剂的使用期限和性能，通过异构十三醇乙氧基化物的表面活性剂提高助焊剂的铺展率，还具有环保性能。

（2）与普通的提高缓蚀性能的助焊剂相比具有缓蚀性优异，提高阻焊剂品质的特点，还具有抗菌性和低毒性。

配方 **48**

无挥发性有机物的热风整平助焊剂

原料配比

原料	配比（质量份）				
	1#	2#	3#	4#	5#
增稠剂	20	37	28	40	32
活性复配物	8	3	12	6	4.8
表面活性剂	1.4	2	0.5	0.9	1
热稳定剂	4	2	5	3.9	2.8
纯净水	65	70	41	74	52

制备方法

（1）制备增稠剂：取羟乙基纤维素、羟丙基甲基纤维素、山梨醇和丙三醇。将丙三醇放入容器中加热到 75～85℃并保温，依次加入羟乙基纤维素、羟丙基甲基纤维素、山梨醇，在搅拌下使其全部溶解，搅拌速度控制在 40～60r/min，停止加热，继续搅拌至室温停止搅拌，即得增稠剂组分。

（2）制备活化剂复配物：取环己胺对甲苯磺酸盐、丙二酸和联二丙酸，放入容器中，在 80～100r/min 搅拌速度下搅拌均匀，再缓慢加入乙酸胺，搅拌均匀，取出少许配成 1%水溶液，用广泛试纸测其 pH 值=6～7 即可，此为活化剂复配物。

（3）制备热风整平助焊剂：按热风整平助焊剂实施例中的比例，取增稠剂、活化剂复配物、表面活性剂、热稳定剂和纯净水，放入容器中，常温下以 40～60r/min 的速度搅拌至全部溶解均匀，即得热风整平助焊剂。

原料介绍

所述增稠剂为羟乙基纤维素、羟丙基甲基纤维素、山梨醇和丙三醇四种原料的组合物，其组合比例为羟乙基纤维素：羟丙基甲基纤维素：山梨醇：丙三醇=（1～2）：（1～2）：（21～23）：（69～71）。

所述活化剂复配物为环己胺对甲苯磺酸盐、丙二酸和联二丙酸的复配物，其复配比例为环己胺对甲苯磺酸盐：丙二酸：联二丙酸=（4～6）：（9～11）：（7～9）。

所述热稳定剂为聚亚烷基醇，其牌号为 SAF-26。SAF-26 型聚亚烷基醇稳定剂具有优异高温耐热性，这对印制电路板无铅化热风整平制程非常重要，在有铅制程中，熔态焊料温度为245～280℃，热风刀温度为270～320℃，但是无铅制程中，溶态焊料温度为280～320℃，热风温度为380～430℃。SAF-26热稳定剂与焊剂中其他组分协同作用，既降低助焊剂的表面张力又降低助焊剂与印制电路板之间的界面张力，提高熔态焊料瞬间流平焊盘和平滑通孔的速度而形成焊料薄层。

所述pH值调节剂为乙醇胺。

所述表面活性剂为松香醇醚表面活性剂。

产品应用 本品主要应用于电子行业中印制电路板制作。

产品特性 本品组分构成科学合理，实用性强，高温下热稳定性好，润湿铺展助焊性能优良，pH为中性，不腐蚀生产设备工装卡具，不腐蚀印制电路板上的铜焊盘，不会加速溶铜，本无挥发性有机物的热风平整助焊剂中纯净水占的比例是比较大的，在使用中，挥发出的物质主要是水蒸气，对环境和操作者不会造成不良的影响，其活性剂的挥发不会完全损失自身的化学构成，剩余的活性剂组分会自行脱落到熔态料表面，形成一层耐热保护层，还能起到还原熔态焊料氧化渣的作用。印制电路板经热风整平后在清洗工序中泡沫很少，节约用水，易清洗干净，是真正意义上绿色环保型产品。

配方 **49**

无挥发性有机物无卤素低固含量水基免清洗助焊剂

原料配比

原料	配比（质量份）		
	1#	2#	3#
丁二酸	0.5	—	—
苹果酸	—	0.8	—
乙醇酸	—	0.5	—
水杨酸	—	—	1.5
三乙醇胺	—	—	1.5
三梨糖醇	—	—	0.6
丁二酸胺	—	1.2	—
聚乙丙烯酰胺	—	0.2	—
聚-N-乙烯吡咯烷酮	—	0.3	—
戊二酸	1.8	—	—

原料	配比（质量份）		
	1#	2#	3#
聚氧化乙烯	0.5	—	—
Ld-134	0.05	0.1	—
Ld-154	—	—	0.04
乙二醇	2.5	—	—
丙二醇	—	2.5	—
丙三醇	—	—	3
苯并三氮唑	0.04	0.05	0.04
月桂酰胺	—	0.04	—
乙二醇苯醚	—	0.04	—
去离子水	94.61	94.27	93.32

制备方法 先将少量去离子水、成膜剂注入带有搅拌装置的反应釜中，浸泡0.5～1h后，再将剩余的去离子水注入釜中搅拌使成膜剂溶解，依次加入润湿剂、缓蚀剂，当搅拌到物料溶解后，加入活化剂、助溶剂或发泡剂，搅拌至全部溶解，混合均匀，经真空过滤后即为产品。

原料介绍 所述活化剂选自苹果酸、乙酸、乙醇酸、水杨酸、丁酸、丁二酸、戊二酸、丁二酸胺、一乙醇胺、二乙醇胺、三乙醇胺中的一种或多种。

所述成膜剂选自聚氧化乙烯、聚丙烯酰胺、山梨糖醇、聚-N-乙烯吡咯烷酮中的一种或多种。

所述润湿剂选自氟碳表面活性剂全氟烷基胺（Ld-134）、全氟烷基季铵盐（Ld-154）、全氟烷基甜菜碱（Ld-170）、六氟丙烯环氧低聚物（Ld-200）中的任何一种。

所述缓蚀剂选自苯并三氮唑、α-巯基苯并噻唑、乙二醇苯唑中的一种。

所述助溶剂选自丙二醇、乙二醇、丙三醇、二甘醇中的一种。

所述发泡剂选自月桂酰胺和乙二醇苯醚之一或其组合，组合使用时配比为1∶1。

产品应用 本品主要应用于印制电路板（PCB）焊接。

本品使用方法：可以喷雾、发泡和浸蘸方式将其涂覆在印制电路板（PCB）焊接面上。

产品特性

（1）为中低活性助焊剂，适用于高性能要求的电子产品和耐用型、普通型电子产品。

（2）本品焊料铺展性好，PCB板透锡好，在焊接温度下活化剂已分解或升华，焊接后 PCB 板面无明显残留物，由于用去离子水作溶剂，不含任何 VOC 物质，不燃不爆，是环保型的助焊剂。

配方 **50**

无卤免清洗助焊剂

原料配比

原料	配比（质量份）		
	1#	2#	3#
草酸亚锡	3	0.5	1.5
甲基丁二酸	1	—	—
邻苯二甲酸	—	—	1.5
丁二酸	—	4	—
丁二酸酐	—	—	3
壬二酸	—	—	4
己二酸	—	3	—
苹果酸	—	3	—
衣康酸	0.2	—	—
富马酸	0.2	—	—
二乙二醇二甲醚	3	—	—
OP-7	0.25	—	0.1
OP-10	—	1	—
乙醇	—	15	15
甲醇	—	—	35
异丙醇	加至 100	加至 100	加至 100

制备方法 在带有搅拌器的反应釜中先加入溶剂，加热温度控制在溶剂沸点下，搅拌下加入草酸亚锡、有机酸类活化剂、表面活性剂、助溶剂，搅拌至溶液透明，即为无卤免清洗助焊剂。

原料介绍 由于有机酸类活化剂的活性明显不如卤化物活化剂，本品选用草酸亚锡作为活化剂，协同有机酸类活化剂使用，能够达到较强的活化效果。草酸亚锡有较强还原能力，可与母材和焊料表面的氧化物反应，除去母材和焊料表面的氧化膜，起到代替卤化物活化剂的作用。有机酸类活化剂可选择丁二酸、甲基丁二酸、丁二酸酐、衣康酸、富马酸、己二酸、戊二酸、壬二酸、癸二酸、苯甲酸、邻苯二甲酸、苹果酸、硬脂酸中的一种或多种混合物。

助溶剂为醚类或酯类溶剂，可选择乙二醇单丁醚、丙二醇单甲醚、二甘醇单乙醚、二乙二醇二甲醚、二乙二醇单丁醚、二甘醇单丁醚、乙酸乙酯、乙酸丁酯、丁二酸二甲酯、丁二酸二乙酯中的一种或多种。助溶剂可起表面活性剂和润湿剂的作用，并可增加表面绝缘电阻。

表面活性剂可选择OP-5、OP-7、OP-10中的一种。此类表面活性剂属于非离子型表面活性剂，能有效降低焊料与焊盘间的表面张力，增强润湿性。

溶剂为乙醇、异丙醇、甲醇中的一种或多种。

产品应用　本品主要应用于电子材料。

产品特性　由于采用草酸亚锡作为活化剂，并与有机酸活化剂协同作用，不含卤素，因此无刺激性气味，烟雾少，不污染环境，润湿力强，可焊性优越。用于焊接时，印制组件板上固体残留物少，板面干净，离子污染度低，焊后不需清洗，且焊后印制组件板的绝缘电阻高，可满足印制组件板的免清洗要求。

配方 **51**

无卤素高阻抗水基免清洗助焊剂

原料配比

原料	配比（质量份）			
	1#	2#	3#	4#
水杨酸	0.6	—	—	0.4
酒石酸	—	—	0.8	0.8
谷氨酸	—	—	—	0.3
顺丁烯二酸	—	0.8	—	—
丁二酸	1.5	1.6	1.8	1.2
戊二酸	0.6	—	0.6	—
己二酸	0.4	0.5	—	0.5
三乙醇胺	—	0.2	—	0.2
二乙醇胺	—	—	0.4	—
三异丙醇胺	0.2	—	0.2	—
TX-10	0.2	—	—	0.2
OP-10	—	0.15	0.2	—
己二酸二乙酯	—	0.8	—	—
丁二酸二甲酯	0.8	—	1	0.5

原料	配比（质量份）			
	1#	2#	3#	4#
己二酸二己酯	—	—	—	0.8
苯并三氮唑	0.2	0.2	0.25	0.2
乙醇	—	—	5	8
丙二醇	—	—	1.5	—
异丙醇	—	6	—	—
PEG-200	1	—	—	0.6
PEG-400	—	0.4	0.7	—
二乙二醇乙醚	3.5	—	—	—
二乙二醇丁醚	—	2	—	—
二乙二醇甲醚	—	—	—	3
二丙二醇甲醚	—	—	2.5	—
三丙二醇丁醚	1.5	—	1	—
三丙二醇甲醚	—	0.8	—	1
去离子水	89.5	86.55	84.05	81.1

制备方法 常温下将去离子水加入干净的带搅拌装置的反应釜中，加入助溶剂开始搅拌，再加入活化剂和非离子表面活性剂，搅拌 15～20min，然后加入成膜剂搅拌 15～20min，再加入缓蚀剂，继续搅拌至固体原料完全溶解后停止搅拌，静置后过滤即为产品。

原料介绍

所述的活化剂由有机酸和有机胺组成，质量比为（5：1）～（25：1）。有机酸为脂肪酸、芳香酸、氨基酸，选自丙烯酸、丁二酸、戊二酸、己二酸、顺丁烯二酸、异庚酸、酒石酸、水杨酸、柠檬酸、苹果酸、苯甲酸、邻苯二甲酸、二乙醇酸、谷氨酸，可选其中一种或多种；有机胺选自二乙醇胺、三乙醇胺、三异丙醇胺，可选其中一种或多种。所选活化剂的活化温度与无铅焊料的软钎焊工艺温度相匹配，多数活化剂在焊接过程中受热可汽化挥发掉，不同活化剂的活性和活化温度互有差异，合理地选择活化剂组合可以增大活化剂的活化温度范围，使助焊剂在不同的钎焊阶段能保持足够的活性，助焊性能优良而焊后残留物少。有机酸和有机胺复配使用时会发生中和反应，但反应生成的中和产物是不稳定的，在受热状态下会重新分解为有机酸和有机胺，焊接后剩余的酸和胺再次中和，可有效降低残留物的腐蚀性。

所述的非离子表面活性剂选自辛基酚聚氧乙烯醚（TX-10）、烷基酚聚氧乙烯醚（OP-10）、脂肪醇聚氧乙烯醚（AEO）、聚氧乙烯脱水山梨醇单油酸酯（Tween-60），可选其中一种或多种。水的表面张力明显高于乙醇、异丙醇等常用醇类溶剂，以去离子水作为溶剂不利于助焊剂在PCB表面和通孔内部的涂覆润湿，需在助焊剂中加入高效的表面活性剂以降低水的表面张力。非离子表面活性剂在水中不发生电离，不受溶液电离环境的影响，稳定性高，可显著降低水基助焊剂的表面张力，促进无铅焊料的润湿。相比于其它类型，非离子表面活性剂的焊后残留物不发生电离，对PCB电绝缘性能的影响较小。

所述的成膜剂为疏水性酯，选自己酸异戊酯、丙二酸二乙酯、丁二酸二甲酯、丁二酸二乙酯、丁烯二酸二苄酯、己二酸二乙酯、苯甲酸辛酯等，可选其中一种或多种。成膜剂在钎焊过程中会形成致密的有机膜，隔绝空气，防止熔融钎料及焊盘金属的氧化。部分成膜剂会在焊接过程中挥发掉，少量残留在PCB表面的成膜剂会形成疏水性有机膜，具有防潮和抗腐蚀作用，有益于提高PCB的电气绝缘性能。

所述的缓蚀剂是苯并三氮唑。苯并三氮唑可以吸附在焊盘金属表面迅速形成一层致密的疏水膜，保护焊盘金属免受大气及有害介质的腐蚀，合理浓度的缓蚀剂能实现对破损保护膜的及时修补。

所述的助溶剂由醇类助溶剂和醚类助焊剂组成。醇类助溶剂选自甲醇、乙醇、异丙醇、乙二醇、丙二醇、二甘醇、PEG-200、PEG-400，可选其中一种或多种。醚类助溶剂选自乙二醇苯醚、二乙二醇乙醚、二乙二醇丁醚、三乙二醇乙醚、三乙二醇丁醚、三乙二醇二甲醚、二丙二醇甲醚、三丙二醇甲醚、甘油二异戊醚、四乙二醇二甲醚等，可选其中一种或多种。醇类助溶剂用于溶解难溶于水的活化剂和成膜物质；选用的醚类助溶剂沸点较高，少量使用能改善助焊剂的润湿性，有助于提升无铅焊料的填充通孔的能力。

产品应用 本品主要应用于电子封装组装钎焊。

本品无卤素高阻抗水基免清洗助焊剂的应用方法：可采用喷雾、发泡、浸蘸等方法将助焊剂均匀涂覆到PCB板上，对PCB板进行预热，预热温度为95～120℃（板顶测量），将助焊剂中的去离子水完全蒸发掉，再经单波或双波波峰焊焊料槽焊接，焊料温度视无铅焊料种类而定，一般为255～270℃，波峰焊机导轨倾角为4°～6°，传送链传送速度为1.0～1.5m/min。

产品特性 助焊剂完全不含卤素，不使用离子型卤化物和共价型卤化物，成分设计和选材合理，符合各标准和规范的无卤要求；采用有机酸和有机胺复配活化剂并搭配醇类和高沸点醚类相组合的助溶剂，在波峰焊不同阶段助焊剂均具有足够的活性；以疏水性成膜物质代替水溶性树脂，焊后在电路板表面形成致密的疏水膜层，可包裹电路板表面的残存离子，使PCB在高温高湿条件下仍具有较高的绝缘电阻。助焊剂各组分的组合方式和质量经过精密的计算，助焊剂稳定性好，能促进无铅焊料在焊盘表面的润湿和铺展，焊点饱满，有效减少焊点连锡或空焊的发生，组成材料可在焊接过程中分段挥发掉，焊后残留少，电绝缘性能优良，无需清洗。

配方 **52**

无卤素水基免洗助焊剂

原料配比

原料	配比（质量份）	
	1#	2#
丁二酸	1.2	1.5
戊二酸	0.5	—
水杨酸	0.5	1.5
己二酸	—	0.5
三乙醇胺	—	0.7
苯并三氮唑	0.3	—
OP-10	0.2	—
TX-10	—	0.3
乙酸丁酯	—	2
氨基酸酯	—	1
丁二酸二乙酯	2	—
己二酸二甲酯	2	—
二甘醇单丁醚	5	1.6
二甘醇单甲醚	—	2
聚甲基硅氧烷	0.3	0.2
去离子水	88	88.7

制备方法　将各组分混合均匀即可。

原料介绍

有机酸类为丙二酸、丁二酸、己二酸、戊二酸、水杨酸、柠檬酸、苹果酸中的两种或多种，作为本助焊剂的活化剂。本品选用的此类活化剂有足够的助焊活性，能很好地清除氧化物，在焊接温度下能够分解、升华或挥发，使 PCB 板焊后板面无残留，无腐蚀。

酯类润湿剂为氨基酸酯、乙酸丁酯、丁二酸二甲酯、丁二酸二乙酯、戊二酸甲酯、己二酸二甲酯、己二酸二己酯中的两种或多种。这些酯类在焊接过程中可以起到润湿作用，同时也可以达到清除氧化物效果，在焊接温度下能自由挥发，焊后板面没有残留。

醚类助溶剂为二甘醇单甲醚、二甘醇单丁醚、丙二醇甲醚中的一种或多种。本品适量使用醚助溶剂能加快焊锡液中的固体成分溶解，使焊接的过程中焊锡面的干净度更强。

消泡剂选自聚氧丙基甘油醚、二甲基硅油、聚甲基硅氧烷中一种或两种以上，其中聚氧丙基甘油醚及聚甲基硅氧烷的分子量为1000～2000。

表面活性剂可以是非离子表面活性剂TX-10（辛基酚聚氧乙烯醚）、OP-10（异辛基酚聚氧乙烯醚）。

抗氧化剂选用苯并三氮唑或三乙醇胺。它可以起到保护焊锡面不被再度氧化的作用。

产品应用 本品主要应用于电子材料。

产品特性 本品选用的活化剂、润湿剂、助溶剂、添加剂都可在焊接温度下挥发或升华掉，焊后板面残留物很少。本品助焊剂常态下为琥珀色透明液体，在生产使用过程中，其铺展工艺性良好、助焊效果优，其无铅化焊膏焊接时扩展率达到84%，可与一些高腐蚀性助焊剂相媲美。焊后并无腐蚀性，残留量极微，一般用途可免于清洗。

本产品焊接性能强、焊点光亮、焊点饱满、不连锡、表面干净度强、表面绝缘性能也高、抗腐蚀性能也好。

配方

无卤素助焊剂

原料配比

原料	配比（质量份）	
	1#	2#
有机酸	5	8
羟氨基羧酸	2.5	2.5
乙醇酸	5	7
表面活性剂	0.5	0.5
缓蚀剂	0.1	0.15
有机溶剂	加至100	加至100

制备方法 将各组分混合均匀即可。

原料介绍

所述有机酸为丁二酸、己二酸或苹果酸。

所述羟氨基羧酸为β-氨基-α-羟基羧酸或α-羟基羧酸酰胺。

所述表面活性剂为烷基酚聚氧乙烯醚或辛基酚聚氧乙烯醚。

所述缓蚀剂是苯并三氮唑、α-巯基苯并噻唑或乙二醇苯唑。

所述有机溶剂为无水乙醇。

产品应用 本品主要应用于金属焊接。

产品特性 本品采用有机酸和β-氨基-α-羟基羧酸或有机酸和α-羟基羧酸酰胺作为活化剂和润湿剂，将钎料和基板表面的氧化物以金属皂的形式溶解掉，达到与松香类助焊剂相当的活性作用，表现出优良的焊接效能。由于本品具有弱酸性，所以焊后腐蚀小，几乎无残留，离子污染度低，免清洗，安全性能极高。不仅具有良好的钎焊效果，而且在工艺上可以节省因清洗而造成的额外支出。

配方 54

无卤无铅免洗助焊剂

原料配比

原料	配比（质量份）				
	1#	2#	3#	4#	5#
富马酸	10	—	—	—	—
丁二酸	—	5	—	—	—
苯甲酸	—	—	6	—	—
质量比为2:1的丁二酸与乙酸混合物	—	—	—	3	5
二乙二醇丁醚	9	—	—	—	—
三丙二醇甲醚	—	1	—	5	3
质量比为1:1的二乙二醇甲醚与四乙二醇甲醚混合溶液	—	—	0.5	—	—
戊二醛	0.1	0.2	2	0.5	1
壬基酚聚氧乙烯醚	0.05	—	—	—	—
仲醇聚氧乙烯醚	—	—	1	—	—
质量比为1:1的壬基酚聚氧乙烯醚与仲醇聚氧乙烯醚互配物	—	—	—	1	0.6
乙醇	80.85	—	—	—	—
去离子水	—	93.5	90.5	—	—
体积分数为50%的乙醇溶液	—	—	—	90.5	90.4

制备方法 将有机酸加入助焊剂溶剂中，待有机酸溶解后再依次加入戊二醛、表面活性剂，搅拌混合后过滤，包装，得到无卤无铅免洗助焊剂。

原料介绍

有机酸为一元酸、二元酸、芳香酸中的至少一种。其中，一元酸优选乙酸、丙酸中的一种或两种，二元酸优选丁二酸、乙二酸、己二酸、戊二酸、富马酸、衣康酸中的至少一种，芳香酸为水杨酸、苯甲酸中的一种或两种。该优选实例中的有机酸能进一步增强无卤无铅免洗助焊剂的活化温度与无铅焊料合金的熔点相适应，进一步改善其润湿性和防止氧化，同时保持整个焊接过程中助焊剂都具有更高的活性，获得良好的焊接效果，同时溶解和清除线路板表面的金属氧化物，另外，使其在焊接温度下更能有效地分解挥发，使得焊后 PCB 板上无残留，无腐蚀。

高沸点溶剂为醇醚溶剂，优选乙二醇丁醚、二乙二醇丁醚、二丙二醇丁醚、三丙二醇丁醚、二丙二醇二甲醚、二乙二醇乙醚、二乙二醇甲醚、三乙二醇乙醚、三乙二醇丁醚、三丙二醇甲醚、三乙二醇甲醚、四乙二醇丁醚、四乙二醇甲醚、四乙二醇二甲醚中的至少一种。该优选实例中的高沸点溶剂能提高无卤无铅免洗助焊剂各组分的溶解性及改善助焊剂的铺展性，使无卤无铅免洗助焊剂涂敷均匀，增强无卤无铅免洗助焊剂的润湿力，且其在焊接过程中挥发掉，焊后板面无残留。

表面活性剂为壬基酚聚氧乙烯醚、仲醇聚氧乙烯醚中的一种或两种。该优选实例中的表面活性剂能更好地降低焊料表面张力，获得良好的焊接效果，提高无卤无铅免洗助焊剂的润湿能力。

溶剂为异丙醇、乙醇或去离子水。当助焊剂溶剂为去离子水时，使得本品无卤无铅免洗助焊剂具有不燃性，提高了安全性能。

产品应用　本品主要应用于电子工业焊接。

产品特性　本品润湿力强，可焊性优越，可提高无铅焊料的焊接性能，焊后板面残留物少，且铺展均匀，无须清洗，表面绝缘电阻高。另外，该无卤无铅免洗助焊剂不含卤素，不含松香，固态含量低，在焊接过程中，无刺激性气味，烟雾小，焊点光亮，无环境污染，焊后板面残留物少，板面干净，离子污染度低，焊后表面绝缘电阻高，符合环保要求，可满足印制组件板的免清洗要求。本品安全不燃，且符合人们对环保的要求。

配方

无铅焊接用水清洗助焊剂

原料配比

原料	配比（质量份）		
	1#	2#	3#
反式巴豆酸	2	—	—

原料	配比（质量份）		
	1#	2#	3#
衣康酸	—	4	—
失水苹果酸	—	1	—
乙醇酸	—	—	2
芥酸	5		
PEG-600	20	30	65
PEG-1000	40	—	
PEG-6000	—	20	
PEG-4000	—	—	5
异丙醇	—	—	6
乙醇	24	—	—
山梨醇	5	—	
丙二醇	—	5	
丙三醇	—	—	10
乙二醇	—	—	10.3
二乙二醇		35	—
二乙醇胺	—	—	0.5
三乙烯四胺	—	—	0.5
三乙醇胺	—	—	2
二乙烯三胺	—	—	2
乙醇胺	3.5	—	
二甲基烷基甜菜碱	0.5	1	—
椰子油酰胺丙基甜菜碱	—	—	0.7

制备方法

（1）取活化剂、活化剂载体、润湿剂、中和剂和表面活性剂；

（2）将称量好的中和剂放入器皿中加热到45～55℃，在搅拌下加入活化剂，继续搅拌，至全部溶解后，用精密试纸测试中和物的 pH 值为6.5～7.0；

（3）将步骤（2）所得中和物保温在45～55℃，搅拌下加入活化剂载体，继续搅拌，至混合物均匀后停止加热；

（4）在步骤（3）所得混合物中加入润湿剂，继续搅拌充分混合，当温度降至25～30℃时加入表面活性剂，搅拌均匀即为助焊剂。

原料介绍

所述活化剂选自反式巴豆酸、失水苹果酸、芥酸、衣康酸、酒石酸、乙醇酸、氨基酸中的一种或 2～3 种的组合；

所述活化剂载体为聚乙二醇 600、聚乙二醇 1000、聚乙二醇 4000、聚乙二醇 6000 中的一种或其中 2 种的组合（所述聚乙二醇简称 PEG）；

所述润湿剂为乙醇、异丙醇、丙二醇、丙三醇、乙二醇、二乙二醇、山梨醇中的一种或 2～3 种的组合；

所述中和剂为乙醇胺、二乙醇胺、三乙醇胺、二乙烯三胺、三乙烯四胺中的一种或 2 种的组合；

所述表面活性剂为二甲基烷基甜菜碱、椰子油酰胺丙基甜菜碱中的一种。

产品应用　本品主要应用于电子产品焊接。

产品特性

（1）焊接后的线路板在常温下 96h 以内焊盘焊线元器件无腐蚀，焊点光亮如初，长时间放置后，线路板易用水清洗。

（2）适应多种无铅焊接工艺，能在常温常压下挤入无铅焊料中做成焊锡丝，用于手工无铅焊接工艺。在挤压和拉丝过程中焊剂不断芯，不外溢。

（3）清洗线路板后的废液无毒无害可生物降解，pH 值为中性，能直接排放，不污染环境和水资源。

配方 56

无铅焊料用水溶性助焊剂（一）

原料配比

原料	配比（质量份）	
	1#	2#
聚氧乙烯山梨糖醇酐单月桂酸酯	49	47
椰子油	3	—
棕榈油	—	2
柠檬酸	3.5	—
苹果酸	—	3
二甲胺盐酸盐	2	1
二乙胺盐酸盐	—	1
有机硅油	0.2	0.2
去离子水	加至 100	加至 100

制备方法 在带有搅拌器的反应釜中加入有机酸活化剂和去离子水搅拌溶解均匀形成饱和溶液后，在搅拌下添加配比量的胺类卤氢酸盐及非离子表面活性剂，搅拌均匀后，加入配比量的非干性油及消泡剂，直至搅拌均匀，即得所述的无铅焊料水溶性助焊剂。

原料介绍

所述的有机酸活化剂优选苹果酸、柠檬酸、酒石酸、水杨酸中的一种或多种的组合物。

所述的胺类氢卤酸盐活性剂优选乙胺盐酸盐、二甲胺盐酸盐、二乙胺盐酸盐、三乙胺盐酸盐及环己胺盐酸盐中的一种或多种的组合物。

所述的非离子表面活性剂优选为聚氧乙烯山梨糖醇酐单月桂酸酯（吐温20）、聚氧乙烯山梨糖醇酐单硬脂酸酯（吐温60）中的一种或多种的组合物。

所述的非干性油优选棕榈油、椰子油、蓖麻油及花生油中的一种或多种的组合物。

所述的消泡剂优选有机硅油、磷酸三丁酯、土耳其红油及辛醇中的一种或多种的组合物。

产品应用 本品主要应用于电子封装。

产品特性

（1）洁净化工艺简单，用冷水或温水均能清洁焊剂残留物，成本低，无毒、无害、无污染，对环境安全。

（2）具有很好的润湿性，焊接速度快，缩短了对耐热性差的电子元件的焊接时间，且不被损伤。

（3）由于具有优异的润湿性和熔融焊料的流动性，可减少焊点缺陷，提供可靠性高及洁净细致、有光泽的焊点。

（4）该水溶性助焊剂可应用于 Sn-Ag-Cu、Sn-Cu、Sn-Zn 系无铅焊料，为电子产品封装提供了一种无松香、无毒、无害、无腐蚀性、润湿及焊接性好、清洗安全容易的新型焊接材料。

配方 **57**

无铅焊料用水溶性助焊剂（二）

原料配比

原料	配比（质量份）
有机酸活化剂	3

原料	配比（质量份）
表面活性剂	0.6
成膜剂	0.5
助溶剂	10
消泡剂	0.3
稳定剂	0.06
缓蚀剂	0.2
去离子水	加至 100

制备方法　在带有搅拌器的反应釜中加入有机酸活化剂和去离子水搅拌溶解均匀形成饱和溶液后，在搅拌下添加配方量的助溶剂及表面活性剂，搅拌均匀后，加入配方量的成膜剂、消泡剂、稳定剂及缓蚀剂，直至搅拌均匀，即得所述的无铅焊料专用水溶性助焊剂。

原料介绍

所述的有机酸活化剂为苹果酸、柠檬酸、酒石酸、水杨酸中的一种或多种的组合物。

所述的表面活性剂为异辛基酚聚氧乙烯醚、辛基酚聚氧乙烯醚、脂肪醇聚氧乙烯醚中的一种或多种的组合物。

所述的成膜剂为一元脂肪酸酯、二元脂肪酸酯、芳香酸酯、氨基酸酯中的一种或多种。

所述的助溶剂为多元醇及醇醚类中的一种或多种。

所述的消泡剂为有机硅油、磷酸三丁酯、土耳其红油及辛醇中的一种或多种的组合物。

所述的稳定剂为对苯酚。

所述的缓蚀剂为氮杂环化合物、有机胺类缓蚀剂中的一种或多种。

产品应用　本品主要应用于电子行业。

产品特性　本品设计科学，配制合理，制作工艺简单。对无铅焊料润湿力强，使焊料铺展均匀，焊后残留物可溶于水，用水清洗后，印制板绝缘电阻高。另外，本品无铅焊料专用水溶性助焊剂无毒，无刺激性气味，使用安全，基本不含 VOC 物质，符合环保要求，不易燃烧。

无铅焊料用水溶性助焊剂（三）

原料配比

原料	配比（质量份）		
	1#	2#	3#
硼酸	6.2	6.2	4.8
6-氧代庚酸	—	—	0.2
L-精氨酸	—	—	0.1
山梨酸	—	0.1	—
己二酸	—	0.1	—
TX-10	—	0.2	—
丁二酸	0.1	—	—
戊二酸	0.1	—	—
OP 乳化剂	0.1	—	0.3
FSO	—	—	0.1
丙三醇	8	10	8
二甘醇一乙醚	—	—	2
二甘醇	—	2	—
单硬脂酸甘油酯	0.3	—	—
苯甲酸乙酯	—	0.3	0.3
三乙胺	—	—	0.1
苯并三氮唑	0.1	0.1	—
去离子水	85.1	81	85.1

制备方法 在带有搅拌器的反应釜中先加入助溶剂和部分去离子水，搅拌下加入成膜剂，溶解后加入剩余去离子水、活化剂和表面活性剂，然后加入缓蚀剂。搅拌至固体物完全溶解，静置过滤后保留滤液即得本品助焊剂。

原料介绍

所述的硼酸和有机酸活化剂，其质量比为（16∶1）～（40∶1），有机酸为脂肪族一元羧酸、二元羧酸、芳香酸、氨基酸，选自乙二酸、丁二酸、戊二酸、己二酸、6-氧代庚酸、2-呋喃羧酸、L-精氨酸、高龙胆酸、顺丁烯二酸、丙烯酸、柠檬酸、山梨酸、乳酸。

所述的非离子表面活性剂或阳离子表面活性剂可选自辛基酚聚氧乙烯醚

（TX-10）、异辛基酚聚氧乙烯醚（OP乳化剂）、非离子氟碳表面活性剂 $F(CF_2CF_2)_m$ $(CH_2CH_2O)_nH(FSO)$，其中 $m=1\sim7$，$n=1\sim15$。非离子型比其它类型表面活性剂更易溶于水、有机溶剂（包括酸、碱介质），与其它类型活性剂的相容性也更好。

所述的助溶剂为多元醇及醇醚类，可选自丙三醇、己二醇、二甘醇、季戊四醇、二甘醇一乙醚、二乙二醇丁醚及平均相对分子质量在200～600的聚乙二醇系列。

所述的成膜剂为一元脂肪酸酯、二元脂肪酸酯、芳香酸酯、氨基酸酯，可选自单硬脂酸甘油酯、己二酸二甲酯、苯甲酸乙酯、马来酸二甲酯。

所述的缓蚀剂为氮杂环化合物、有机胺类缓蚀剂，可选自三乙胺、苯并三氮唑。添加量为 0.1%～1%，起氧化抑制作用，减少助焊剂对印制板的腐蚀。

产品应用 本品主要应用于无铅焊接。

使用方法：可采用喷雾、发泡、浸渍等方法将助焊剂均匀涂敷在待焊接的 PCB板上，对 PCB 板进行预热，预热温度为 100℃（板顶测量），将水完全蒸发掉，再经波峰焊料槽焊接，焊料槽温度视无铅焊料而定，一般为 250～270℃，传送速度为 1.2～1.8m/min。

产品特性 本品设计科学，配制合理，具有以下优点：无松香，无卤化物，对无铅焊料润湿力强，使焊料铺展均匀，焊后残留物可溶于水，用水清洗后，印制板绝缘电阻高。另外，本品无铅焊料专用水溶性助焊剂无毒，无刺激性气味，使用安全，基本不含 VOC 物质，符合环保要求，且不易燃烧。

配方 59

无铅焊料用胶囊化水基免洗助焊剂

原料配比

表1 复配活性物质

原料	配比（质量份）
乙二酸：丙二酸质量比为1:1的混合物（活化剂A酸）	3.3
丁二酸（活化剂B酸）	3.3
有机胺（乙二胺）	0.66
去离子水	10

表2 免洗助焊剂

原料	配比（质量份）
助溶剂	15
成膜剂	0.5

原料	配比（质量份）
复配活性物质	6.6
表面活性剂 OP-10	0.04
缓蚀剂	0.1
去离子水	加至 100

制备方法

（1）活性物质的微胶囊化：将所述活化剂 A 酸、所述活化剂 B 酸与有机胺以 1∶1∶0.2 的复配比进行混合，得到混合物。加入 1～2 倍混合物体积的去离子水，搅拌并加热至 50℃，搅拌 10min，充分混合后加入 2～3 倍混合物质量的丙烯酸树脂，较快升温至 90℃，搅拌 4h，冷却、过滤、烘干，在玛瑙研钵中均匀研磨 30min，得到白色粉末状的微胶囊化处理的复配活性物质。

（2）助焊剂的制备：将助溶剂与去离子水加入反应釜内，加热至 40～50℃，搅拌，加入成膜剂，搅拌，溶解完全，依次加入复配活性物质、表面活性剂及缓蚀剂，搅拌均匀后静置，过滤，即得助焊剂。

原料介绍

所述有机酸包括活化剂 A 酸和活化剂 B 酸两种，且活化剂 A 酸和活化剂 B 酸以质量比 1∶1 配置。有机酸选自脂肪族二元酸乙二酸、丙二酸、丁二酸、己二酸和癸二酸中的一种或者多种的混合物，为分析纯品质。所述活化剂 A 酸的分解温度和所述活化剂 B 酸的分解温度相差 50～150℃。

所述有机胺为乙二胺、三乙胺和三乙醇胺中的一种或者多种的混合物。

所述复配活性物质中的有机酸和有机胺以 10∶1 的复配比混合。

所述成膜剂为单硬脂酸甘油酯、聚乙烯醇和聚乙二醇中的一种或者多种的混合物。

所述缓蚀剂为苯并三氮唑（BTA）。

产品应用　本品主要应用于 Sn-Cu 系无铅焊料的焊接。

产品特性

（1）通过选择具有不同分解温度的 A 酸和 B 酸作为有机酸活化剂，且有机酸与有机胺以 10∶1 的质量比进行复配，复配活性物质经过微胶囊化处理后，进一步降低助焊剂的腐蚀性，并提高存储稳定性；表面活性剂 OP-10 的添加能有效提高助焊剂的润湿效果；当助溶剂的总含量为 16%，其中三元复配溶剂体系的质量比为 1∶2∶1 时，焊点的铺展效果最佳。

（2）通过采用去离子水作溶剂，成本较低，在焊接过程中达到环保的要求；该助焊剂能较好地满足 Sn-Cu 系无铅焊料的焊接要求，焊接效果较好，IMC 层薄而明晰，其相关性能均符合国家电子行业标准。

（3）与普通的无铅焊料用胶囊化水基免洗助焊剂相比具有减少原料、精细化主要成分的配比的作用，通过胶囊化的活化剂还能优化水基助焊剂的性能和配制工艺。

配方 60

无铅焊料用水基无卤免清洗助焊剂

原料配比

原料	配比（质量份）		
	1#	2#	3#
丁二酸	1	—	—
戊二酸	—	2	—
癸二酸	1	4	1
月桂酸	—	2	1
水杨酸	—	—	2
衣康酸	—	—	1
单乙醇胺	—	0.5	0.3
二乙醇胺	0.5	—	0.5
三乙醇胺	0.5	—	—
乙酰胺	12	8	16
甲酰胺	—	—	9
AEO-12	0.5	—	—
AEO-15	—	0.1	—
AEO-18	—	—	1
三乙胺	—	0.8	0.3
苯并噻唑	0.1	—	—
苯并咪唑	0.1	—	0.3
PEG-600	5	—	—
PEG-1000	—	2	—
PEG-1500	—	—	4

原料	配比（质量份）		
	1#	2#	3#
大蒜素	0.25	0.05	0.15
去离子水	加至 100	加至 100	加至 100

制备方法 将有机酸活化剂、烷基醇胺、去离子水、助溶剂加入反应釜中，升温至 40～50℃，恒温加热，搅拌 30min，依次加入表面活性剂、缓蚀剂、成膜剂、抗菌剂，继续搅拌至溶解，保持恒温 10min，静置，冷却并过滤，即可得到本品助焊剂。

原料介绍

所述的有机酸活化剂为丁二酸、戊二酸、癸二酸、月桂酸、水杨酸、衣康酸中的两种或两种以上的混合物。不同熔点的有机酸活化剂可以在焊接的不同阶段发挥活化作用，保证了助焊剂的高温活性，清除金属基体表面的氧化层，有效防止再氧化。

所述的烷基醇胺为单乙醇胺、二乙醇胺、三乙醇胺中的一种或两种。烷基醇胺与有机酸活化剂共同作用，增强了助焊剂的活性。

所述的助溶剂为甲酰胺、乙酰胺中的一种或两种。有助于有效地溶解助焊剂中的其它组分，特别是抗菌剂。

所述的表面活性剂为含碳原子数在 12～18 之间的高碳脂肪醇聚氧乙烯醚（AEO）中的一种或两种。传统的非离子表面活性剂烷基酚聚氧乙烯醚（APEO）生物降解性差，用 AEO 来代替，能够降低助焊剂的表面张力，增强润湿性能。

所述的缓蚀剂为苯并噻唑、苯并咪唑、三乙胺中的一种或两种。缓蚀剂能够有效控制助焊剂对金属基体的腐蚀作用。

所述的成膜剂是 PEG-600、PEG-1000、PEG-1500 中的一种或两种以上。焊后，成膜剂在焊点表面形成保护膜，增强了焊点的耐腐蚀性能。

所述的抗菌剂为大蒜素。大蒜素是天然抗菌剂，可以抑制细菌的生长和繁殖，延长助焊剂的保护年限，提高焊料的可焊性。

所述的去离子水作为主要溶剂，成本低，非常环保。

产品应用 本品主要应用于电子工业 PCB 焊接。

产品特性

（1）助焊剂不含松香，无卤素，固体含量低，焊后焊点无残留，无须清洗；

（2）成本低，环保性好；

（3）润湿性和抗氧化性能好，保护期限较之以往的水基型助焊剂长。

无铅焊料用水基型免清洗助焊剂

原料配比

原料	配比（质量份）		
	1#	2#	3#
衣康酸	0.3	—	—
戊二酸	0.4	—	—
丁二酸	—	0.8	1
三乙醇胺	—	0.4	0.5
DL-苹果酸	—	—	0.75
乳酸	0.3	0.4	—
异丙醇	0.6	1	0.64
二缩三乙二醇	—	—	1.2
二甘醇	—	1	—
二丙二醇二甲醚	—	1	—
乙二醇	1	—	—
丙二醇甲醚	—	—	1.2
乙二醇丁醚	1	1	1.2
丙三醇	—	0.74	—
乙二醇乙醚	1	—	—
聚乙二醇1000	0.62	—	—
聚乙二醇2000	—	—	0.5
水合肼	0.01	0.03	0.04
DP-205	0.1	—	—
苯并三氮唑	—	0.01	—
AP2590	—	0.08	—
OP-10	—	0.46	0.1
去离子水	加至100	加至100	加至100

制备方法

（1）不含树脂成膜剂助焊剂的制备方法：按上述配方量，在反应容器中依次加入复配活化剂、溶剂、抑制微生物生长剂、复配助溶剂、成膜剂、缓蚀剂和表面活性剂，加完各组分后在 35～45℃下搅拌至完全溶解并混合均匀，待溶液冷却后过滤制得助焊剂。

（2）含树脂成膜剂助焊剂的制备方法：按上述配方量，在反应容器中依次加入溶剂、树脂成膜剂、与树脂配套使用的水性分散剂、抑制微生物生长剂、复配助溶剂、表面活性剂后，在 35～45℃下加热搅拌至树脂完全溶解，然后再依次加入复配活化剂和缓蚀剂，继续加热搅拌至混合均匀，待溶液冷却后过滤制得助焊剂。

原料介绍

所述的复配活化剂为 A、B 和 C 三种酸的复配物，其中 A 酸是衣康酸、亚氨基二乙酸、丁二酸中的任意一种；B 酸是戊二酸、三乙醇胺、己二酸、丙烯酸中的任意一种；C 酸是甲基琥珀酸、乳酸、DL-苹果酸中的任意一种。所述的 A∶B∶C 的质量比是（1～2）∶（1～1.5）∶（1～1.5）。

所述的复配助溶剂为乙二醇丁醚、无水乙醇、乙二醇甲醚、乙二醇乙醚、三丙二醇甲醚、二甘醇、二缩三乙二醇、二丙二醇二甲醚、乙二醇、丙二醇甲醚中的任意三种，其质量比为 1∶1∶1。

所述的成膜剂为：①树脂成膜剂（水稀释型丙烯酸树脂 HD-AP3727）；②非树脂类成膜剂（丙三醇、聚乙二醇 1000、聚乙二醇 2000、乙酸乙酯中的至少一种）。

所述的表面活性剂是 Silok-120、FC4430、AP2590、AP2547、C0897、WF-20D、AP235、聚合型表面活性剂 ANPEO10-P1、DP-205、ABEX8018、OP-10 中的至少一种。

所述的缓蚀剂为苯并三氮唑、水合肼中的至少一种。

所述的抑制微生物生长剂为异丙醇。

所述的与树脂配套使用的水性分散剂为 BSU。

产品应用　本品主要应用于印制电路板（PCB）焊接面上。

产品特性

（1）本品 VOC 含量低于 5%，对环境友好；必要时添加抑制微生物生长剂，使其在储存过程中具有相当的稳定性。

（2）本品复配三种活化剂，复配三种助溶剂，选用一种水性分散剂与水稀释型丙烯酸树脂混合使用，使其在助焊剂中分散得更均匀，且水性分散剂在一定程度上降低了体系的表面张力，提高了焊料的浸润性能。本品选择的丙烯酸树脂成膜剂在助焊剂上成膜效果好，耐高温、耐腐蚀并能在一定程度上起到活化剂的作用。本品选用有机类还原剂水合肼作为缓蚀剂，在不影响助焊剂润湿性能的同时又能降低助焊剂的腐蚀性。

（3）本品具有无卤素、低残渣、免清洗、绝缘电阻高、不易燃烧、存储及运输方便、环保等综合优势；合成较简单，原料易得，价格较低，适合大量制备和工业化生产。

配方 **62**

无铅焊料用无卤素无松香抗菌型免清洗助焊剂

原料配比

原料	配比（质量份）		
	1#	2#	3#
丁烯酸	1	2	—
水杨酸	1	—	0.1
丁二酸	1	3	0.15
己二酸	1.5	3	0.15
邻苯二甲酸	0.5	2	—
顺丁烯二酸	—	—	0.1
二甘醇乙醚	5	—	5
二甘醇丁醚	—	0.5	5
二甘醇	—	0.5	5
甘露醇	—	—	5
丙三醇	—	—	5
无水乙醇	—	3	—
三乙醇胺	—	0.5	—
松油醇	2.5	—	5
乙酰胺	5	0.5	—
蔗糖脂肪酸酯	—	1	—
单硬脂酸甘油酯	0.15	—	0.05
辛基酚聚氧乙烯醚	0.15	—	0.05
对苯二酚	0.1	0.01	—
特丁基对苯二酚	0.1	—	0.05
茶多酚	0.01	0.05	0.1
苯并三氮唑	0.01	0.01	0.02
甲基苯并三氮唑	0.01	—	—
聚乙二醇 400	—	—	1
聚乙二醇 600	1	—	—
聚乙二醇 2000	4	0.1	2
去离子水	加至 100	加至 100	加至 100

制备方法　在反应釜内先加入去离子水、有机酸活化剂和助溶剂，逐渐升高温度控制在 50～70℃，搅拌 15～30min；然后依次按比例加入非离子表面活性剂、缓蚀剂、抗菌剂、酚类抗氧化剂和成膜剂，搅拌 15～30min 完全溶解后，静置、冷却并过滤溶液即得到本品助焊剂。

原料介绍

有机酸活化剂为丁烯酸、水杨酸、丁二酸、己二酸、邻苯二甲酸和顺丁烯二酸中至少两种的混合物。

助溶剂为二甘醇乙醚、二甘醇丁醚、松油醇、二甘醇、甘露醇、丙三醇、无水乙醇、三乙醇胺和乙酰胺中的一种或多种的混合物。

非离子表面活性剂为单硬脂酸甘油酯、蔗糖脂肪酸酯和辛基酚聚氧乙烯醚（OP-10）中的一种或多种的混合物。

酚类抗氧化剂为对苯二酚和特丁基对苯二酚中的一种或两种的混合物。

抗菌剂为茶多酚。

缓蚀剂为苯并三氮唑和甲基苯并三氮唑中的一种或两种的混合物。

成膜剂是分子量为 400～2000 的聚乙二醇。

选用去离子水作为主要溶剂，可降低成本，节约资源，更加环保。

产品应用　本品主要应用于锡银铜系列或者锡铜系列的无铅焊料。

产品特性　本品不含卤素、松香，采用复配有机酸作为活化剂，可焊性好、固体含量低；采用去离子水作为主要溶剂，节约资源，成本低，更符合环保要求；使用酚类抗氧化剂，具有良好的抗氧化作用和热稳定性；选用的抗菌剂对细菌、霉菌有一定的抑制和杀菌作用，可延长助焊剂的保存期限并可提高无铅焊料的可焊性。

本品具有优越的助焊性能，焊点光亮饱满，铺展性好，焊后残留物少，焊后铜镜无腐蚀、无毒、免清洗，焊后基板的表面绝缘电阻大于 $1×10^8 \Omega$，达到了电子行业标准的要求。

配方 **63**

无铅焊料用无卤素无松香免清洗助焊剂

原料配比

原料	配比（质量份）		
	1#	2#	3#
丁二酸	2	1.5	—
戊二酸	0.6	—	—

原料	配比（质量份）		
	1#	2#	3#
水杨酸	1.2	1.5	—
己二酸	—	0.2	—
DL-苹果酸	—	—	1.8
酒石酸	0.1	0.2	0.2
乳酸	—	1	0.5
TX-10	—	0.2	—
柠檬酸	0.8	—	0.5
OP-10	0.1	—	0.3
丙三醇	16	18	18
二甘醇	—	4	—
二甘醇乙醚	—	—	15
乙二醇独丁醚	12	15	—
PEG-400	0.5	—	0.5
三乙胺	—	—	0.1
PEG-600	—	0.5	—
苯并三氮唑	0.1	0.1	—
去离子水	57.6	57.8	63.1

制备方法 在带有搅拌器的反应釜中先加入助溶剂和部分去离子水，搅拌下加入成膜剂，溶解后加余下的去离子水、活化剂和表面活性剂，然后加入缓蚀剂。搅拌至固体物完全溶解，物料混合均匀，静置过滤后保留滤液即得本品助焊剂。

原料介绍

所述的活性剂由有机酸和非离子表面活性剂组成，其质量比为（16∶1）～（75∶1）。有机酸为脂肪族一元羧酸、二元羧酸、芳香酸、羟基酸，选自乙酸、乙二酸、丁二酸、戊二酸、己二酸、水杨酸、DL-苹果酸、顺丁烯二酸、邻苯二甲酸、酒石酸、柠檬酸和乳酸。非离子表面活性剂可选用辛基酚聚氧乙烯醚（TX-10）和异辛基酚聚氧乙烯醚（OP-10），非离子型比其它类型表面活性剂更易溶于水、有机溶剂（包括酸、碱介质），与其它类型活性剂的相容性也更好。

所述的助溶剂为多元醇及醇醚类，可选自乙二醇、丙三醇、己二醇、二甘醇、季戊四醇、二甘醇乙醚、二乙二醇丁醚、乙二醇独丁醚。

所述的成膜剂为平均相对分子质量在200～600的聚乙二醇（PEG）系列。

所述的缓蚀剂为氮杂环化合物、有机胺类缓蚀剂，可选自三乙胺、苯并三氮唑。

产品应用　本品主要应用于电子产品焊接。

本品使用方法：采用喷雾、发泡、浸渍等方法将助焊剂均匀涂敷在待焊接的 PCB 板上，对 PCB 板进行预热，预热温度为 100℃（板顶测量），将水完全蒸发掉，再经波峰焊料槽焊接，焊料槽温度视无铅焊料而定，一般为 250～270℃，传送速度为 1.2～1.8m/min。

产品特性　本品无松香，无卤化物，对无铅焊料润湿力强，使焊料铺展均匀，焊后残留物为一层无色或淡黄色透明酯类膜状物质，可免除清洗工艺，印制板表面绝缘电阻高。另外，本品无毒，无刺激性气味，使用安全，且不易燃烧。

 配方 **64**

无铅焊料用助焊剂

原料配比

原料		配比（质量份）				
		1#	2#	3#	4#	5#
有机酸	丁二酸	1.2	1.2	1	1	1.6
	己二酸	1.2	1.2	1	1	1.6
	柠檬酸	—	—	—	0.25	—
有机胺	三乙醇胺	0.4	—	0.4	0.5	—
	三乙胺	—	0.5	—	—	0.5
表面活性剂	OP-10 乳化剂	0.1	0.1	—	0.075	0.2
	TX-10	—	—	0.15	—	—
	十二烷基磺酸钠	—	—	0.15	0.025	—
成膜剂	聚乙二醇 2000	0.5	—	0.8	0.5	0.5
	聚乙二醇 4000	—	0.4	—	—	—
助溶剂	乙二醇	20	16	—	22	—
	四氢糠醇	—	—	20	—	9
	丙三醇	10	8	10	8	9
缓蚀剂	苯并三氮唑	0.1	0.2	—	0.1	0.35
	甲基苯并三氮唑	—	—	0.1	—	—
去离子水		66.5	72.4	66.4	66.55	77.25

制备方法

（1）将活化剂与表面活性剂在低温（约 20～35℃）下溶解到部分去离子水中，

搅拌均匀，备用；

（2）将助溶剂和剩余去离子水加入另一个反应釜内，搅拌下加入成膜剂，并加热至40~60℃，待成膜剂溶解完毕，停止加热，冷却到室温，搅拌下依次加入步骤（1）所得溶液与缓蚀剂，混合均匀后，静置过滤。

原料介绍

所述的活化剂为有机酸和有机胺的混合物，且有机酸与有机胺的质量比为（4:1）~（9:1）。

所述有机酸为有机二元羧酸或有机多元羧酸，选自苹果酸、柠檬酸、丁二酸、戊二酸、己二酸中的至少一种；所述有机胺为醇胺，选自二乙醇胺、三乙醇胺和三乙胺中的一种。

所述表面活性剂为非离子表面活性剂，或非离子表面活性剂与阴离子表面活性剂的复配物；其中，非离子表面活性剂选自OP系列或TX系列表面活性剂中的一种；阴离子表面活性剂为十二烷基磺酸钠，且阴离子表面活性剂与非离子表面活性剂的质量比为（1:1）~（1:3）。

成膜剂选自水溶性丙烯酸树脂、聚乙二醇2000、聚乙二醇4000中的一种。

所述助溶剂包括低沸点助溶剂、高沸点助溶剂，低沸点助溶剂为乙二醇或四氢糠醇中的一种，高沸点助溶剂为丙三醇，且低沸点助溶剂与高沸点助溶剂的质量比为（1:1）~（3:1）。

缓蚀剂为含氮杂环化合物。

产品应用　本品主要应用于微电子焊接。

产品特性　该助焊剂中不含松香，且固体含量小于3%，从而使焊接时固体残留量少，离子污染度低，焊后免清洗。本品水溶性免清洗助焊剂使用去离子水作溶剂，无色透明，无刺激性气味，原料获取较易，成本较低。助焊剂中的活化成分均不含卤素以增强焊后线路板的绝缘性，且由于成膜剂的作用，线路板经过焊接工序之后，表面形成一层致密保护膜，可降低焊后残留物的电迁移，有效提高线路板的绝缘稳定性；可减少有机型助焊剂在焊接时带来的危害，符合环保要求。

配方 **65**

无铅焊锡丝用的无卤素助焊剂

原料配比

原料	配比（质量份）					
	1#	2#	3#	4#	5#	6#
己二酸	1	1	—	2	2	—

原料	配比（质量份）					
	1#	2#	3#	4#	5#	6#
戊二酸	2	—	—	—	—	—
壬二酸	—	—	3	—	—	—
丁二酸	—	2	1	3	2	—
柠檬酸	—	—	—	—	—	2
乙醇酸	—	—	—	—	—	8
尼龙酸二甲酯	1	—	—	3	10	15
聚乙二醇单油酸酯	2	—	5	2	—	—
聚乙二醇单硬脂酸酯	—	5	—	—	—	—
山梨醇	—	—	50	10	20	—
聚乙二醇	94	—	41	80	—	—
二十八醇	—	92	—	—	—	—
十八醇	—	—	—	—	66	—
十六醇	—	—	—	—	—	74
苯并三氮唑	—	—	—	—	—	0.5
三乙胺	—	—	—	—	—	0.5

制备方法 首先，将有机酸、脂肪酸酯类表面活性剂依次溶入一定量的乙醇或者异丙醇溶液中搅拌均匀；然后，将此混合溶液注入加热到100℃的有机醇或其混合液中并搅拌30min以上使其中的乙醇或者异丙醇完全挥发待用。此外，为了抑制焊后金属层的腐蚀、提升焊接制品的品质，在该制备过程中还可以加入缓蚀剂。

原料介绍

所述有机酸系选自丁二酸、己二酸、戊二酸、壬二酸、癸二酸、柠檬酸、水杨酸、乙醇酸、苹果酸。

所述脂肪酸酯类表面活性剂系选自尼龙酸二甲酯、聚乙二醇单油酸酯、聚乙二醇单硬脂酸酯、丁二酸二甲酯中的至少一种。

所述有机醇系选自高熔点的脂肪醇、聚乙二醇中的至少一种。

所述缓蚀剂系选自苯并三氮唑、三乙胺。它们能有效抑制焊后金属层的腐蚀，提高焊接制品的可靠性。

产品应用 本品主要应用于锡银铜系列或者锡铜系列无铅焊料。

产品特性 本品铺展率大于75%，焊后残留物少，印制板表面绝缘电阻高，焊后铜镜无腐蚀，无毒，无刺激性气体产生，具有良好的焊接效果。

无铅焊锡用水基无卤助焊剂

原料配比

原料	配比（质量份）			
	1#	2#	3#	4#
丁二酸	1	2	2	2.5
戊二酸	0.5	1	1	1.5
衣康酸	—	1	—	—
己二酸	0.5	—	0.5	1
无水柠檬酸	—	—	—	0.5
DL-苹果酸	—	—	—	0.5
联二丙酸	—	—	1.5	—
琥珀酰胺	0.5	0.5	1	—
三乙醇胺	—	0.06	—	0.05
司盘20	0.2	0.5	0.2	—
吐温20	—	—	0.1	—
吐温60	—	—	—	0.1
聚乙二醇400	—	—	—	0.5
聚乙二醇600	0.5	2	1	—
聚乙二醇2000	0.5	0.5	0.5	—
脂肪醇聚氧乙烯醚	—	—	0.08	0.2
三乙胺	—	—	0.05	0.1
磷酸酯	0.04	0.06	—	—
苯并三氮唑	0.01	0.01	—	—
苯多酚	0.01	0.02	0.05	0.1
去离子水	96.24	92.35	92.02	92.95

制备方法 在常温下先将有机酸活化剂、有机胺活化剂、表面活性剂及部分去离子水加入带有搅拌器的反应釜中，搅拌30min使有机酸活化剂、有机胺活化剂及表面活性剂全部溶解，再边搅拌边加入成膜剂、润湿剂、缓蚀剂至完全溶解，然后加入抗菌剂及剩余去离子水，搅拌30min使全部组分完全溶解即得本助焊剂产品。

原料介绍

有机酸活化剂选自丁二酸、戊二酸、己二酸、衣康酸、联二丙酸、无水柠檬酸和 DL-苹果酸；有机胺活化剂为琥珀酰胺和三乙醇胺中的一种或两种。

表面活性剂为司盘 20、吐温 20 和吐温 60 中的一种或多种。

成膜剂是分子量为 400～2000 的聚乙二醇。

润湿剂为磷酸酯和脂肪醇聚氧乙烯醚中的一种或两种。

缓蚀剂为苯并三氮唑和三乙胺中的一种或两种。

抗菌剂选自茶多酚，它具有一定的抗氧化作用，对细菌、霉菌也有一定的抑制和杀菌作用，可延长助焊剂的保存期限并提高无铅焊锡的可焊性。

本品助焊剂以去离子水为载体溶剂，不含易挥发易燃烧的醇醚类物质。

产品应用　本品主要应用于锡银铜系列或者锡铜系列无铅焊料。

产品特性　本品无松香，无卤素，完全不添加易挥发易燃烧醇醚类助溶剂，可焊性好，焊后残留少，焊点光亮饱满，无腐蚀性，绝缘电阻高，表面绝缘电阻焊后大于 $1×10^8$ Ω，铺展面积大，铺展率达到 75%以上，是一种不含 VOC 物质的安全环保型水基助焊剂。本品对细菌、霉菌有一定的抑制和杀灭作用，这对于水基助焊剂来说十分重要，不仅可以延长其保存期限，还可提高无铅焊锡的可焊性，适用于无铅焊锡的波峰焊制程。

配方 **67**

无铅焊锡用助焊剂

原料配比

原料	配比（质量份）				
	1#	2#	3#	4#	5#
己二酸	1.5	1	2.5	1	0.5
丁二酸	1	2	2.5	1	0.5
尼龙酸二甲酯	1	4	0.5	6	1.5
聚乙二醇单油酸酯	2	2	4	1	1.5
对苯二酚	0.5	0.1	0.5	1	0.1
去离子水	94	90.9	90	88	95.9

制备方法　在带有搅拌器的反应釜内先加入去离子水；再加入配比量的有机酸（丁二酸、己二酸），搅拌使有机酸充分溶解；然后依次加入尼龙酸二甲酯、聚乙二醇单油酸酯，充分搅拌；最后如果有需要的话，依要求所需添加其余添加剂并搅拌使其充分溶解；静置并过滤溶液得到本品助焊剂。

原料介绍

所述的丁二酸、己二酸均为有机酸类活化剂，此类有机酸能在焊接过程中发挥作用，清除焊接物表面的氧化层，提高锡焊过程的可焊性能。这两种有机酸在焊接过程中挥发，焊后不会残留，由于有机酸的挥发性不高，所以仅足以将焊接物表面的氧化层清除，但不足以挥发至环境中，故不会使人体及环境受到污染。至于焊接过程的残渣，不会留在印制电路板上，而留在焊料槽中，仅需最终予以清除即可。

所述的尼龙酸二甲酯是一类润湿剂，它能够在较高温度的焊接过程中降低焊锡和被焊接表面的表面张力，提高焊锡的可焊性能，由于此类物质是一种多元混合溶剂，因此在200℃左右的较宽的温度范围内均能有效地发挥作用，并且在焊接温度260℃以下能够充分挥发，焊后表面不会残留。

所述的聚乙二醇单油酸酯也是一类润湿剂，它能够在较高温度的焊接过程中降低焊锡和被焊接表面的表面张力，提高焊锡的可焊性能。其沸点在260℃左右，焊后能充分地挥发，不会残留在焊接表面。

所述的对苯二酚为一种抗氧化剂，能在焊后在被焊接物表面形成一层保护膜，阻止被焊物的再度氧化，并且有助于提高焊锡的铺展率。

所述的溶剂为去离子水，不会产生VOC（挥发性有机化合物），是一种环保的溶剂。

本品助焊剂还可根据不同使用需求添加发泡剂、消光剂、光亮剂等添加剂，这类添加剂用量极小，不会对助焊剂的主要功能产生重大的影响。

产品应用　本品主要应用于锡银铜系列或者锡铜系列。

本品无铅焊锡用助焊剂的使用方法是：采用喷雾、发泡、浸渍等方法将助焊剂均匀地涂布到待焊接的PCB（印制电路板）表面，对PCB板进行预热，预热温度可以选择90～130℃，将助焊剂中的溶剂全部蒸发掉，随后进入焊料槽中进行焊接，焊接温度为250～280℃（视不同的无铅焊锡配方而定），传送速度为1.2～1.8m/min。

产品特性　本品各项技术指标均合格，完全满足于无铅焊锡的焊接制程。

配方

无铅无卤喷锡助焊剂

原料配比

原料	配比（质量份）		
	1#	2#	3#
聚醚	10	70	15

原料	配比（质量份）		
	1#	2#	3#
聚乙二醇	70	10	15
特种全氟表面活性剂	0.2	0.4	0.5
去离子水	10	10	11.5
丁二酸	0.1	1.9	10
己二酸	0.1	1.9	10
辛二酸	0.1	1.9	10
无水乙醇	4.7	1	9
甲醇	4.7	1	9
苯并三氮唑	0.1	1.9	10

制备方法　在常温下将组分放入容器搅拌均匀即可。

产品应用　本品主要应用于电子产品。

产品特性　本品可明显增强线路板表面的小焊盘（比如小的 BGA 点）和小孔的上锡性，保证集成 IC 线路不会连线，且使板面残留物易清洗。锡炉残留物耐高温，产生的烟雾小、气味小，不污染工作环境。

配方 **69**

无烟助焊剂

原料配比

原料	配比（质量份）								
	1#	2#	3#	4#	5#	6#	7#	8#	9#
癸二酸	21	12	30	15	24	18	23	17	20
三乙醇胺	8	16	2	12	2.5	11	6	14	3
氯化铵	3	5.5	0.5	5	1.7	4.5	2.5	3	1
乌洛托品	7	10	4	9	5	8	6	7.5	6.5
二甲基甲酰胺	72.5	85	60	80	65	75	67	77	68

制备方法　将各组分混合均匀即可。

产品应用　本品主要应用于电子工业装配。

产品特性　本品配方经过科学配伍，高温焊接时产生的气味小、烟雾小，能彻底去除加热区金属氧化膜，防止再次氧化发生，确保焊口没有烧灼和火焰污斑，外表清洁光亮。且具有极高的表面绝缘阻抗值，能使焊后残渣量降至最低，免去了抛光清查、锉削及酸洗等工序，大大降低了清洁成本，可与各种手工焊和自动焊设备连接使用，有效地缩短了生产工时，降低了成本，大幅度提高了工作效率。

配方 70

锌系无铅焊料用免清洗助焊剂

原料配比

原料	配比（质量份）			
	1#	2#	3#	4#
己二酸	8	—	8	—
甘油酸	—	12	—	—
柠檬酸	—	—	—	8
草酸	—	—	—	3
乙酸	—	—	2	—
乳酸	—	—	8	—
甘油	10	15	5	8
乙二醇甲醚	5	—	—	—
己二酸二甲酯	—	—	—	5
氢化蓖麻油	1	2	3	1.5
苯并咪唑	0.1	0.3	—	—
甲基并咪唑	—	—	1	0.8
改性纤维素	—	1.2	2	1.7
多元酚醛树脂	1.4	—	—	—
去离子水	74.5	69.5	71	72

制备方法 常温下，在带有搅拌器的反应釜中先加入部分去离子水，搅拌下加入相应含量的活化剂、触变剂及防氧化剂，溶解后加余下的去离子水、润湿剂，然后加入缓蚀剂，搅拌至固体物完全溶解，物料混合均匀，静置过滤除去杂质后保留滤液即得本品助焊剂。

原料介绍

所述的活化剂为乙酸、丙酸、草酸、水杨酸、苹果酸、柠檬酸、乳酸、甘油酸、丁二酸、戊二酸、己二酸、谷氨酸及赖氨酸的一种或多种的混合物。

所述的润湿剂选自多元醇、醚类及酯类化合物中的一种或多种的混合物，润湿剂可降低助焊剂表面张力，促进其与金属表面的润湿，增强焊接效果；同时还可以提高活化剂、触变剂、缓蚀剂及防氧化剂的溶解性，使之不产生沉积现象。

触变剂优选为氢化蓖麻油，触变剂可赋予焊膏一定的触变性能，即焊膏在受力状态下黏度变小，以便于焊膏印刷。印刷完毕，在不受力状态下，其黏度增大，以保持固有形状，防止焊膏塌陷。

缓蚀剂为苯并咪唑或甲苯并咪唑，起氧化抑制作用，减少助焊剂对印制板的腐蚀性。

防氧化剂为酚类化合物、改性纤维素、多元酚醛树脂、缩醛、聚醚及多元醇中的一种。

产品应用 本品主要应用于锡银锌系无铅焊料。

产品特性 本品能与锡银锌系无铅焊料良好地配合以及能适应无铅焊料的焊接温度要求，提高焊料的润湿性以及抗氧化能力、增强无铅焊料的可焊性，无腐蚀性，焊后残留物少，焊点质量好，表面光洁，稳定性强，干燥后的电路板具有较高的绝缘电阻值。另外，此助焊剂环保、无污染，并且焊后免去清洗环节，降低了成本。

配方 **71**

压电陶瓷用无铅水溶性环保助焊剂

原料配比

原料	配比（质量份）		
	1#	2#	3#
活化剂	0.1	4	2
缓蚀剂	1	0.01	0.5
防氧化剂	10	1	5
表面湿润剂	1	30	15
无水乙醇	加至100	加至100	加至100

制备方法 将定量的表面湿润剂加热至沸腾时停止加热，然后加入定量的活化剂，用玻璃棒搅拌均匀，待混合溶液冷却后加入定量的无水乙醇、防氧化剂和缓蚀剂苯并三氮唑（BTA），并用玻璃棒慢慢地搅拌直到溶液无分层为止。

原料介绍 所述的活化剂为食用柠檬酸、食用果酸、食用苹果酸、食用醋酸、油酸中的一种或几种的混合物。

所述防氧化剂和表面湿润剂为丙三醇、己二醇、环己醇中的一种或几种的混合物。

所述的缓蚀剂为苯并三氮唑（BTA）。

产品应用　本品主要应用于压电陶瓷行业。

产品特性　本助焊剂熔点高、体系稳定、去氧化层快、焊接时烟少、配方无松香且大多采用食用级材料安全环保。以此助焊剂生产的产品清洗工艺简单，节约成本。

应用于传感器的助焊剂

原料配比

原料	配比（质量份）				
	1#	2#	3#	4#	5#
丁二酸	1	2	1.5	1.2	1.8
己二酸	0.5	1.5	1	0.75	1.25
二溴丁二酸	0.1	0.3	0.2	0.15	0.25
OP-100	0.25	0.45	0.35	0.3	0.4
FSN-100	0.03	0.07	0.05	0.04	0.06
乙醇	80	120	100	90	110

制备方法　将各组分混合均匀即可。

产品应用　本品主要应用于线路板焊接。

产品特性　本品不含铅，可焊性好，固体含量低，焊后残留物少，无须清洗。本品性能优良，并可以克服现有助焊剂的缺点，也更符合环保的要求。

用于导线搭接的醇水混合基免清洗助焊剂

原料配比

原料	配比（质量份）			
	1#	2#	3#	4#
己二酸	2.4	—	3	2.4
丁二酸	0.8	3.5	—	1.2
戊二酸	—	2.3	1.5	1.8

原料	配比（质量份）			
	1#	2#	3#	4#
丁二酸二甲酯	2	—	2	2.5
TX-100	—	1.8	2.6	2.3
OP-10	1.6	—	—	1
三乙醇胺	0.6	0.5	0.7	—
丁二酸酰胺	3	3.5	1.2	3.8
聚乙二醇200	1.2	—	—	0.6
聚乙二醇400	—	0.8	—	—
聚乙二醇600	—	—	1.5	0.8
苯并三氮唑	0.6	1.2	—	1.8
二甘醇	7	10	7	5.2
三乙胺	—	—	0.5	1.2
异丙醇	14	16	16	14
二乙二醇丁醚	—	3	2	4.5
去离子水	66.8	57.4	62	56.9

制备方法 将所有组分按质量份选取原料后，先将助溶剂和部分去离子水加入反应釜中，然后再加入成膜剂，搅拌至溶解后，再加入活性剂、缓蚀剂和剩余的去离子水，搅拌至所有组分溶解，使物料混合均匀后，静置过滤，除去滤渣，所得滤液即为本助焊剂。

原料介绍

所述的活性剂包括有机酸、有机胺或表面活性剂中的一种或多种。采用上述的有机酸、有机胺或表面活性剂具有足够的助焊活性，能够有效地去除导线表面的氧化物，不需要经过专门的处理，而且还降低了金属表面的张力，增加了润湿性。所述的有机酸为丁二酸、戊二酸、己二酸或丁二酸二甲酯中的两种或多种。所述的有机胺为三乙醇胺和/或丁二酸酰胺。表面活性剂为TX-100、OP-10中的一种或两种。采用该优选范围内的表面活性剂与本品的其他组分相结合，浸润效果更好，且焊后无残留、热稳定性好。

成膜剂能在焊点表面形成保护膜包覆焊点，能够防止钎焊料及基底材料再次被氧化。成膜剂一般只在钎焊温度下才发挥活性，起保护膜作用。现有技术中常规的成膜剂是采用聚氧化乙烯、聚丙烯酰胺或山梨糖醇等，采用这些成膜剂主要是为了更有利于印制电路板的焊接，而作为彩灯导线与导线焊接时的助焊剂，焊接的效果不佳。作为优选，成膜剂为平均分子量在200～600的聚乙二醇。

缓蚀剂可以与金属导线的金属反应生成不溶性聚合物沉淀膜，能够有效地抑制助焊剂对金属导线产生的腐蚀。作为优选，缓蚀剂为氮杂环化合物。所述的氮杂环化合物包括苯并三氮唑、三乙胺或乙二醇苯唑。

助溶剂为二甘醇、异丙醇或二乙二醇丁醚中的两种或多种。上述溶剂具有较强的溶解能力，较高的挥发性，能使助焊剂中的有效成分完全溶解，使助焊剂性能更稳定，延长保质期。

产品应用　本品主要应用于导线搭接。

产品特性

（1）本品用于导线搭接的醇水混合基免清洗助焊剂，是专门针对导线的引线（如铜丝或细铁丝）与发光二极管的引脚相焊接而设计的助焊剂，能够有效地去除各类引线或引脚表面的氧化物和污物，提高了对不同器件组配的适应性，保证了足够的润湿性，焊接后焊点饱满，没有虚焊或假焊现象。

（2）本品用于导线搭接的醇水混合基免清洗助焊剂，与现有的助焊剂相比，具有更强的活性，pH值达到2.5～3.5，很好地解决了因活性强而腐蚀性强的问题。且本品助焊剂焊后活性物质大部分都能够挥发，焊后腐蚀性残留物较少，无需清洗，且焊后质量高，使用寿命长。

配方 **74**

用于铝低温软钎焊的免清洗固态助焊剂

原料配比

原料	配比（质量份）			
	1#	2#	3#	4#
羟乙基乙二胺氟硼酸盐	—	54.2	—	76.9
羟二乙基乙二胺己二酸盐	—	—	20.3	—
三乙烯四胺氟硼酸盐	76.5	—	—	—
三乙醇胺氢氟酸盐	—	30	—	—
二乙醇胺硬脂酸盐	11.5	—	—	—
乙二胺氟硼酸盐	—	—	54.1	—
氧化锌	6.5	6	3	6
氟化锌	—	3	3	8
氟化锡	—	—	9	—
氟硼酸亚锡	—	—	—	4
聚异丁烯	—	—	10	—

原料	配比（质量份）			
	1#	2#	3#	4#
聚乙二醇 2000	—	—	—	5
聚乙二醇 4000	5	—	—	—
聚乙二醇 6000	—	6	—	—
苯并三氮唑	0.5	—	—	—
改性肌醇六磷酸酯	—	0.8	—	—
咪唑啉	—	—	0.6	—
吡嗪类	—	—	—	0.1

制备方法

（1）以质量比计，将有机胺与酒精按（1:1）～（1:5）配制有机胺酒精溶液，将酸与酒精按（1:1）～（1:5）配制酸酒精溶液；

（2）将步骤（1）配制的酸酒精溶液逐步加入有机胺酒精溶液中，直至溶液 pH 值调整为 5～8，静置 24～48h 待其完全反应；

（3）将步骤（2）配制好的混合酒精溶液在搅拌和加热条件下去除酒精和水分，冷却到室温，得到有机胺酸盐的固态结晶物；

（4）将步骤（3）得到的有机胺酸盐的固态结晶物置于反应釜中，加热并保持加热温度在 105～115℃，直至有机胺酸盐的固态结晶物全部熔融；

（5）将金属成膜剂加入熔融的有机胺酸盐中，以 80～200r/min 持续搅拌 40～50min 直至混合均匀；

（6）将有机载体和缓蚀剂加入步骤（5）的熔融物中，加热并保持加热温度在 90～95℃，以 60～90r/min 的速度继续搅拌 20～30min；

（7）将步骤（6）所得混合物冷却到室温，得到用于铝低温软钎焊的免清洗固态助焊剂。

原料介绍

所述去膜活化剂为有机胺与酸的复合盐，其中，有机胺为乙醇胺、二乙醇胺、乙二胺、三乙醇胺、三乙胺、三乙烯四胺、3-丙醇胺、聚乙烯亚胺、羟乙基乙二胺、羟二乙基乙二胺、N,N-二甲基羟胺、N,N-二乙基羟胺、N,N-二甲基乙醇胺、N,N-二乙基乙醇胺中的一种或多种，所述的酸为己二酸、戊二酸、癸二酸、氟硼酸、氢氟酸、硬脂酸、氨基酸或水杨酸。

所述金属成膜剂为锡化合物和锌化合物中的一种或者多种。锡化合物为氧化锡、氟化锡、氧化亚锡、氟化亚锡、氟硼酸亚锡、氯化亚锡、二甲基锡和辛酸亚锡中的一种或多种。锌化合物为乙酸锌、硬脂酸锌、硫化锌、硫酸锌、氟硼酸锌、氟化锌、氧化锌、碳酸锌、氯化锌和溴化锌中的一种或多种。

所述有机载体为聚乙二醇 1000、聚乙二醇 2000、聚乙二醇 4000、聚乙二醇 6000、聚乙二醇 8000、聚乙二醇 10000、聚异丁烯、松香酸甘油酯、硬脂酸甘油酯、脂肪醇聚氧乙烯醚、OP-10 和甲氧基聚乙二醇中的一种或多种。

所述缓蚀剂为苯并三氮唑、咪唑啉、吡嗪类和改性肌醇六磷酸酯有机物中的一种。

产品应用　本品主要应用于铝及铝合金软钎焊。

产品特性

（1）本品采用有机胺与酸的中和物作为去膜活化剂和总体成分，在常温下呈固态，具有弱吸潮性，无腐蚀，性能稳定，在低温软钎焊温度下能充分发挥活性，有效去除氧化层，上锡速度快，焊接过程中产生无刺激性气体。

（2）本品添加少量的金属成膜剂，在焊接时能在铝材表层形成新的金属层，能促进液态钎料的润湿，提高焊点强度、耐电化学腐蚀性能。

（3）本品采用的载体为水溶性易挥发有机聚合物，焊后载体无残留，同时其它成分的焊后残留物在常温状态无腐蚀性，不会对焊点、电子元器件等造成腐蚀而导致失效，且免清洗。

（4）本品能在低温、中温实现对多种铝合金成分的焊接，助焊性能优良。

配方 **75**

用于铝及铝合金软钎焊的助焊剂及焊丝

原料配比

原料	配比（质量份）		
	1#	2#	3#
锡	15	30	16
银	1	3	2
铅	84	67	82
氟化锌	1.8	0.6	1.2
氟化亚锡	13.2	3.9	7.2
氟化铜	—	0.5	—
氟化铋	—	—	1.6
多羟基胺的氢氟酸盐	85	—	90
四羟基乙基乙二胺的氢氟酸盐	—	95	—

制备方法

（1）助焊剂的制备：将多羟基胺的氢氟酸盐、四羟基乙基乙二胺的氢氟酸盐投入反应釜，加热至110～130℃，待多羟基胺的氢氟酸盐、四羟基乙基乙二胺的氢氟酸盐完全熔化后，加入重金属氟化物活性剂，待重金属氟化物活性剂完全溶解后，搅拌，然后冷却凝固，即得助焊剂。

（2）用于铝及铝合金软钎焊的焊锡丝的制备：

①制备钎料合金：把锡、铅、银按比例称重，熔炼形成均匀的钎料合金，在320～380℃条件下浇铸成铸锭，得到钎料合金；

②合成焊锡丝：利用挤压机将助焊剂压入钎料合金作为内芯，将压入助焊剂的钎料合金冷却后辊轧、拉丝，制成所需直径的焊锡丝。

原料介绍　所述重金属氟化物活性剂选自氟化锌、氟化亚锡、氟化铋以及氟化铜中的至少任意两种的组合。

产品应用　本品主要应用于铝-铜接头的钎焊。

产品特性

（1）本品所提供的固态助焊剂摒弃了活性较差的氟硼酸盐，而采用了活性更高的全氟化物作为活性剂，同时为了能够溶解这种全氟化物，配合使用了高活性的多羟基胺的氢氟酸盐为基质，这种基质不仅起到了载体的作用，而且使助焊剂中完全不含无活性的充填物。

（2）本品助焊剂采用具有极强去除氧化膜能力和最高活性的全氟化物组合，提高了助焊剂的整体活性，在钎焊过程中，由于助焊剂中具有极高的氟离子相对含量，能迅速去除铝表面的氧化膜，而重金属氟化物在钎焊过程中被铝基材还原，析出呈液态的重金属并与母材合金化，最大程度地降低了熔态钎料与铝基材之间的界面张力，保证了助焊剂最大的活性。

（3）本品所提供的助焊剂在室温下呈固态，适合灌注于焊锡丝中作为药芯，在钎焊加热过程中熔化的助焊剂迅速铺展、覆盖并保护了接头和熔态钎料免于被氧化。

（4）本品采用锡、铅、银合金作为钎料。钎焊时，钎料中的银与铝发生固溶，在钎料同铝的界面处形成一层银铝固溶体，减缓了铝与钎料之间的电极电位差，大大提高了钎焊接头的抗腐蚀性。

配方 76

用于铅酸蓄电池极群自动焊接的有机水性助焊剂

原料配比

原料	配比（质量份）		
	1#	2#	3#
丁二酸	20	40	—

原料	配比（质量份）		
	1#	2#	3#
己二酸	20	—	40
聚乙二醇 1000	10	—	5
聚乙二醇 1500	—	—	5
甘油	10	20	5
十四醇	—	10	10
醋酸丁酯	—	5	2
三甘醇	10	—	—
己二酸二甲酯	2	—	3
戊二酸二甲酯	2	—	—
FSN	0.5	0.5	0.5
二溴丁烯二醇	5	5	5
苯并三氮唑	1	1	1
去离子水	20.5	13.5	23.5

制备方法　在常温下，将溶剂加入带搅拌的不锈钢釜中，开启搅拌机，按比例加入其他固体原料，进行搅拌，直到所有固体溶解为止，停止搅拌，200 目筛过滤，灌装即可得本产品。

原料介绍

有机酸活化剂为丁二酸、己二酸，可选其中的一种或两种的组合。这些有机酸有足够的活性，且高温能分解和挥发，无残留。

高沸点溶剂为聚乙二醇 1000、聚乙二醇 1500、甘油、三甘醇、十四醇，可选其中的一种或多种。这些溶剂有足够的耐温性，保护极板的板耳，且高温能分解和挥发，无残留。

润湿剂为醋酸丁酯、己二酸二甲酯、戊二酸二甲酯，可选其中的一种或多种。这类物质可以提高润湿力，保证极板板耳和汇流排焊接牢固。

表面活性剂为 FSN，可以加强溶剂的混合均一和溶解，同时可以提高润湿力。

活性增强剂为二溴丁烯二醇，可以提高有机酸的活化效果。

缓蚀剂为苯并三氮唑，可以保证产品不被腐蚀，便于长期保存。

本品根据使用环境的要求可适当加入阻燃剂。

产品应用　本品主要应用于铅酸蓄电池极群自动焊接。

本品助焊剂的使用方法：采用毛刷刷适量到干净的极板板耳上，再按蓄电池的焊接工艺进行焊接，即可得焊接效果较好的极群。

产品特性 本品采用高活性有机酸和活性增强剂，焊接效果较好，同时采用一定比例的润湿剂和表面活性剂，使极板和汇流排焊接爬坡效果较好，焊接牢固，延长了电池的使用寿命，另外，所选用的活化剂、润湿剂、溶剂等在焊接温度下都可挥发或分解成二氧化碳和水蒸气，基本无残留，无毒，符合环保及蓄电池工艺标准要求，是一种高性能环保型助焊剂。

本品具有焊接能力强、润湿性好、无腐蚀和残留，且价格低、配制方法简单的特点。

用于铁质焊件的助焊剂

原料配比

原料	配比		
	1#	2#	3#
邻氯苯乙酸	30g/L	—	—
对羟基苯乙酸	—	20g/L	—
间苯二甲酸	—	—	50g/L
羟基乙酸	2（体积份）	—	—
乙酸	—	1（体积份）	5（体积份）
丙二醇改性聚合物	8（体积份）	5（体积份）	10（体积份）
分子量为6万的脂肪醇聚氧乙烯醚	35（体积份）	—	—
分子量为4万的脂肪醇聚氧乙烯醚	—	20（体积份）	50（体积份）
丙二醇	加至1L	—	加至1L
异丙醇	—	加至1L	—

制备方法 在常温下，将低碳醇类有机溶剂，加入干净的带搅拌的搪瓷釜中；将有机酸类活化剂，在搅拌下加入低碳醇类有机溶剂中，搅拌至固体物质完全溶解；然后依次加入低分子有机单酸类助活性剂、丙二醇改性聚合物和脂肪醇聚氧丙烯醚，继续搅拌至混合均匀，停止搅拌，静置过滤即为产品。

原料介绍

所述丙二醇改性聚合物为丙二醇：乙二醇按3:1的比例聚合，分子量为1000～1200。

所述有机酸类活化剂为邻氯苯乙酸、间苯二甲酸、水杨酸、硬脂酸、对苯二甲酸、对羟基苯乙酸、吲哚乙酸，可选其中的一种或多种。此类活化剂有足够的助焊活性，同时在焊接温度下能够分解、升华或挥发，使插针针脚焊后无残留，无腐蚀。

所述低分子有机单酸类助活化剂为甲酸、乙酸、羟基乙酸、羟基丙酸，可选其中的一种或多种，此类助活化剂可有效去除金属基材表面的氧化层，同时在焊接温度下能够分解、升华或挥发，使插针针脚焊后无残留，无腐蚀。

所述脂肪醇聚氧乙烯醚的分子量优选范围为 4 万～8 万。

所述低碳醇类有机溶剂为乙醇、异丙醇、丙二醇、乙二醇、丙三醇，可选其中的一种或多种。

产品应用　本品主要应用于铁质焊件的焊接工艺。

本品用于铁质焊件的助焊剂适用焊接温度最高为 450℃。

产品特性　铁质焊件的铅锡涂层光亮、平滑，端口上锡饱满；无露基材和连锡现象；焊后清洗简便，只需先用清水，再用去离子水进行清洗，表面离子残留含量即可达标；不会发生铅锡合金保护层受侵蚀发蓝的情况；不会对操作人员和环境造成不良影响。

配方 **78**

用于铜线处理的免清洗助焊剂

原料配比

原料	配比（g/L）				
	1#	2#	3#	4#	5#
异丙醇	60	120	90	80	100
乙二醇	60	120	90	80	100
氧化聚乙烯蜡	2	6	4	3	5
戊二酸	2	6	4	3	5
四乙二醇二甲醚	2	6	4	3	5
氢化松香	60	120	90	80	100
棕榈酸乙酯	30	60	45	40	50
苯并三氮唑	2	6	4	3	5
月桂醇聚氧乙烯醚	2	6	4	3	5
氯化钙	2～6	6	4	3	5
甲醇	60	120	90	80	100
乙二胺	2	6	4	3	5
水	加至 1L	加至 1L	加至 1L	加至 1L	加至 1L

制备方法 将各组分混合均匀即可。

产品应用 本品主要应用于铜线处理。

产品特性 本品不含卤素，可焊性好，固体含量低，焊后残留物少，无须清洗，绝缘电阻高，使用去离子水作溶剂，可以完全地避免VOCs物质，是环保型助焊剂，且完全不会燃烧。本品性能优良，并可以克服现有助焊剂的缺点，也更符合环保的要求。

配方 **79**

高档线路板用助焊剂

原料配比

原料	配比（质量份）
聚乙二醇	70
乙醇	6.2
酚醛树脂	20
丙二酸	0.3
盐酸盐	0.2
苯并三氮唑	0.1
十六烷基溴化铵	0.1
磷酸酯	0.3
油醇聚氧乙烯醚	0.8
硝基甲烷	0.3
硝基乙烷	0.3
二乙二醇单乙醚	0.4
烷基酚聚氧乙烯醚	0.1~1
盐酸	加至100

制备方法 将各组分混合均匀即可。

产品应用 本品主要应用于高档线路板的波峰焊喷及手工焊工艺。

产品特性 本品安全稳定，不易分解，难燃烧，助焊能力强，发泡性能好，不含卤素，非常适合高品质的热风整平线路板，适合保质期内的裸铜板焊接，适用于双面板、多面板及贴插混装线路板的焊接。它是一种较理想的免清洗助焊剂。

与无铅钎料配套使用的助焊剂

原料配比

原料	配比（质量份）		
	1#	2#	3#
丁二酸	2.79	2.79	5.39
己二酸	0.86	—	1.67
衣康酸	—	0.86	—
三乙醇胺	0.23	0.23	0.23
OP-10	0.71	0.71	0.91
OP-4	—	—	0.11
CAB	0.36	0.4	—
丙烯酸树脂	0.23	0.23	0.23
苯并三氮唑	0.05	0.05	0.06
乙二醇	10.52	—	—
二甘醇	—	11.84	—
乙醇	84.25	82.89	91.4

制备方法 将有机酸活化剂、所述有机胺活化剂、所述表面活性剂、所述成膜剂、所述缓蚀剂完全溶解于所述复配醇类溶剂中。

原料介绍

所述的有机活化剂包括有机酸活化剂和有机胺活化剂，其中，所述有机酸活化剂选自丁二酸、己二酸、戊二酸、癸二酸、顺丁烯二酸、丙烯酸、衣康酸、柠檬酸、DL-苹果酸和乳酸中的任意一种或几种；所述有机胺活化剂为三乙醇胺和/或 N-甲基二乙醇胺。

有机酸含有羧基活性官能团，在溶剂中产生游离的 H^+，与母材和焊料表面的氧化物发生化学反应，达到去除氧化膜、增加润湿性的目的，是活性较高的活化剂。有机胺活性较弱，在助焊剂中的主要作用是调节 pH 值、降低腐蚀性。

所述的表面活性剂选自烷基酚聚氧乙烯醚、壬基酚聚氧乙烯醚、椰子油酰胺丙基甜菜碱（CAB）、丁二酸二辛酯磺酸钠中的任意一种或几种。所述烷基酚聚氧乙烯醚为 OP-10 和 OP-4，所述壬基酚聚氧乙烯醚为 TX-10。表面活性剂的主要作用是增加助焊剂的润湿性能，将上述不同类型的表面活性剂复配使用，能够产生加和增效作用，有效地提高助焊剂的最大润湿力，缩短润湿时间。

所述的成膜剂选自丙烯酸树脂、乙酸异戊酯、聚乙二醇 600、乙二酸二甲酯、聚丙烯酰胺和苯甲酸乙酯中的任意一种或几种。加入成膜剂能在焊点表面形成一层有机膜，防止钎料及基底材料被再次氧化，还具有防腐蚀性和电气绝缘性。

所述的缓蚀剂为苯并三氮唑（BTA）和/或甲基苯并三氮唑（TTA）。缓蚀剂的主要作用是抑制助焊剂对金属的腐蚀作用。

所述的醇类溶剂由低沸点醇类溶剂和高沸点醇类溶剂复配制成。低沸点醇类溶剂选自乙醇、异丙醇。高沸点醇类溶剂选自乙二醇、丙三醇、己二醇、二甘醇、2-乙基-1,3-己二醇中的一种或几种。溶剂的主要作用是溶解助焊剂中的活性成分，起载体作用。将低沸点的乙醇和/或异丙醇与一种或几种高沸点醇类溶剂配合使用，可保证在整个焊接温度范围内有溶剂载体存在。其中低沸点溶剂为溶剂体系的主要组成，其作用是溶解助焊剂中的各种成分，形成均相溶液。在焊接过程中，要求低沸点溶剂成分迅速挥发，以免与熔融焊料接触而引起飞溅。同时，在焊接温度下，少量高沸点溶剂的存在继续承担载体作用，保证了助焊剂中的各种成分在焊接区域的均匀分散，使助焊剂的活性尤其是高温活性充分发挥。

产品应用　本品主要应用于 Sn-Ag-Cu 系无铅钎料的波峰焊和手工浸焊工艺。

产品特性　本品得到的焊点满足《电子组装件外观质量验收条件的标准》。

三

树脂系列
助焊剂

Sn-Ag-Cu 无铅钎料用松香型膏状助焊剂

原料配比

原料	配比（质量份）					
	1#	2#	3#	4#	5#	6#
丁二酸	7	—	5.6	—	4	—
壬二酸	7	—	—	—	—	—
戊二酸	—	6	—	—	—	—
己二酸	—	—	—	—	4	—
顺丁烯二酸	—	8	—	—	—	—
乳酸	—	—	7	—	2	2
硼酸	—	—	7.4	—	—	—
柠檬酸	—	—	—	10	—	9.6
丙烯酸	—	—	—	—	—	6.4

原料	配比（质量份）					
	1#	2#	3#	4#	5#	6#
DL-苹果酸	—	—	—	8	—	—
TX-10	4	—	—	4	3	—
OP 乳化剂	—	4	2	—	—	5
丙三醇	15	—	18	—	—	—
己二醇	—	15	—	—	—	—
二甘醇	—	—	—	16	—	—
2-乙基-1,3-己二醇	—	—	—	—	24	20
二甘醇乙醚	20	—	18	—	15	—
辛醚	—	—	—	—	—	14
二乙二醇丁醚	—	15	—	—	—	—
二乙二醇己醚	—	—	—	16	—	—
氢化蓖麻油	14	15	12	15	12	10
聚乙二醇 400	7	—	5	10	—	—
聚乙二醇 600	—	10	—	—	6	4
三乙胺	2	1	—	—	2	—
三乙醇胺	—	—	2	2	—	0.5
聚合松香	24	—	13	—	22	—
全氢化松香	—	26	10	—	—	24
水白松香	—	—	—	20	—	—
松香 KE-604	—	—	—	—	6	4

制备方法

（1）按上述配比称取活化剂、非离子表面活性剂、溶剂、防沉剂、成膏剂、缓蚀剂和改性松香；

（2）将改性松香和溶剂的混合物于 140～180℃加热溶化后，加入活化剂，搅拌均匀，继续加热溶解后，降温至 80～100℃，加入非离子表面活性剂、防沉剂、成膏剂和缓蚀剂，搅拌至溶解，静置冷却至室温即得 Sn-Ag-Cu 无铅钎料用松香型膏状助焊剂。

原料介绍

所述的活化剂选自一元羧酸、二元羧酸、三元羧酸或无机酸中的一种或多种。所述的一元羧酸优选乳酸；所述的二元羧酸选自丁二酸、戊二酸、壬二酸、己二酸、顺丁烯二酸或 DL-苹果酸；所述的三元羧酸优选柠檬酸；所述的无机酸优选硼酸。本品所选用的活化剂可在溶剂中电解释放 H^+，与母材和焊料表面的氧化物反应，去除氧化膜，达到增大润湿性的目的。

所述的非离子表面活性剂为辛基酚聚氧乙烯醚（TX-10）或异辛基酚聚氧乙烯醚（OP 乳化剂）中的一种。此类表面活性剂不易挥发，可降低印制电路板（PCB）表面和熔融焊料合金之间的界面张力，增强润湿力，借此提高助焊剂的助焊性能，从而减少焊剂球和焊剂桥的形成。

所述的溶剂为至少一种多元醇和至少一种醚类的混合物。所述的多元醇选自丙三醇、己二醇、二甘醇、2-乙基-1,3-乙二醇；所述的醚选自二甘醇乙醚、二乙二醇丁醚、二乙二醇己醚、辛醚。本品所选用的溶剂均为高沸点溶剂，可有效提高助焊剂的熔点和耐干性能，延长了使用寿命。

所述的防沉剂为氢化蓖麻油。添加防沉剂的作用是增强助焊剂流体的切力变稀行为，改善其印刷性能，避免发生坍塌现象。

所述的成膏剂选自聚乙二醇 400、聚乙二醇 600。所述的缓蚀剂为有机胺类缓蚀剂，可选用三乙胺或三乙醇胺中的一种。缓蚀剂起氧化抑制作用，可减少助焊剂对印制板的腐蚀。

所述的改性松香为聚合松香、氢化松香、全氢化松香、水白松香和松香 KE-604 中的一种或多种的混合物。本品所选用的改性松香结构稳定、不易结晶、耐热氧化、酸值低，有利于提高助焊剂的性能使其稳定，同时改性松香在常温下呈固态，不电离，钎焊后，形成气密性好、透明的有机薄膜，可将焊锡点包裹起来，隔离金属与大气和其他腐蚀性介质，具有良好的保护性能。

产品应用 本品主要应用于 Sn-Ag-Cu 无铅钎料。

产品特性

（1）本品助焊剂润湿性能优越；

（2）本品助焊剂活化温度适当；

（3）本品助焊剂不含卤素，残留少，符合环保要求。

配方 **2**

SnZn 系无铅钎料用助焊剂

原料配比

原料	配比（质量份）		
	1#	2#	3#
三氯化铋	0.05	1	0.8
天然松香	60	30	—

原料	配比（质量份）		
	1#	2#	3#
氢化松香	—	15	—
聚合松香	—	—	45
表面活性剂 FSN	1	0.8	0.8
苯并三氮唑	0.01	1.5	1.5
无水乙醇	38.94	51.7	51.9

制备方法

（1）将 $BiCl_3$、松香、FSN、苯并三氮唑称量好，并放入烧杯中；

（2）将按比例称量好的溶剂无水乙醇加入烧杯中，密封，在常温下使固体原料充分溶解；

（3）用孔径 1.5μm 的过滤机过滤掉杂质后即为助焊剂产品。

原料介绍

活化剂是助焊剂中重要的组成部分，是为了提高助焊能力而在焊剂中加入的活性物质。活化剂的活性是指它与焊料和被焊材料表面氧化物起化学反应以便清洁金属表面和促进润湿能力，主要是起提高基板和钎料活性有利于钎焊的作用。本品中活化剂选用三氯化铋（$BiCl_3$）。$BiCl_3$ 的含量达到 0.05% 即有活化效果，如超过 6%，SnZn 钎料的铺展率太高，焊点不成形，且卤族元素含量也随之提高。所以所述助焊剂中 $BiCl_3$ 的含量控制在 6% 以内，卤族元素含量符合国家标准。

成膜剂能在焊接后形成一层致密的有机膜，保护了焊点和基板，具有防腐蚀性和优良的电气绝缘性。成膜剂的常用物质是松香，松香同时也作为助焊剂的基体，由于松香具有弱酸性和热熔流动性，并具有良好的绝缘性、耐湿性、无腐蚀性、无毒性和长期稳定性，是不多得的助焊材料。所述的助焊剂中松香可以是天然松香、氢化松香、聚合松香、歧化松香等改性松香中的一种或多种的组合。考虑到成本，天然松香即可满足要求，如要求更好的助焊效果，可以选择除天然松香外的其他几种改性松香。助焊剂中松香含量低于 30%，形成的保护膜不足以保护焊点和基板；如超过 60%，将超出溶剂的溶解度，使部分松香不能溶入助焊剂，发挥不了应有的作用。

表面活性剂的作用是降低液态钎料的表面张力和被焊金属的表面能，增强润湿性，提高助焊效果。所述助焊剂中的表面活性剂选择 FSN（非离子氟表面活性剂），其用量为助焊剂的 0.1%～1%。如低于 0.1% 起不到表面活性剂的效果，由于表面活性剂不易挥发，含量超过 1% 易造成焊后残余产物过多，清洗困难。

缓蚀剂的作用是能保护印制板和元器件引线，既具有防潮、防霉、防腐蚀性能，又保持了优良的可焊性。所述助焊剂选择苯并三氮唑为缓蚀剂，其用量为助焊剂的0.01%～2%。如含量低于0.01%起不到缓蚀的效果，含量超过2%易影响助焊剂其他成分的效果。

溶剂是将助焊剂中的各种固体成分溶解在一起，使之成为均相溶液。溶剂的特性要求：（1）对助焊剂中各种固体成分均具有良好的溶解性；（2）常温下挥发程度适中，在焊接温度下迅速挥发；（3）气味小，毒性小。本助焊剂的溶剂选择无水乙醇，无水乙醇具备上述特性，而且价格便宜、无毒，能将松香、活化剂等其他成分均匀地溶解在一起，有利于配制成液态助焊剂。

由于本品各成分的匹配关系充分发挥了助焊剂中各种成分的作用，因而获得了SnZn钎料在Cu板上达到76%的铺展率，超过了商用助焊剂RMA钎焊SnAgCu钎料68%的铺展率。而SnAgCu钎料是公认的润湿性好的无铅钎料，并且钎焊后的焊点光亮，成形性好。

产品应用　本品主要应用于电子封装领域用SnZn系无铅钎料的钎焊。

产品特性　本品卤素含量低，可使SnZn钎料润湿性提高，铺展率达到76%以上，可以解决SnZn钎料润湿性差，铺展率低于65%的钎焊问题。

配方 **3**

ZnSn系无铅钎料用松香基助焊剂

原料配比

原料		配比（质量份）		
		1#	2#	3#
松香		20	40	30
有机溶剂①	异丙醇	45	—	—
	乙醇	—	—	50
	丙三醇	—	50	—
有机酸活化剂		5	1	3
缓蚀剂		1	0.01	2
表面活性剂		0.1	1	0.5
有机溶剂②	异丙醇	28.9	—	—
	丙三醇	50	7.99	14.5

制备方法

（1）常温下，将松香放入烧杯中，然后加入有机溶剂①，搅拌溶解，备用；

（2）将有机酸活化剂、缓蚀剂和表面活性剂放入另一烧杯中，然后在其中加入有机溶剂②，搅拌溶解，备用；

（3）将步骤（1）制得的溶液和步骤（2）制得的溶液混合，搅拌均匀后，静置即为成品。

原料介绍

所述的有机溶剂为异丙醇、丙三醇、乙醇中的一种或几种的组合。

所述的有机酸活化剂选自丁二酸、己二酸、癸二酸、L-精氨酸、壬二酸、庚二酸、苹果酸、琥珀酸中的一种或多种的组合，其对于混合比例无限定要求。

所述的缓蚀剂为三乙胺和苯并三氮唑中的一种或两种的组合，两种混合时对混合比例无限定要求。

所述的表面活性剂为 OP 系列活性剂、氟代脂肪族聚合醚、丁二酸二乙酯磺酸钠、十六烷基三甲基溴化铵和季铵氟烷基化合物中的一种或多种的组合，优选 OP 系列活性剂和氟代脂肪族聚合醚中的一种或多种的组合，多种混合时对混合比例无限定要求。

产品应用　本品主要应用于 ZnSn 系钎料。

产品特性　本品为液状，与以往的添加成膏剂的 ZnSn 系无铅钎料用松香基助焊剂相比，具有以下优势：

（1）不含卤素，固体含量低，无黏性，无腐蚀性，绝缘电阻高；

（2）对 ZnSn 系钎料润湿力强，焊后残留物少，可有效地去除金属氧化膜，其扩展率≥75%，具有成膜和保护基材的作用且制备方法简单易行；

（3）各项指标包括外观、物理稳定性、酸度、黏性、卤化物含量、不挥发物含量、铜板腐蚀性、铺展率等均达到国家标准要求，具有良好的焊接效果。

 配方 **4**

变压器引脚助焊剂

原料配比

原料	配比（质量份）				
	1#	2#	3#	4#	5#
复配松香	50	35	48	37	45
异丙醇	27	23	25	24	23
醋酸丁酯	3	9	8	8	6
卡必醇	12	16	13	15	14
甘油	1	5	2	4	3

原料	配比（质量份）				
	1#	2#	3#	4#	5#
苹果酸	2	8	3	5	6
硬脂酸	5	—	—	3	—
聚酰胺改性蓖麻油	—	—	1	—	3
聚氧乙烯蓖麻油	—	1	—	—	—

制备方法

（1）取复配松香、异丙醇、醋酸丁酯、卡必醇、甘油、苹果酸、触变剂；

（2）将所述异丙醇、卡必醇混合均匀之后加热至70～75℃，边搅拌边加入所述复配松香，恒温搅拌20～30min；

（3）向步骤（2）所得的溶液中加入所述苹果酸、甘油，加热至80～85℃，充分搅拌直到完全溶解；

（4）向步骤（3）所得的溶液中边搅拌边加入所述醋酸丁酯、触变剂，充分搅拌直到完全溶解即可。

原料介绍　所述触变剂采用硬脂酸、聚氧乙烯蓖麻油或聚酰胺改性蓖麻油。

产品应用　本品主要应用于空调变压器。

产品特性　本品采用复配松香作为成膜物质，选用异丙醇和卡必醇作为溶剂，产品黏度、润湿性、坍塌性好；本品助焊剂助焊性好，润湿效果好，甘油降低了镀锡时锡液的表面张力，减少了阻力，提高了活性。

配方 5

表面贴装技术焊锡膏用助焊剂

原料配比

原料	配比（质量份）					
	1#	2#	3#	4#	5#	6#
白凡士林	30	40	30	40	30	40
溶剂二乙二醇甲醚	10	10	—	—	—	—
溶剂二乙二醇乙醚	—	5	—	5	—	10
溶剂乙醚	—	—	—	—	10	5
溶剂乙二醇单丁醚	—	—	10	10	—	—
高分子树脂聚乙二醇	3	—	—	—	3	—

原料	配比（质量份）					
	1#	2#	3#	4#	5#	6#
高分子树脂聚乙烯	—	5	—	—	—	5
高分子树脂聚丙烯	—	—	—	7.5	—	—
高分子树脂丙烯酸树脂	—	—	3	—	—	—
活化剂柠檬酸	3	7	3	7	—	10
活化剂戊二酸	—	—	—	—	5	—
活化剂苹果酸	2	3	2	3	—	—
缓蚀剂苯并三氮唑	0.05	0.05	0.05	0.05	0.05	0.05
表面活性剂 OP-10	1	1	1	1	1	1

制备方法

（1）在装有搅拌器、冷凝管、温度计的四口烧瓶中，加入凡士林，60～70℃搅拌 20～30min，当其变成澄清透明液体后加入溶剂，继续搅拌 10～20min，混合均匀；

（2）加入高分子树脂 100～150℃搅拌 60～120min，使其完全溶解后降温至 60～70℃；

（3）加入活化剂、缓蚀剂和表面活性剂，在 60～70℃搅拌 30～60min，混合均匀；

（4）倒入容器，冷却到室温后将容器封口，并置入温度为 1～10℃的冷藏室，冷藏 24h 后制成助焊剂，备用。

原料介绍

所述的凡士林为白色、无嗅，具有拉丝性质的软膏状白凡士林。

所述的高分子树脂为聚乙烯、聚丙烯、聚乙二醇和丙烯酸树脂中的一种。

所述的活性剂为丁二酸、戊二酸、己二酸、癸二酸、柠檬酸和苹果酸中的一种或多种的混合物。

所述的溶剂为乙醚、乙二醇单甲醚、乙二醇单丁醚、二乙二醇乙醚和二乙二醇甲醚中的至少两种。

所述的缓蚀剂为苯并三氮唑。

所述的表面活性剂为壬基酚聚氧乙烯醚（OP-10）化合物。

产品应用 本品主要应用于电子产品表面贴装。

产品特性

（1）产品采用白凡士林作为助焊剂的载体成分，可以提高焊锡膏的抗冷塌性，并可改善焊锡膏的印刷性。

（2）产品采用高分子树脂作为助焊剂的辅助载体成分，可以提高焊锡膏的抗热塌性。

（3）采用焊锡膏焊接后残留物少，颜色淡并透明，不必清洗，焊点光亮。

低固含量水基型无铅焊料用助焊剂

原料配比

原料	配比（g/L）				
	1#	2#	3#	4#	5#
氢化松香	0.1	0.5	25	40	50
乙醇胺	0.001	0.01	0.5	3	5
聚乙烯吡咯烷酮	1	5	50	80	100
水	加至 1L	加至 1L	加至 1L	加至 1L	加至 1L

制备方法　将氢化松香加入水中，接着加入乙醇胺，使氢化松香完全溶解，最后加入聚乙烯吡咯烷酮。

产品应用　本品主要应用于电子元器件与印制电路板。

产品特性　本品具有可焊性良好，并且不使用有机溶剂的优点。

低固含量无卤助焊剂

原料配比

原料	配比（质量份）	
	1#	2#
工业酒精	80	—
无水乙醇	—	119
二乙二醇丁醚	10	—
乙二醇丁醚	—	7
正十一碳二元酸	3.2	—
正十二碳二元酸	—	1.7

原料	配比（质量份）	
	1#	2#
正十五碳二元酸	2.2	—
十三碳二元酸	—	3
马来海松酸	—	4.4
巯基噻唑	0.5	—
苯并三氮唑	—	0.6
4,4′-亚甲基-双-2,6-二叔丁基酚	—	0.7
特丁基对苯二酚	0.2	—
聚醚表面活性剂	0.5	0.7
松香树脂成膜剂	5	4.2

制备方法 在搅拌的条件下依次将各组分加入有机溶剂中，继续搅拌待各组分溶解后，停止搅拌，过滤即可得产品。

原料介绍

有机活化剂为有机二元酸或有机三元酸中的一种或几种。所述的有机二元酸为 C_{11}～C_{18} 的正长链二元酸及其异构体；所述的有机三元酸为马来海松酸或 C_4～C_{18} 烯基酸与顺丁烯二酸酐合成的三元酸。

缓蚀剂为巯基噻唑、苯并三氮唑、萘并三唑及其衍生物中的一种或几种。

抗氧化剂为 4,4′-亚甲基-双-2,6-二叔丁基酚、特丁基对苯二酚、高分子量醇酯和二苯胺类抗氧化剂中的一种或几种。

产品应用 本品主要应用于电子工业 PCB 焊接。

产品特性 焊接性能好。

配方 **8**

低含量改性松香型无卤助焊剂

原料配比

原料	配比（质量份）				
	1#	2#	3#	4#	5#
DL-苹果酸	2.25	2	4.5	4	5.4
丁二酸	4.5	2	4.5	8	—
己二酸	—	8	9	12	—

原料	配比（质量份）				
	1#	2#	3#	4#	5#
戊二酸	2.25	—	—	—	10.8
苯甲酸	—	—	—	—	10.8
吐温20	2	—	—	—	—
吐温60	—	1	—	—	—
司盘20	—	—	2	—	—
司盘60	3	3	1	4	0.6
司盘80	—	—	—	—	0.4
苯并三氮唑	0.01	0.01	0.1	—	0.05
三乙胺	—	0.02	0.1	1	0.05
对苯二酚	0.1	—	—	0.2	0.5
特丁基对苯二酚	—	0.25	—	—	0.5
2,5-二特丁基对苯二酚	—	—	0.15	—	—
乙烯基双硬脂酰胺	4	1	—	4	2
聚丙烯酰胺3000000	—	1	—	—	—
聚乙二醇2000	—	—	2	—	1.5
水白松香	3	3	—	2	—
无铅松香	—	3	—	—	0.7
聚合松香	2	—	4	—	0.3
歧化松香	—	—	4	—	—
无水乙醇	12.8	12.61	17	10.7	—
硝基乙烷	25.6	—	34.43	10.7	13.4
四氢糠醇	25.67	37.87	17.22	43.4	39.56
二乙二醇单乙醚	12.82	25.24	—	—	13.44

制备方法　在常温下先将有机溶剂置于带有搅拌器的反应釜中，缓慢加热到30～50℃，边搅拌边加入改性松香直至完全溶解，然后加入有机酸活化剂、表面活性剂、缓蚀剂、抗氧化剂和成膜剂，不断搅拌使全部组分完全溶解，混合均匀后停止搅拌，静置，即得本助焊剂产品。

原料介绍

所述的有机酸活化剂为DL-苹果酸、丁二酸、戊二酸、己二酸和苯甲酸中的至少两种。

所述的表面活性剂为吐温20、吐温60、司盘20、司盘60和司盘80中的至少一种。

所述的缓蚀剂为苯并三氮唑（BTA）和三乙胺中的至少一种。

所述的抗氧化剂为对苯二酚、特丁基对苯二酚（TBHQ）和2,5-二特丁基对苯二酚（DBHQ）中的至少一种。

所述的成膜剂为乙烯基双硬脂酰胺、聚丙烯酰胺3000000和聚乙二醇2000中的至少一种。

所述的改性松香为水白松香、聚合松香、无铅松香和歧化松香中的至少一种。

所述有机溶剂为无水乙醇、硝基乙烷、四氢糠醇和二乙二醇单乙醚中的至少两种。

产品应用　本品主要应用于电子、电工、印制电路板、家用电器等电子组件的焊接和组装。将本助焊剂通过挤压机压入锡线中，然后通过拉丝机可拉出各种规格的无铅焊锡丝。

产品特性

（1）含有较少量的松香，焊后残留物少，无腐蚀性，有效地克服了以往产品中的不良现象，无需清洗松香残留物，降低了生产成本。

（2）不含卤素离子，不会引起电气绝缘性能下降，以及产生短路等电子器件失效的问题。

（3）所用的改性松香为水白松香、聚合松香、无铅松香和歧化松香中的一种或多种的混合物。这类松香结构相对稳定，在常温下呈固态，不电离，钎焊后气密性好，可形成透明的有机薄膜，将焊点包裹起来，很好地解决了助焊剂的活性和腐蚀性的矛盾问题。

（4）采用不同沸点的混合醇作为有机溶剂，不会形成光化学烟雾，不会造成空气污染，安全性好。

配方 **9**

低挥发性高松香助焊剂

原料配比

原料	配比（质量份）									
	1#	2#	3#	4#	5#	6#	7#	8#	9#	10#
松香	60	50	68	65	50	58	60	58	62	56
二硫化碳	37	42	31.85	32	45	40	36	38	35	40
四氢糠醇	1	3	0.1	1.5	1	1	1	2	0.5	1
三乙二醇丁醚	2	5	0.05	1.5	4	1	3	2	2.5	3

制备方法

（1）将二硫化碳、四氢糠醇和三乙二醇丁醚加入带有搅拌功能的反应釜中；

（2）再往反应釜中加入松香；

（3）充分搅拌至松香完全溶解，混合物为呈棕黄色、密度为（0.96±0.02）g/cm³的液体。

产品应用 本品主要应用于变压器脚、电杆脚焊接。

产品特性 本助焊剂松香含量高，能有效清除焊接表面的油污、尘埃、汗迹等阻焊物质，高效防止焊接处被空气氧化，具有优异的助焊活性，能满足焊接质量要求高的变压器及其类似电子产品的质量需求。采用二硫化碳、四氢糠醇和三乙二醇丁醚以适当的比例混合形成有机混合溶剂而不采用低沸点的醇类、苯类有机物作溶剂。混合溶剂沸点较高，溶剂不易挥发，减少补充溶剂的次数，降低生产成本，提高工作效率。本品低挥发性高松香助焊剂上锡速度快，而且上透到焊接端子的根部，将焊接端子完全包裹避免焊接端子发黑现象。此外，本品不使用酸、碱类物质作活化剂，腐蚀性小，可延长焊接后的电子产品的使用寿命。本品具有优异的助焊活性，同时，挥发性低、上锡迅速快、腐蚀性小、锡点质量好、引线丰满、易清洗等。

配方 10

低温无卤低固含量无铅焊锡用助焊剂

原料配比

原料	配比（质量份）
活化剂	15
松香	8
表面活性剂	2
抗氧化剂	0.05～0.1
有机胺	6
有机溶剂	加至100

制备方法 在常温下，将有机溶剂加入干净的带搅拌的搪瓷釜中，先加入难溶原料，搅拌0.5h，依次加入其它原料，继续搅拌1h至全部溶化，混合均匀，停止搅拌，静置过滤即为助焊剂成品。

原料介绍

所述活化剂组成为无水柠檬酸40～57份、水杨酸7～14份、乳酸0.7～3.6份和 DL-苹果酸 36~43 份。

所述表面活性剂为吐温 60 和司盘的复配物，其中司盘与吐温的质量比小于等于 1/2。所述司盘包括司盘 60 和司盘 80 中的一种或两种的混合物。

所述有机胺为单乙醇胺、二乙醇胺、三乙醇胺中的一种或两种以上的混合物。

所述抗氧化剂为特丁基对苯二酚。

所述有机溶剂采用乙二醇、二乙二醇乙醚、硝基乙烷、四氢糠醇和丙二醇的混合溶剂，且它们的质量配比设置为 2：1：1：2：11。

产品应用　本品主要应用于电子元器件。

产品特性

（1）通过选择分解温度低但沸点不超过焊接温度和沸点接近焊接温度的混合酸来弥补单一活化剂的缺点，增强活化剂的铺展效果；通过设定抗氧化剂、表面活性剂、有机胺和有机溶剂的组分选择及其含量设计出一种低温无卤低固含量的无铅焊锡用助焊剂，具有良好的物理稳定性和提高焊料铺展率的性能。

（2）与普通的低温无卤低固含量无铅焊锡用助焊剂相比具有环保、稳定和提高焊料铺展率的性能，还易于操作，便于广泛推广。

配方 11

低温无铅焊锡膏用助焊剂

原料配比

表 1　助焊膏

原料	配比（质量份）					
	1#	2#	3#	4#	5#	6#
改性松香	250	350	250	—	—	—
酯化松香	110	—	110	—	—	—
水白松香	—	—	—	120	110	250
685 酯化松香	—	—	—	245	250	110
丙烯酸树脂	20	60	20	20	20	18
2-乙基-1,3-己二醇	276	276	276	176	170	172
二乙二醇单丁醚	80	70	80	—	—	—
二乙二醇单己醚	—	—	—	180	180	174
氢化蓖麻油	30	25	30	—	—	—
改性氢化蓖麻油	—	—	—	40	40	40
乙烯基双硬酯酰胺	40	40	40	—	—	—

原料	配比（质量份）					
	1#	2#	3#	4#	5#	6#
硬脂酸酰胺	—	—	—	30	30	30
氢醌	4	4	4	4	4	4
苯并三氮唑	30	30	30	—	—	—
苯并咪唑	—	—	—	10	10	10
高温抗氧剂A	80	70	80	100	100	95
丁二酸	25	20	25	22	22	22
己二酸	20	20	20	20	20	20
癸二酸	10	10	10	—	—	—
硬脂酸	—	—	—	10	10	10
二苯胍盐酸盐	15	15	15	—	—	—
环己胺盐酸盐	—	—	—	18	18	18

表2　助焊剂

原料	配比（质量份）			
	1#	2#	3#	4#
助焊膏	111	115	106	110
Sn-Ag-Bi 锡粉（25～45μm）	890	855	894	890

制备方法　将助焊膏的各组分在90℃混合制备成助焊膏，然后取助焊膏与 Sn-Ag-Bi 锡粉（25～45μm）放在行星混合器中混合均匀，分装后存放于5～10℃冰箱内。

原料介绍

树脂为天然松香、聚合松香、歧化松香、水白松香、改性松香、酯化松香、氢化松香、聚酯、聚氨酯、丙烯酸树脂中的一种或多种的混合物。

溶剂为丁基卡必醇、二乙二醇单乙醚、二乙二醇单己醚、二乙二醇单苯醚、2-乙基-1,3-己二醇、丙二醇单苯醚、烷基酚聚氧乙烯醚、邻苯二甲酸二辛酯中的一种或多种的混合物。

活化剂为丁二酸、己二酸、癸二酸、苹果酸、水杨酸、水杨酰胺、月桂酸、硬脂酸、二苯胍盐酸盐、二苯胍溴酸盐、环己胺盐酸盐、环己胺溴酸盐、二溴丁烯二醇、二溴苯乙烯中的一种或多种的混合物。

流变剂为氢化蓖麻油、改性氢化蓖麻油、聚酰胺、硬脂酸酰胺、乙烯基双硬脂酰胺中的一种或多种的混合物。

稳定剂为氢醌、苯并三氮唑、苯并咪唑、三乙胺、十二胺、高温抗氧剂A中的一种或多种的混合物。高温抗氧剂 A 为一种含氮有机化合物。

产品应用　本品主要应用于通孔插装回流焊接。

产品特性

（1）本品低温无铅焊锡膏具有优良的印刷性（连续印刷不变质时间 8h 以上）、润湿性、高温抗氧化性和贮存稳定性（可达 5～6 个月）。

（2）本品添加了高温抗氧剂 A，可使无铅合金在熔融态和大气环境中获得高的抗氧化能力。

（3）本品可以采用现有技术制备成无铅焊锡膏产品，本品特别适用于微电子工业中的通孔插装回流焊接技术，具有高的成品率，如在高频制程中焊点不良率可控制在 1.5×10^{-3} 以内。

（4）本品易于加工，制作成本低。

配方 **12**

低银 SnAgCu 无铅焊膏用新型环保型助焊剂

原料配比

原料	配比（质量份）					
	1#	2#	3#	4#	5#	6#
丁二酸	1.5	—	3	—	—	3
戊二酸	—	2	—	—	2	—
水杨酸	1.5	2.5	—	4.5	—	—
衣康酸	—	—	—	4.8	4	—
柠檬酸	—	3	—	—	—	5
顺丁烯二酸	—	—	—	—	—	5
己二酸	—	—	1.5	1.5	—	—
乙二醇	—	—	—	16	—	—
DL-苹果酸	2	—	4.5	—	4	—
2-乙基-1,3-己二醇	—	—	—	—	18	—
丙三醇	14	—	16	—	—	—
二甘醇	—	18	—	—	—	21
二乙二醇单乙醚	18	—	—	—	—	—
二乙二醇单丁醚	—	18	—	—	20	—

原料	配比（质量份）					
	1#	2#	3#	4#	5#	6#
二乙二醇单辛醚	—	—	—	18	—	—
二乙二醇单己醚	—	—	—	—	—	20
乙二醇单甲醚	—	—	20	—	—	—
三乙胺	0.8	—	3	—	2	—
三乙醇胺	—	1.5	2	3	—	1
氢化蓖麻油	4.2	1	6	4.2	3	2
乙烯基双硬脂酰胺	—	—	—	3.5	3.5	—
聚乙二醇 1000	6	4.4	—	—	—	3.5
聚乙二醇 2000	—	—	2	—	5.5	—
石蜡	2.5	0.3	1	1.5	1.5	1
辛基酚聚氧乙烯醚	3.5	1.3	—	2.5	1.5	0.5
壬基酚聚氧乙烯醚	—	—	—	2.5	—	—
异辛基酚聚氧乙烯醚	—	—	1	—	—	—
聚合松香	24	24	—	20	—	—
氢化松香	22	—	—	—	—	—
水白松香	—	24	20	—	—	20
全氢化松香	—	—	—	18	18	—
无铅松香 FE625	—	—	—	—	17	—
松香 KE-604	—	—	—	—	—	18

制备方法　将改性松香和有机溶剂的混合物在不高于 120℃ 的温度下加热溶解成透明液态后，加入活化剂，搅拌直至完全溶解，然后停止加热，当温度下降为 100℃ 左右时保温，再加入缓蚀剂、触变剂、成膏剂、稳定剂和表面活性剂，使其充分溶解并搅拌均匀后，在室温下静置冷却，直到冷却至室温，即得本品低银 SnAgCu 无铅焊膏用新型环保型助焊剂。

原料介绍

所述的活化剂为有机酸，选自二元羧酸、三元羧酸或羟基酸，可以是同一类酸中的两种以上的组合，也可以是不同类酸中的两种以上的组合。所述二元羧酸为丁二酸、戊二酸、己二酸、顺丁烯二酸、衣康酸；所述三元羧酸为柠檬酸；所述羟基酸为 DL-苹果酸、水杨酸。活化剂是助焊剂的灵魂。本品所选用的活化剂具有清除钎焊金属和钎料表面氧化膜的足够能力，在整个钎焊过程中发挥活化作用，对提高润湿性起着关键的作用。同时，活化剂又决定着助焊剂及其残留物的腐蚀性能。本配方中的活化剂在钎焊温度下能够大部分挥发、升华或分解，使印制电路板焊后的有机酸残留物少，无腐蚀。

所述的溶剂为有机溶剂，为至少一种醇类和至少一种醚类的混合物。所述的醇选自丙三醇、乙二醇、二甘醇、2-乙基-1,3-己二醇；所述的醚选自乙二醇单甲醚、二乙二醇单乙醚、二乙二醇单丁醚、二乙二醇单己醚、二乙二醇单辛醚。溶剂是助焊剂的载体，使助焊剂各组分溶解，形成均匀的黏稠态。本配方所选用的有机溶剂具有合适的沸点，既不会过快蒸发，又有利于焊后保护膜的干燥成形。并且，所选用的有机溶剂具有一定的黏度，便于印刷以及元件的黏附。

所述的缓蚀剂为有机胺类缓蚀剂，为三乙胺、三乙醇胺中的一种或两种的混合物。缓蚀剂可以作为辅助活性剂和酸度调节剂进行复配，用于减少助焊剂对印制电路板的腐蚀。

所述的触变剂为氢化蓖麻油。添加触变剂的作用是给焊膏提供恰当的流变性能，并保证焊膏流变性能的稳定性。

所述的成膏剂为聚乙二醇1000、聚乙二醇2000和乙烯基双硬脂酰胺中的一种或多种的混合物。成膏剂的作用是增强松香溶胶成黏稠膏状的能力。

所述的稳定剂为石蜡。稳定剂在焊膏存储过程中，能够保持助焊剂的黏稠稳定性，不会出现分层。

所述的表面活性剂为辛基酚聚氧乙烯醚、异辛基酚聚氧乙烯醚、壬基酚聚氧乙烯醚中的一种或多种的混合物。表面活性剂可以促进助焊剂中各种组分的溶解，可以降低焊料与印制电路板表面的界面张力，协同助焊剂改进助焊性能。

所述的改性松香为聚合松香、氢化松香、全氢化松香、水白松香、松香KE-604或无铅松香中的一种或多种的混合物。

产品应用　本品主要应用于电子封装和表面组装。

产品特性

（1）不含卤素，焊后残留少，符合环保要求；

（2）针对低银SnAgCu无铅焊料熔化温度偏离共晶点、结晶温度区间大的特点，本配方所选用的活化剂为多种有机酸的复配物，沸点分布区间较大（130～337℃），能够保证在整个回流焊接过程中都起到较好的活化作用；

（3）由于活化剂在钎焊温度下大部分能够挥发、升华或分解，有机酸类物质残留很少，确保焊后无腐蚀；

（4）用本品助焊剂配制的焊膏保湿性好，存储和使用寿命较长。

配方 **13**

低银无铅焊锡膏用助焊剂

原料配比

原料	配比（质量份）					
	1#	2#	3#	4#	5#	6#
氢化松香	18	15	20	25	—	30
冰白松香	—	—	—	—	17.5	15
水白松香	—	—	—	—	17.5	—
聚合松香	12	15	15	15	—	—
季戊四醇酯	—	10	15	20	—	—
活化剂	11.5	11.5	10	10	12	10
氢化蓖麻油	8	9	8	8	10	8
四氢糠醇	49.5	—	—	—	—	—
缓蚀剂	1	1	1	0.5	5	10
溶剂	—	38.5	31	22.5	38	27

制备方法

（1）将溶剂加热到 80~90℃，边搅拌边加入成膜物质，恒温搅拌至完全溶解；

（2）将活化剂加入步骤（1）的混合溶液中，80~90℃下搅拌均匀；

（3）将流变剂加入步骤（2）的混合溶液中，80~90℃下充分搅拌均匀；

（4）将缓蚀剂加入步骤（3）的混合溶液中，80~90℃下搅拌至溶液均匀，冷却至室温，即得到低银无铅焊锡膏用助焊剂。

原料介绍

成膜物质为氢化松香、冰白松香、聚合松香、水白松香中任意两种按质量比为（1∶1）~（4∶1）组成的混合物，或者任意两种松香与季戊四醇酯或 90M 树脂组成的混合物，其中季戊四醇酯或 90M 树脂添加量为助焊剂总质量的 5%~20%。

活化剂为丙二酸、丁二酸、己二酸、水杨酸、DL-苹果酸中任意两种按质量比为（1∶8）~（1∶2）组成的混合物。

流变剂为氢化蓖麻油。缓蚀剂为碳酸锌或苯并三氮唑，或碳酸锌与苯并三氮唑按质量比为（2∶1）~（1∶2）组成的混合物。

溶剂为四氢糠醇、乙二醇、乙二醇甲醚、聚乙二醇 400 中的一种，或者为四氢糠醇与二乙二醇单丁醚 250 或二乙二醇单丁醚 400 按质量比为（2∶1）~（5∶1）

组成的混合物。

产品应用 本品主要应用于电子电路贴装。

产品特性

（1）本品低银无铅焊锡膏用助焊剂，通过缓蚀剂改变焊锡粉末与活化剂的反应特性，达到焊锡膏存放稳定的效果。用本品助焊剂配制的焊锡膏具有良好的室温、低温存放稳定性，室温存放寿命大于等于15天。

（2）本品低银无铅焊锡膏用助焊剂的制备方法简单，操作方便。

配方 14

点涂式焊锡膏用助焊剂

原料配比

原料	配比（质量份）	
	1#	2#
氢化松香	38	32
聚合松香	—	3
松香醇	16	10
有机溶剂	40	42
改性氢化蓖麻油	2.9	3
氢化蓖麻油蜡	1.5	1.2
环己胺盐酸盐	1	3.2
硬脂酸	0.6	—
戊二酸	—	2
二溴丁烯二醇	—	2
对苯二酚	—	1

制备方法 将松香、有机溶剂等物料在不高于130℃的温度下加热溶解，然后加入触变剂，完全溶解后再加入活化剂，以上物料充分溶解混匀后，进行冷却，冷却至室温时加入表面活性剂，然后继续冷却2～3h，即得助焊剂。

原料介绍

松香选自聚合松香、氢化松香以及松香醇。

触变剂为改性氢化蓖麻油和氢化蓖麻油蜡。

活化剂可选自环己胺盐酸盐、戊二酸、二溴丁烯二醇。

表面活性剂为硬脂酸。

产品应用 本品主要应用于点涂式作业。

产品特性 本品用于点焊焊锡膏的制备，可得到均匀而稳定的点焊焊锡膏，在储运及连续作业过程中不分层，膏体点涂均匀，而且点涂出来的锡点圆滑无拉尖拖尾等现象。

电池用助焊剂

原料配比

原料	配比（质量份）		
	1#	2#	3#
无水乙醇	100	100	100
松香	10	15	20

制备方法 以乙醇为溶剂，松香为溶质，将松香溶于乙醇。可先将松香加温使其融化，再将融化后的松香加入乙醇中，充分溶解。

产品应用 本品主要应用于电池极柱和端子的焊接、铅铸铜端子的浇铸用助焊剂、电池极组铸焊用助焊剂、各种电子元器件的焊接等领域。

产品特性 本品助焊剂组分简单，仅采用乙醇和松香，使得助焊剂成本下降且制备简单。虽简化了助焊剂的组成，但本品助焊剂依然具有优良的焊接效果，且无毒无害，使用时无刺鼻气味产生。

配方 **16**

电源充电器单面板用的高阻抗助焊剂

原料配比

原料	配比（质量份）	
	1#	2#
氢化松香	3	4
己二酸	0.4	0.5

原料	配比（质量份）	
	1#	2#
癸二酸	0.8	1
丁二酸	1.5	1.2
乙醇胺	1	0.8
二溴丁烯二醇	0.4	0.3
表面活性剂 FT-900	1	1.3
成膜助剂 2,2,4-三甲基-1,3-戊二醇单异丁酸酯	4	5
无水乙醇	87.9	85.9

制备方法　常温下将上述称量好的无水乙醇置于带搅拌装置的容器中，然后往容器中加入上述称量好的二溴丁烯二醇，并搅拌至均匀，再往容器中加入上述称量好的 FT-900 表面活性剂，并搅拌 10～15min，然后将上述称量好的氢化松香、己二酸、癸二酸、丁二酸、乙醇胺和成膜助剂 2,2,4-三甲基-1,3-戊二醇单异丁酸酯加入容器中，并搅拌 20～25min，即得到电源充电器单面板用的高阻抗助焊剂。

产品应用　本品主要应用于电源充电器单面板。

产品特性

（1）本品由于采用癸二酸代替戊二酸，使得该电源充电器单面板用的高阻抗助焊剂不容易吸潮，使用该高阻抗助焊剂焊接的电源充电器单面板在春季下雨潮湿的时候，不会因吸潮而引起质量问题。

（2）本品由于同时含有癸二酸和乙醇酸，从而使得所制备的电源充电器单面板用的高阻抗助焊剂不会有"白晶析出"的现象。

（3）本品具有高阻抗的特点，因而使用其焊接的电源充电器单面板表面的绝缘性能良好。

配方 **17**

电子产品焊接用助焊剂

原料配比

原料	配比（质量份）	
	1#	2#
松香甘油酯	10	5
2-甲基咪唑	5	2.5

原料	配比（质量份）	
	1#	2#
酒石酸	2	1
氢化蓖麻油	8	4
脂肪酸二乙醇酰胺	2	1
椰油酰胺丙基甜菜碱	2	1
75%乙醇	30	15
丙醇	15	7.5
乙酸乙酯	15	7.5

制备方法

（1）按质量份计，将75%乙醇、丙醇以及乙酸乙酯放入反应器中，混合均匀；

（2）向所述反应器中依次加入松香甘油酯、2-甲基咪唑、酒石酸、氢化蓖麻油，搅拌1h；

（3）再向所述反应器中同时加入脂肪酸二乙醇酰胺和椰油酰胺丙基甜菜碱，搅拌均匀，制得。

产品应用　本品主要应用于电子产品焊接。

产品特性　将本品助焊剂应用到电子产品生产工艺过程中的焊接中，可以使焊接效果更好，焊接疵点率低，焊接得到的电子产品质量好。

配方 **18**

电子产品用助焊剂

原料配比

原料	配比（质量份）
甲苯异丁基甲酮	39
松香	35
脂肪醇聚氧乙烯醚	8
苹果酸	8
防锈油	10

制备方法　将各组分混合均匀即可。

产品应用　本品主要应用于电子产品。

产品特性 本品采用多种原料混合制成，涂在被焊物的表面，可以清洁表面、提高焊接性能，而且残留物极少，可提高焊接生产效率，成本相对低廉。

配方 **19**

电子封装用助焊剂

原料配比

原料	配比（质量份）				
	1#	2#	3#	4#	5#
丁二酸	2	—	—	15	—
棕榈酸	—	1.5	—	—	—
己二酸	—	1	—	—	—
丙二酸	—	—	2.5	—	—
衣康酸	2	—	—	—	—
苹果酸	—	—	—	—	1
癸二酸	—	—	—	—	1
醋酸丁酯	—	0.6	—	—	—
乙醇酸	1.5	—	—	—	—
乙酸乙酯	—	—	1	—	—
二乙醇胺	—	—	0.5	—	—
二丙二醇甲醚	1	—	—	—	—
乙二醇苯醚	—	—	1	—	—
全氟烷基铵	—	—	0.05	2	0.025
马来酸松香树脂	—	—	—	—	0.2
水白松香	—	—	1	4	0.3
三丙二醇丁醚	—	1.5	—	—	—
非离子氟表面活性剂	0.05	—	—	—	—
脂肪醇聚氧乙烯醚	—	0.05	—	—	0.025
氢化松香	1	—	—	—	—
聚合松香	—	0.5	—	—	—
丙烯酸松香树脂	—	0.5	—	—	—
丙烯酸树脂	—	—	0.5	—	—
聚丙烯酰胺	—	—	0.25	—	—

原料	配比（质量份）				
	1#	2#	3#	4#	5#
歧化松香	—	0.5			
山梨糖醇	—	—	0.25		
苯并三氮唑	0.2	—	—	4	
三乙胺	—	0.5	—		
乙二醇苯醚	—	0.5			0.05
乙二醇单丁醚	—	—	0.2		
月桂酰胺	—	—	0.1		0.05
硬脂酸	0.1	—	—		
二甲基乙酰胺	0.5	—	0.2		
异丙醇	91.65	—	50	75	
乙醇	—	92.85	—		97.35
丙醇	—	—	42.45		

制备方法　先将溶剂加入搅拌釜中，然后将活化剂、成膜剂、添加剂加入搅拌釜中，在常温下进行搅拌，当搅拌到物料完全溶解后，加入扩散剂，搅拌混合均匀后，停止搅拌，过滤后即为产品。

原料介绍

所述的活化剂为丁二酸、己二酸、丙二酸、乙醇酸、衣康酸、棕榈酸、苹果酸、癸二酸、戊二酸、羟基乙酸、苯甲酸酯、醋酸丁酯、乙酸乙酯、乙二醇苯醚、二丙二醇甲醚、三丙二醇丁醚、丁二酸胺、三乙醇胺和二乙醇胺中的至少一种。

所述的扩散剂为脂肪醇聚氧乙烯醚、全氟烷基铵和非离子氟表面活性剂中的至少一种。

所述的成膜剂为氢化松香、聚合松香、水白松香、歧化松香、丙烯酸树脂、丙烯酸松香树脂、马来酸松香树脂、聚氧乙烯、聚丙烯酰胺和山梨糖醇中的至少一种。

所述的添加剂为苯并三氮唑、三乙胺、月桂酰胺、硬脂酸、二甲基乙酰胺、乙二醇苯醚和乙二醇单丁醚中的至少一种。

所述的溶剂为乙醇、丙醇和异丙醇中的至少一种。

产品应用　本品主要应用于电子封装领域。

产品特性　本助焊剂的扩展率大于80%，焊性适中，无卤素，离子污染度为最高的Ⅰ级，适用于高可靠电子产品，通过铜镜腐蚀试验，表面绝缘电阻在10^{10}等级。具有不含卤素，焊性适中，绝缘阻抗高，绝缘电阻大，漏电风险低，固含量低，残留少，焊后板面不粘手，环保清洁，无需清洗等优点。

配方 **20**

电子工业用无卤助焊剂

原料配比

原料	配比（质量份）		
	1#	2#	3#
去离子水	93	90	94.4
异丙醇	—	3	3
氢化松香	—	1	—
聚合松香	—	—	2
水溶性丙烯酸树脂	2	—	—
莽草酸	4.5	—	—
莽草酸叔丁酯	—	5.5	—
莽草酸异丙酯	—	—	0.1
OP-10	0.5	0.5	0.5

制备方法 将各组分混合均匀即可。

产品应用 本品主要应用于电子元器件。

产品特性 本品采用莽草酸及莽草酸衍生物作活化剂，可以提高无卤产品的润湿性，从而减少在生产中因为传统无卤助焊剂在可焊性方面的原因而产生的不良影响。

配方 **21**

电子工业用无铅焊料焊锡膏及其助焊剂

原料配比

表1 无铅焊料焊锡膏

原料	配比（质量份）		
	1#	2#	3#
无铅焊锡粉	89	87	88
助焊剂	11	13	12

表 2　助焊剂

原料	配比（质量份）		
	1#	2#	3#
聚合松香 140#	25	15	25
聚合松香 115#	—	10	10
特级氢化松香	30	30	20
十八酸酰胺	2	2	2
十六酸酰胺	—	2	—
乙烯基双硬脂酰胺	2	—	2
N,N-二乙基羟胺（DEHA）	1.5	1.5	—
癸二酸双（2,2,6,6-四甲基-4-哌）酯（光稳定剂 770）	—	0.5	—
氮氧自由基哌啶醇（ZJ-701）	—	—	1.5
癸二酸	2.5	2.5	—
己二酸	—	2.5	2.5
苹果酸	4	—	2.5
衣康酸	—	—	4
氟碳表面活性剂 FSN-100	0.2	—	—
氟碳表面活性剂 FC-4430	—	0.2	0.1
二乙醇胺	0.5	—	—
三乙醇胺	—	0.5	0.5
二甘醇单乙醚	加至 100	—	—
二乙二醇单丁醚	—	加至 100	—
2-乙基-1,3-己二醇	—	—	加至 100

制备方法

（1）将改性松香及其衍生物加入容器内加热并搅拌至完全熔化，在 140～160℃温度下，保温 5～10min；

（2）加入触变剂、高效阻聚剂和溶剂搅拌 5～15min；

（3）在 130～140℃温度下，加入活化剂，搅拌 5～10min；

（4）冷却到室温后将容器封口，并置入温度为 1～10℃的冷藏室，冷藏 24h 以上，制成助焊剂，备用；

（5）将上述制好的助焊剂和无铅焊锡粉装入锡膏搅拌装置中搅拌 5～15min 后，分装到包装瓶内。无铅锡膏产品在 1～10℃密封保存。

原料介绍

所用的无铅焊锡粉是由锡、铜、银、镍等的主合金，和 0.003%～0.1%的钛制成的 25～45μm 的粉料，主要合金成分为：

锡银合金，锡：96%～99.9%；银：0.1%～4%；

锡铜合金，锡：98%～99.7%；铜：0.3%～2%；

锡银镍合金，锡：94%～99.6%；银：0.3%～2%；镍 0.01%～0.1%。

本品采用的改性松香及其衍生物为歧化松香、聚合松香和特级氢化松香中的一种或两种以上的组合。

本品采用的触变剂为加氢化蓖麻油、十六酸酰胺、十八酸酰胺和乙烯基双硬脂酰胺中的一种或两种以上的组合。

本品采用的高效阻聚剂为 N,N-二乙基羟胺、氮氧自由基哌啶醇（ZJ-701）、癸二酸双（2,2,6,6-四甲基-4-啶）酯（光稳定剂 770）中的一种或两种以上的组合。

本品采用的溶剂为二甘醇单乙醚、二乙二醇单丁醚、2-乙基-1,3-己二醇、松节油中的一种或两种以上的组合。

本品采用的活化剂为己二酸、癸二酸、苹果酸、衣康酸、氟碳表面活性剂 FC-4430、氟碳表面活性剂 FSN-100、二乙醇胺、三乙醇胺中的一种或两种以上的组合。

产品应用　本品主要应用于电子工业。

产品特性　本产品具有良好的扩展率，所以适宜焊接；焊后残留腐蚀性小，是微电子表面组装技术领域很好的焊接用材料。

（1）配合无铅焊料粉，适合无铅工艺的特点和要求，具有良好的润湿性。

（2）添加高效阻聚剂，提高松香体系的稳定性，使焊膏使用时不易分层变干，干燥度好。

（3）增强焊膏触变性能，改善焊膏的脱膜性能，塌落度好所以印刷性能好。

（4）具有良好的保护性能，绝缘性能好。

配方 **22**

电子贴装无铅焊膏用助焊剂

原料配比

原料	配比（质量份）				
	1#	2#	3#	4#	5#
氢化松香	45	30	—	30	25
聚合松香	—	—	28	10	15
聚合 α-苯乙烯树脂	10	—	—	—	—
压克力 120 树脂	—	18	—	—	—

原料	配比（质量份）				
	1#	2#	3#	4#	5#
氢化松香甘油酯	—	—	—	11	—
FE-625 树脂	—	—	—	—	10
TSR-685 树脂	—	—	16	—	10
TSR-610 树脂	—	6	11	—	—
丁二酸	6.8	5.9	6	1.8	—
水杨酸	—	—	2.4	—	2
亚甲基硬脂酸酰胺	—	5	—	5	5
聚乙烯蜡	—	4	—	—	2
乙烯基双硬脂酰胺	6	—	2.5	—	—
氢化蓖麻油	—	—	2.5	5	2
蓖麻油	—	—	3	—	—
十八酸	—	—	—	1.5	1.5
苯并三氮唑	1	1	1	1	1
FSN-100 氟油	—	—	—	0.2	0.5
十六烷基三甲基溴化铵	0.2	0.1	0.1	—	—
二甘醇单丁醚	16	20	16.5	28	—
二甘醇单己醚	—	—	—	—	20
N-甲基-2-吡咯烷酮	—	—	8.5	—	—
三乙醇胺	—	—	—	3.5	—
苯甲醇	10	10	—	—	2
二甘醇	5	—	2.5	—	—
辛烷	—	—	—	3	3
抗氧剂 264	—	—	—	—	1

制备方法　先按配料量将溶剂和黏结成膜剂置于带分散装置的容器中，加热并不断搅拌至物料完全溶解，然后一次性加入其余物料，继续加热搅拌至所有物料完全溶解成清亮稀黏稠液体即停止加热和搅拌，封好容器口，静置冷却后即得。

原料介绍　黏结成膜剂为改性松香树脂和合成树脂，包括氢化松香、聚合松香、水白松香、TSR-685 树脂、TSR-610 树脂、压克力 120 树脂、聚合 α-苯乙烯树脂、甲基苯乙烯树脂、氢化松香甘油酯和 FE-625 树脂中的两种或两种以上的混合物。黏结成膜剂是焊膏助焊剂的基本原料，其特点是焊膏经焊接后在焊点和基板上形成一层紧密的有机膜，保护其不被腐蚀和受潮，且具有良好的电绝缘性。

松香类树脂，主要成分为松香酸，具有一定的助焊性，经改性性能更佳，热稳定性更好，不易氧化，不结晶，酸值变低。其黏结性保证焊膏必须具有的黏着力。

活化剂及表面活性剂为有机酸、有机胺和某些表面活性物质。有机酸如丁二酸、戊二酸、水杨酸、癸二酸、十八酸；有机胺如二乙醇胺、三乙醇胺、环己胺；表面活性物质如十六烷基三甲基溴化铵、FSN-100氟油。活化剂及表面活性剂为其中两种或多种的混合物，其作用是清除焊料和被焊母材表面的氧化物和气体层，使其达到纯金属或合金间的相互接触，以达到钎焊温度时能显著减少固、液、气相间的表面张力，即减少其接触表面处自由能或自由焓值的目的，从而充分润湿表面。

触变防沉增滑剂为蓖麻油、氢化蓖麻油、聚酰胺蜡、聚乙烯蜡、脂肪酸酰胺、乙烯基双硬脂酰胺和亚甲基硬脂酸酰胺中的一种或几种的混合物。焊膏是一种假塑性流体，具"剪切稀化"的特性，触变剂的作用是增强流体的切力变稀行为，改善焊膏的印刷性能，同时也起防沉、不易分层、软化及增滑、利于脱模等作用。

配合添加剂为甘油、苯并三氮唑，抗氧剂264和抗氧剂1010中的一种或几种的混合物。主要调节焊膏物料间的聚结及防止氧化，减慢以至防止腐蚀等作用。

溶剂为二甘醇单丁醚、二甘醇单己醚、乙二醇醚、苯甲醇、二甘醇、二丙酮醇、聚乙二醇、N-甲基-2-吡咯烷酮、1,2-丙二醇和辛烷中的两种或两种以上的混合物。这类溶剂与焊剂中的固体成分均有很好的互溶性，常温下挥发程度适中，焊接时能迅速挥发掉，不留残渣且无毒性、无异味。

产品应用　本品主要应用于金属焊接。不仅适用于SnAgCuBi焊料粉，也适用于SnAgCu焊料粉。

产品特性　本品制成的SnAgCuBi和SnAgCu焊膏不含卤素，免清洗，具有良好的印刷性，不黏板，不搭桥，不拔尖，印点成型性好，不塌边。经回流焊接后，焊点焊面光亮、平整，无残留，无锡珠产生。

配方 **23**

镀镍层合金软钎焊焊锡丝芯用助焊剂

原料配比

原料	配比（质量份）					
	1#	2#	3#	4#	5#	6#
氢化松香	74	6	—	67	—	72
水白松香	7	73	66	—	6	—
歧化松香	—	—	9.8	—	—	—
聚合松香	—	—	—	7.5	70	—

原料	配比（质量份）					
	1#	2#	3#	4#	5#	6#
冰白松香	—	—	—	—	—	6
戊二酸	2	—	—	—	3	—
壬二酸	—	—	—	—	5	—
己二酸	—	3	—	—	—	—
丁二酸	—	—	3	—	—	2
癸二酸	—	—	—	—	—	6
月桂酸	—	—	7	—	—	—
硬脂酸	—	5	—	—	—	—
棕榈酸	4	—	—	—	—	—
水杨酸	—	—	—	3	—	—
它普酸	—	—	—	7	—	—
二乙烯三胺	—	3	—	—	3	—
三乙烯四胺	3	—	—	—	—	—
三乙醇胺	—	—	3.5	—	—	—
二乙醇胺	—	—	—	—	—	3
二亚乙基三胺	—	—	—	3	—	—
氯化锌	1.2	—	—	—	—	—
氯化铋	—	1	—	—	2	—
氯化镍	—	—	0.8	—	—	—
氯化亚锡	—	—	—	1	—	1
醋酸铟	—	—	—	—	—	6.2
辛酸铋	—	—	—	8	—	—
辛酸铜	—	—	—	—	7	—
硬脂酸锌	4.8	—	—	—	—	—
环烷酸铜	—	5	—	—	—	—
硬脂酸铜	—	—	5.5	—	—	—
二溴丁烯乙醇	—	1.2	—	0.9	—	1.4
环己胺氢溴酸盐	1.5	—	—	—	1.2	—
辛基酚聚氧乙烯醚	0.5	—	—	—	0.8	0.6
烷基酚聚氧乙烯醚	—	0.8	—	—	—	—
十六烷基三甲基溴化铵	—	—	0.9	—	—	—

三 树脂系列助焊剂 **155**

原料	配比（质量份）					
	1#	2#	3#	4#	5#	6#
非离子氟碳表面活性剂 FC-4430	—	—	0.5	—	—	—
哌嗪	—	—	1	—	—	—
磷酸酯	—	—	—	0.6	—	—
苯并三氮唑	1	—	—	1	—	0.8
甲基苯并三氮唑	—	—	—	—	1	—
咪唑	—	1	—	—	—	—
2,6-二叔丁基-4-甲基苯酚	1	1	1	1	1	1

制备方法

（1）取所述配方组分，再把有机酸、金属盐、活性增强剂、缓蚀剂、抗氧剂放入反应釜中，连续搅拌 15～20min 使其混合均匀。

（2）在另一反应器中加入树脂，加热到（140±5）℃，连续搅拌 20～30min。

（3）把上述步骤（1）混合均匀得到的粉状药剂缓慢加入上述（2）准备的树脂反应器中搅拌 15～20min 后，再加入有机胺和表面活性剂后继续搅拌 10～15min，使原料充分溶解和混合均匀。

（4）将上述步骤（3）制备的混合物冷却至室温即得到一种镀镍层合金软钎焊焊锡丝芯用固体助焊剂。

原料介绍

所述的树脂选自丙烯酸树脂、氢化松香、聚合松香、歧化松香、水白松香、冰白松香、改性酚醛树脂、改性醇酸树脂。本品最好选用松香树脂，松香是一种大分子多环化合物，在焊接中起到传递热量和覆盖的作用，能够对去膜后的金属起到保护作用，使其不再被重新氧化，同时树脂具有成膜的功能。

所述的有机酸为碳原子数在 4～7 和 8～21 之间的有机酸复配物，碳原子数为 4～7 之间的有机酸选自丁二酸、戊二酸、己二酸、水杨酸；碳原子数为 8～21 之间的有机酸选自辛二酸、壬二酸、癸二酸、月桂酸、巴西基酸、它普酸、棕榈酸、硬脂酸。通常，随着碳原子数量的增加，酸值会减小，碳化温度升高。有机酸作为去膜剂，能够在钎焊时迅速去除镍磷镀层表面的氧化膜。

所述的有机胺为一元胺、二元胺、多元胺。所述的一元胺为乙醇胺、二乙醇胺或三乙醇胺；所述的二胺或多元胺为二乙烯三胺、三乙烯四胺、四甲基乙二胺或二亚乙基三胺等。

所述的金属盐为无机金属盐与有机金属盐的复配物。无机金属盐为氯化锌、氯化铋、氯化镍、氯化亚锡中的一种；有机金属盐为辛酸铋、辛酸铜、环烷酸铜、醋酸铟、硬脂酸铜、硬脂酸锌中的至少一种。金属盐的加入可以抑制镍向焊料合金中扩散，同时阻止磷在焊接界面处富集。

所述的活性增强剂为二溴丁烯乙醇、环己胺氢溴酸盐、十六烷基三甲基溴化铵中的一种或两种。

所述的表面活性剂为辛基酚聚氧乙烯醚、壬基酚聚氧乙烯醚、烷基酚聚氧乙烯醚、磷酸酯、非离子氟碳表面活性剂中的一种或两种。

所述的缓蚀剂至少为哌嗪、苯并三氮唑、咪唑、甲基苯并三氮唑中的一种。添加缓蚀剂降低了焊接后残留物的腐蚀性。

所述的抗氧剂为2,6-二叔丁基-4-甲基苯酚（BHT）。它能抑制或延缓助焊剂的氧化降解而延长保存寿命。

产品应用　本品主要应用于镀镍层合金的软钎焊，同时也适用于镀铬合金、镀金合金、铜及铜合金的软钎焊。

产品特性

（1）焊后接头的力学性能好，抗拉强度值很高。

（2）焊锡丝的扩展率高，润湿性能好，因而上锡快。

（3）表面绝缘电阻值高，焊后残留物的 pH 接近中性，腐蚀性弱，因而焊点可靠性好。

（4）对现有设备的工艺兼容性强，特别适用于镀镍合金的软钎焊，也很适用于镀铬层、镀金层、铜及铜合金的软钎焊。

配方 **24**

芳香助焊剂

原料配比

表 1　芳香助焊剂

原料	配比（质量份）
香精油	5～7
浮油松香	66～68
添加剂	25～27

表 2　添加剂

原料	配比（质量份）
氟代脂肪族聚醚	15
邻苯二酚	33

原料	配比（质量份）
聚乙烯醇	31
三乙醇胺	21

制备方法　将各组分混合均匀即可。

产品应用　本品主要应用于电子产品。

产品特性　本品有利于提高焊接质量，而且在焊接时发出阵阵香味，改善焊接的工作条件，提高操作者的工作积极性和工作效率。

配方 **25**

复合树脂助焊剂

原料配比

原料	配比（质量份）
松香树脂	50
聚乙烯	5~8
聚丙烯	5~8
聚氯乙烯	5~8
聚苯乙烯	5~8
邻羟基苯甲酸	2~5
丁二酸	2~4
有机溶剂	加至100
防腐蚀剂	1~3
助溶剂	1~3
成膜剂	1~3

制备方法　将各组分混合均匀即可。

原料介绍

采用天然松香树脂和人工合成树脂共同作用，在焊接过程中起到很好的防止氧化、保护焊接等作用，并采用邻羟基苯甲酸和丁二酸来溶解焊接过程中产生的废料，免清洗，有助于焊接的连续性。

所述有机溶剂包括乙醇、丙醇、丁醇、丙酮、醋酸乙酯、醋酸丁酯中的一种或者多种，有效增加了溶质的溶解性，从而增强了助焊的效果和稳定性。

产品应用　本品主要应用于电子产品领域。

产品特性

（1）通过采用不含卤素的天然松香树脂和人工合成树脂作为助焊剂的主要成分，在不降低助焊能力的基础上减少了对环境的危害，清洗力强、腐蚀性小；

（2）通过采用乙醇、丙醇、丁醇、丙酮、醋酸乙酯、醋酸丁酯的一种或者多种作为溶剂，有效增加了溶质的溶解性，从而增强了助焊的效果和稳定性。

高活性松香助焊剂

原料配比

原料	配比（质量份）				
	1#	2#	3#	4#	5#
松香	20	28	25	22	30
酚醛树脂	15	11	12	14	10
乳酸	5	9	8	7	10
水杨酸	10	6	7	8	5
柠檬酸	2	4	3.4	3	5
丙二酸	3	2.2	2.5	2.6	2
硬脂酸	10	14	13	12	15
辛基酚聚氧乙烯醚	10	6	7	8	5
十二烷基硫酸钠	2	4	3.5	3	5
盐酸苯胺	1	0.7	0.8	0.9	0.5
氯化锌	0.5	1.2	1	0.8	1.5
氯化锡	1.5	1.1	1.2	1.3	1
氯化铝	0.2	0.4	0.36	0.3	0.5
邻苯二酚	1	0.6	0.8	0.9	0.5
巯基苯并噻唑	1	2.3	2	1.6	3
水	10	7	8	9	5
乙醇	2	4	3.8	3	5
丙酮	4	3.2	3.3	3.4	3

制备方法　将各组分混合均匀即可。

产品应用　本品主要应用于焊接材料。

产品特性　本品采用松香和酚醛树脂作为成膜物质，在被焊基体的表面形成了保护层，阻止了被焊基体内部的进一步氧化，提高了焊点的可靠性，并赋予被焊基体优异的电气性能；以硬脂酸、辛基酚聚氧乙烯醚和十二烷基硫酸钠作为表面活性剂，提高了焊料和被焊基体间的润湿能力，降低了焊料和被焊基体间的界面张力，获得了优异的焊接效果，而且与有机物质相结合，使原料中的组分在水中混合均匀；以乳酸、水杨酸、柠檬酸和丙二酸去除被焊基体表面的氧化膜，还能调节助焊剂的 pH 值，同时乳酸、水杨酸、柠檬酸和丙二酸为弱酸，可降低助焊剂对被焊基体的腐蚀性能；以盐酸苯胺、氯化锌、氯化锡和氯化铝为活化剂，使助焊剂在较宽的温度区间内都能够发挥较高的活性，进一步提高了焊料和被焊基体间的润湿能力，大大提高了被焊基体的可焊性，使焊点的形状饱满、规则、光亮。本品在使用过程中不会产生对人体有害的有毒气体，通过上述各组分配合，可以减少金属表面张力，进一步增强焊接效果，同时不会对环境造成污染。

配方 **27**

高温软钎焊用免洗助焊剂

原料配比

原料	配比（质量份）	
	1#	2#
改性松香	5	3
己二酸活化剂	0.6	—
癸二酸活化剂	1.2	—
辛二酸活化剂	—	0.3
十二酸活化剂	—	1.6
苯并三氮唑缓蚀剂	0.2	—
非离子表面活性剂 SURFYNOL 104	0.2	—
松香醇醚表面活性剂	—	0.5
咪唑啉缓蚀剂	—	0.15
松香环烷烃	30	20
乙醇溶剂	加至 100	—
异丙醇溶剂	—	加至 100

制备方法 将各组分混合均匀即可。

原料介绍

改性松香的酸值为 310～330mg/g，软化点为（150±2）℃，分解温度为 260～

270℃。

这种改性松香经过高温聚合、稳定性处理后具有：

（1）高酸值（310～330mg/g），可焊性好，同时可以降低低碳链有机羧酸的用量，焊后绝缘阻抗高，从而降低使用厂家后期吸潮漏电风险；

（2）高软化点［（150±2）℃］，焊后成膜速度快，干燥速度较普通松香快一倍，而且不粘手，不易粘灰尘，大大提高了生产效益及焊后电性能；

（3）该松香在高温（260～270℃）下分解，释放活性，去除金属表面的氧化膜，以达到焊接目的，从而降低了助焊剂自身的腐蚀性。

由于助焊剂中的二元有机羧酸活化剂与低碳链醇溶剂易起酯化反应，引起酸值下降，从而影响助焊剂的储存稳定性，松香环烷烃的引入可以提高助焊剂的水萃取液电阻率，减少助焊剂的酯化反应，从而提高助焊剂的储存稳定性。

二元羧酸优选己二酸、癸二酸、辛二酸、十二酸、十四酸中的一种或几种的混合物。C_6 以上的二元有机羧酸的使用提高了助焊剂整体的绝缘阻抗。

松香环烷烃为松香裂解溶剂，沸点为 80～120℃。

非离子表面活性剂 SURFYNOL 104 或松香醇醚表面活性剂，具有很好的降低焊料表面张力的能力，润湿性好，不产生任何腐蚀。

醇类溶剂为甲醇、乙醇或异丙醇。

杂环化合物为苯并三氮唑或咪唑啉。苯并三氮唑或咪唑啉，起氧化抑制作用，降低了助焊剂的腐蚀性。

产品应用 本品主要应用于高温软钎焊。

产品特性 本品具有储存稳定性高、过炉时烟雾小、焊后残留绝缘阻抗高、腐蚀性低、电性能优异等特点，适用于焊后免清洗工艺。

配方 28

高稳定性 SMT 低温锡膏助焊剂

原料配比

原料	配比（质量份）		
	1#	2#	3#
增稠触变剂	5	5	5
有机混合酸	10	10	10
混合溶剂	33.5	33.5	34.45
缓蚀剂	1.5	1.5	0.55

原料	配比（质量份）		
	1#	2#	3#
甲基咪唑	5	5	5
表面活性剂	1	1	1
松香	44	44	44

制备方法

（1）将增稠触变剂、松香和混合溶剂充分混合形成混合物料，并将该混合物料均匀加热至 150～180℃，静置，使物料溶解完全；

（2）待步骤（1）的混合物料全部溶清后，温度降低到 130～150℃，然后加入甲基咪唑、表面活性剂、有机混合酸和缓蚀剂，搅拌均匀，使其外观为均一清透液体；

（3）将步骤（2）的混合物料用 100 目过滤网过滤，并倒入耐高温塑料袋中，然后再放入冷却水循环池中快速冷却至常温。

原料介绍

所述增稠触变剂为改性氢化蓖麻油和聚酰胺类中的一种或多种的组合。

所述有机混合酸为己二酸、苯甲酸、丁二酸、丁二酸酐、衣康酸、水杨酸和苹果酸中的一种或多种的组合。

所述混合溶剂为二丙二醇单乙醚、二丙二醇甲醚、乙二醇丁醚和二乙二醇单己醚中两种以上的组合。

所述缓蚀剂为苯并三氮唑和氮唑类中的一种或多种的组合。

所述表面活性剂为聚乙二醇辛基苯基醚、复合型抗氧化油和复合型无卤活性剂中的一种或两种的组合。

所述松香为聚合松香和氢化松香的混合物，该聚合松香和氢化松香的混合比例为（0.8～1.4）∶1。

产品应用 本品主要应用于表面贴装技术。

产品特性

（1）配方中不含有任何游离态或化合态的氯和溴元素，实现了无卤配方，体现了其环保性；

（2）在该配方中加入了特定比例的高活性甲基咪唑，且与有机酸进行复配，使其可用于各种金属和镀层表面，而且焊点不会发黑，体现了其高活性；

（3）利用松香与混合溶剂配合，使助焊剂具有较好的流变性和表面张力，保证焊接过程中的流变性和停驻的平衡，适合高效焊接工艺，体现了其高焊接可靠性和低温性。

配方 **29**

高性能无铅焊锡膏用无卤素助焊剂

原料配比

原料	配比（质量份）				
	1#	2#	3#	4#	5#
二乙二醇单辛醚	28.5	—	—	—	—
三乙二醇单丁醚	—	30	28	28	29
全氢松香	35	34	30	30	28
马来松香	—	13	5	5	7
歧化松香	15	—	13	12	12
水杨酸	—	4	—	2.5	2.5
十六酸	3.5	—	—	5	5
二十四酸	2.5	3	7	—	—
三乙醇胺	2	2	—	—	2
二乙醇胺	—	—	2	2	—
苯并三氮唑	3.5	2.5	3.5	3.5	3
OP-10 乳化剂	—	—	—	7	3.5
聚氧乙烯甘油醚	5.5	6.5	6.5	—	3.5
氢化蓖麻油	—	5	5	5	4.5
水合蓖麻油	4.5	—	—	—	—

制备方法

（1）按比例称取上述原料备用；

（2）将溶剂、松香加入反应容器中，加热至 115～125℃并搅拌至完全溶解；

（3）步骤（2）中混合好的溶液降温至 75～85℃，加入有机酸、有机胺、缓蚀剂，控制温度在 75～85℃搅拌至混合均匀；

（4）步骤（3）中混合好的溶液降温至 20～25℃，加入表面活性剂、触变剂，搅拌并抽真空至混合均匀；

（5）用三辊研磨机将步骤（4）所得溶液中的固体颗粒研磨至 10μm 以下，即得本品。

原料介绍

溶剂为二乙二醇单辛醚、三乙二醇单丁醚、异丙醇中的一种或两种。

松香为歧化松香、马来松香、全氢松香中的两种或三种的组合物。

表面活性剂为OP-10乳化剂、聚氧乙烯甘油醚中的一种或两种的组合物。

触变剂为氢化蓖麻油、水合蓖麻油、聚乙烯醇中的一种或两种的组合物。

有机酸为水杨酸、苹果酸、十六酸、二十四酸中的一种或几种的组合。

有机胺为三乙醇胺、二乙醇胺中的一种或两种的组合。

缓蚀剂为苯并三氮唑。

产品应用　本品主要应用于电子和微电子组装过程的焊接。

产品特性　本品采用多种松香复配，减少了饱和状态下单一松香在溶剂中的结晶析出，保证了助焊剂的稳定性能；有机酸和有机胺配合使用，在高温下，生成的活性物质能够破坏锡粉、焊盘表面氧化膜从而达到助焊的效果；采用苯并三氮唑作为缓蚀剂，能够有效延长焊锡膏的使用寿命和保存时间。

配方 **30**

高性能助焊剂

原料配比

原料	配比（质量份）			
	1#	2#	3#	4#
柠檬酸	3	8	7	5
戊二酸	6	2	4.6	4
三异丙醇胺	2	6	3.4	4.7
三乙醇胺	3	1	1.8	2
改性松香	12	25	18	21
表面活性剂	2	0.8	1.26	1.6
苯并三氮唑	0.3	0.8	0.63	0.67
纳米银	2.8	1	2.6	2.1
纳米钛	0.2	0.9	0.67	0.58
苯并咪唑	0.5	0.1	0.3	0.36
二乙二醇乙醚	2	7	6.2	4.5
硝基乙烷	8	3	5	5.7
单硬脂酸甘油酯	1	5	3.8	4.3
季戊四醇油酸酯	4.5	2	3.8	3.7

原料	配比（质量份）			
	1#	2#	3#	4#
十二碳二元酸	0.3	1	0.64	0.67
聚酰胺改性氢化蓖麻油	0.9	0.3	0.52	0.65
聚乙二醇	0.3	2	0.94	1.6
乙醇	50	120	108	85
水	300	200	263	250

制备方法 将各组分混合均匀即可。

原料介绍

松香为松香多元酸、松香酯以及松香胺中的一种或者多种的组合。

表面活性剂为支链烷基苯磺酸钠、脂肪醇聚氧乙烯醚硫酸钠、脂肪醇聚氧乙烯醚、非离子型氟碳表面活性剂中的一种或者多种的组合。

纳米银的平均粒径为 40～65nm。纳米钛的平均粒径为 70～100nm。

产品应用 本品主要应用于金属加工。

产品特性 本品活性高，助焊性能优异，采用其焊接后，固体物残留少，易于清洗，被焊基体的表面透明、干净而没有痕迹，同时降低了生产成本。

配方 **31**

膏状助焊剂

原料配比

原料		配比（质量份）
松香树脂	聚合松香	30
	氢化松香	18
溶剂	二乙二醇二丁醚	26
	二甲苯	12.8
胺类活化剂	N-甲基咪唑	4
有机酸活化剂	丁二酸	3.2
缓蚀剂	1,2,3-苯并三氮唑	1
触变剂	RC-HST	5

制备方法

（1）将树脂和溶剂搅拌加热到树脂完全溶解后冷却到 80℃±2℃，再加入胺类活化剂搅拌至完全溶解；

（2）加入触变剂，用乳化设备在 50℃±2℃下恒温乳化分散，使触变剂形成触变性凝胶网络结构；

（3）加入有机酸活化剂，与胺类活化剂反应生成盐类化合物，再加入缓蚀剂搅拌溶解盐类化合物；

（4）慢速搅拌冷却至室温即得膏状助焊剂。

原料介绍

树脂选自聚合松香、氢化松香、改性松香、亚克力松香。

溶剂的沸点为 200～300℃，且所述溶剂为一种极性较强的溶剂和一种极性较弱的溶剂的混合复配物。所述极性相对较强的溶剂为醇类溶剂、酯类有机溶剂、醇醚类溶剂，所述极性相对较弱的溶剂为碳氢类有机溶剂或芳香族有机溶剂。

触变剂为改性氢化蓖麻油。

胺类活化剂选自单乙醇胺、二乙醇胺、三乙醇胺、N-甲基咪唑、N-乙基咪唑、苯基咪唑、2-乙基咪唑、环己胺中的一种。

有机酸活化剂选自丙二酸、丁二酸、戊二酸、己二酸、庚二酸、辛二酸、苹果酸、马来酸中的一种。

缓蚀剂选自 1,2,3-苯并三氮唑、苯并咪唑或甲基苯并三氮唑中的一种。

此外，制备该膏状助焊剂的原料中还可以包括抗氧化剂或润滑剂，以增强助焊剂的抗氧化或润滑性能。

产品应用　本品主要应用于电子工业软钎焊。

产品特性　本品触变性良好，抗热塌落性得到大幅度提升，焊锡膏在长时间贮存时黏度稳定，印刷、焊接等其他方面性能也是较好。

配方 **32**

光伏焊带用预涂助焊剂

原料配比

原料	配比（质量份）		
	1#	2#	3#
异丙醇	60	85	70
二甲基甲酰胺	10	20	15
松香	2	5	4

原料	配比（质量份）		
	1#	2#	3#
苯酐聚酯多元醇	1	10	6
添加剂	1	10	6
活性剂	0.1	5	3

制备方法　将各组分混合均匀即可。

原料介绍

所述添加剂为聚硫醇、多异氰酸酯中的一种。

所述活性剂为阴离子表面活性剂类的脂肪盐酸、硫酸盐酸、磷酸酯盐中的任意两种。

产品应用　本品主要应用于光伏发电技术领域。

光伏焊带用预涂助焊剂在预涂涂锡铜带生产过程中，将按照上述配方配合混匀得到的预涂助焊剂加入涂布机或其它辅助设备内，涂锡铜带存涂完锡后直接从涂布设备或其它辅助设备内经过，预涂助焊剂通过喷淋、喷涂、刷涂或浸泡方式附在涂锡铜带表面，再经过可以调节高低控制厚度的挤压辊，使其均匀地包裹整个涂锡铜带，涂好的涂锡铜带在 50～80℃低温下烘烤 10～90s，使其表面的助焊剂固化形成单边厚度为 0.005～0.02mm 的固化层，再经过小于 40℃的冷风冷却10～120s，使涂锡铜带表面温度达到常温完成作业。

产品特性　本品通过预涂的方式均匀地涂在涂锡铜带正反面和两侧边使其呈均匀状包裹整个涂锡铜带，在使用时无需助焊剂浸泡、烘干，可以直接使用无需等待，从而节省物料降低成本，缩短生产周期提高生产效率。

配方 **33**

光伏焊带专用助焊剂

原料配比

原料	配比（质量份）				
	1#	2#	3#	4#	5#
聚醚改性树脂	0.3	0.5	—	—	—
改性松香树脂	—	—	0.6	0.6	0.5
丁二酸、戊二酸、己二酸和柠檬酸的组合物	1.6	—	—	—	—
丁二酸和戊二酸的组合物	—	1.3	—	—	1.4

原料	配比（质量份）				
	1#	2#	3#	4#	5#
己二酸、柠檬酸和草酸的组合物	—	—	1.5	—	—
戊二酸和己二酸的组合物	—	—	—	1.6	—
OP 表面活性剂	0.1	—	0.3	—	—
NP 表面活性剂	—	0.1	—	—	—
TX 表面活性剂	—	—	—	0.1	0.2
全氟类表面活性剂	—	0.2	0.1	0.1	0.2
乙二醇丁醚	5	10	6	—	—
乙二醇丙醚	—	—	—	8	10
无水乙醇	加至 100	加至 100	—	加至 100	—
异丙醇	—	—	加至 100	—	加至 100

制备方法 将各组分混合均匀即可。

原料介绍

成膜树脂可以是改性松香或聚醚改性树脂，主要作用是将助焊剂中的其他有效成分吸附到基材表面，在通过锡炉的同时本身发生分解，不会残留到镀锡层上，可以有效地提高化锡速率。

组合有机酸可以是丁二酸、戊二酸、己二酸、柠檬酸、草酸中的两种或以上的组合物。主要作用是清洗基材表面的氧化物，起到活化基材的作用，在 320～350℃的焊接温度范围内可以完全分解无任何残留。

非离子表面活性剂可以是 OP 类、NP 类、TX 类活性剂。非离子表面活性剂具有良好的润湿性能，有利于成膜物质的均匀吸附，有效地降低孔隙率。

氟碳表面活性剂采用全氟类表面活性剂，具有良好的分散性、流平性，可以有效降低基材表面张力。

高沸点溶剂可以是醚类高沸点溶剂乙二醇丁醚或乙二醇丙醚，主要作用是降低体系的挥发速率，保证助焊剂有效成分的比重在工艺控制范围内。

醇类溶剂可以是无水乙醇或异丙醇，具有气味小，挥发速率适中的特点。

产品应用 本品主要应用于金属焊接。

产品特性 本品具有刺激气味低，锡炉表面残渣少的优点，同时获得的镀锡层具有表面光亮，均匀性一致，孔隙率低，可焊性良好的优势，能够满足后续加工对焊带可焊性、均匀性、耐蚀性的要求，采用该助焊剂获得的焊带耐蚀性满足光伏行业的要求。本品适用于太阳能电池片焊接用的涂锡带制造工艺。本产品制得的涂锡带可焊性良好，有利于后续电池片的焊接，可替代具有潜在腐蚀性的活化松脂焊剂以及性能不佳的纯松脂焊剂。

含有环己胺柠檬酸盐的助焊剂

原料配比

表1 环己胺柠檬酸盐

原料	配比（质量份）		
	1#	2#	3#
一水合柠檬酸	210	210	210
纯水	400（体积）	400（体积）	400（体积）
环己胺	317	307	327

表2 助焊剂

原料	配比（质量份）		
	1#	2#	3#
酯化松香	450	—	—
高黏度全氢化松香	—	250	250
低黏度全氢化松香	—	200	200
二乙二醇单丁醚	350	350	350
改性氢化蓖麻油	60	60	60
氢醌	6	6	6
2-乙基苯并咪唑	40	—	—
苯并咪唑	—	—	40
2-甲基苯并咪唑	—	40	—
环己胺柠檬酸盐	42	42	42

制备方法

环己胺柠檬酸盐的制备：

（1）取一水合柠檬酸，加入纯水加热溶解完全后过滤澄清；

（2）在相应量的环己胺中，边搅拌边缓缓地加入过滤后的柠檬酸溶液，使两者在60～90℃下充分反应，最后加环己胺或柠檬酸调pH值为7.5～9；

（3）加热浓缩，直至出现晶膜为止，趁热将热溶液冷却；

（4）将冷却的环己胺柠檬酸盐烘干。

助焊剂的制备：将各组分混合，加热至90℃，混合均匀即可。

原料介绍

松香或其衍生物为选自天然松香、聚合松香、歧化松香、水白松香、改性松香、酯化松香和氢化松香（高黏度氢化松香和低黏度氢化松香）中的一种、两种或多种按照任何比例混合的混合物。

溶剂为选自丁基卡必醇、二乙二醇单乙醚、二乙二醇单丁醚、二乙二醇单苯醚、2-乙基-1,3-己二醇、丙二醇单苯醚、烷基酚聚氧乙烯醚、邻苯二甲酸二辛酯中的一种、两种或多种按照任何比例混合的混合物。

流变剂为选自氢化蓖麻油、改性氢化蓖麻油、聚酰胺、硬脂酸酰胺、乙烯基双硬脂酰胺中的一种、两种或多种按照任何比例混合的混合物。

稳定剂为选自氢醌、苯并三氮唑、2-位未取代或被取代的苯并咪唑、三乙胺、十二胺中的一种、两种或多种按照任何比例混合的混合物，优选苯并咪唑。

产品应用　本品主要应用于印制电路板行业。

产品特性

（1）本方法所制备得到的环己胺柠檬酸盐纯度高、杂质离子少。

（2）本方法工艺简单、能耗少、成本低。

（3）本方法所制备得到的环己胺柠檬酸盐溶液浓缩后直接放冷成块状，无母液生产，收率高，对环境污染小。

配方 **35**

无铅焊料焊锡丝用助焊剂

原料配比

原料	配比（质量份）		
	1#	2#	3#
水白松香301#	80	78	81
特级氢化松香	5	5	5
氢化松香甘油酯	3	—	—
歧化松香	—	2	—
松香甘油酯	—	3	—
松香季戊四醇酯	—	—	4
软脂酸	2	—	—
硬脂酸	—	2	—
苹果酸	1	2	—
己二酸	2	2	4

原料	配比（质量份）		
	1#	2#	3#
马来酸	—	—	1
癸二酸	1	—	—
甘油三油酸酯	—	—	3
甘油二油酸酯	3	3	—
乳化剂OP-7	2	—	—
乳化剂OP-6	—	2	—
聚山梨酸酯40	1	—	—
乳化剂S-20	—	1	—
松香酸聚氧乙烯醚	—	—	2

制备方法

（1）按配方配比投料；

（2）将水白松香和合成树脂按比例混合加热，使其混合均匀，控制加热温度不超过110℃；

（3）控制温度在100～110℃下依次加入表面活性剂、活化剂，搅拌混匀；

（4）冷却即得到无铅锡丝用免清洗固体焊剂。

原料介绍

采用的合成树脂为特级氢化松香、改性松香、改性氢化松香酯或歧化松香中的一种或两种以上的组合。

活化剂主要为有机酸类活化剂，所说的有机酸可以是戊二酸、乙二酸、丙二酸、己二酸、癸二酸、苹果酸、硬脂酸、软脂酸、马来酸、水杨酸、月桂酸、酒石酸中的一种或两种以上的组合。

表面活性剂为甘油单油酸酯、甘油二油酸酯、甘油三油酸酯、聚山梨酸酯40、聚山梨酸酯80、松香酸聚氧乙烯醚、乳化剂OP-6、乳化剂OP-7、乳化剂S-20、乳化剂S-40中的一种或两种以上的组合。

产品应用　本品主要应用于金属焊接。

产品特性

（1）本品不含卤化物，焊后残留少，无腐蚀性，有很高的绝缘电阻，焊后不需清洗，同时配合无铅合金的高熔点增加耐高温的有机活性剂，使其具有良好的活性。

（2）本品表面活性剂采用复配物，使焊剂的各种有效分能充分混合，扩展率高，能够改进无铅焊料使用温度高、流动性差的缺点，保证无铅焊料焊锡丝的使用范围和良好的流动性。

（3）本品所用合成树脂干燥度好，在焊接过程中可缩短干燥时间，形成均匀的保护薄膜，提高绝缘电阻，而且可以保护焊点免受外界侵蚀。

（4）本品所用活化剂主要为有机酸类活化剂，依靠有机酸除去焊盘上的氧化层，使焊点牢固可靠。这些有机酸配合使用可有效地提高焊接活性，降低无铅焊料的表面张力，水萃取液电阻率好，同时适当的比例可以减少焊后残留物。

配方 **36**

焊膏及助焊剂

原料配比

原料	配比（质量份）		
	1#	2#	3#
松香	50	50	50
二甘醇己醚	40	40	40
丁二酸	1	1	1
二苯胍氢溴酸盐	2	2	2
邻二氮杂菲	1	—	—
十二硫醇	—	1	—
十八硫醇	—	—	1
脂肪酸酰胺蜡	6	6	6

制备方法

（1）助焊剂的制备：将溶剂、树脂、活化剂、触变剂按比例加入不锈钢反应釜中，在100～150℃加热搅拌，直到完全溶解，迅速冷却，补充部分挥发的溶剂部分，密闭放置备用。

（2）焊膏的制备：将11.5%比例的助焊剂和88.5%比例的合金焊粉放入双行星搅拌器中室温搅拌均匀，500g锡膏罐分装。

原料介绍

所述的长链硫醇为带有—SH基团的链长大于或等于7个碳的化合物，较佳的选择是通式$R(CH_2)_nSH$中的一种或多种，其中R为甲基、羧基、羟基、甲酰基或者酰胺基，n为7～21，优选12～18；更佳的，所述的长链硫醇为己硫醇、辛硫醇、癸硫醇、十二硫醇和十八硫醇等中的一种或多种。

所述的树脂为本领域助焊剂中常规使用的树脂，一般为松香类树脂，较佳的为松香、酸改性松香、氢化松香、歧化松香和聚合松香中的一种或多种。

所述的触变剂为本领域助焊剂中常规使用的触变剂，即能使助焊剂产生触变现象的助剂，较佳的为聚酰胺类、氢化蓖麻油类和酰胺改性的氢化蓖麻油类等中的一种或多种。

所述的活化剂为本领域助焊剂中常规使用的活化剂，即用来除去焊锡粉表面氧化层从而达到焊接目的的助剂，较佳的为含卤化合物、有机酸和有机胺类化合物中的一种或多种。

所述的溶剂为本领域助焊剂中常规使用的溶剂，较佳的为二元醇单醚和/或二元醇双醚类溶剂，如二乙二醇单己醚和/或聚乙二醇双丁醚等。

本品助焊剂还可含有本领域其他常规添加剂，如增塑剂和/或抗氧化剂等。

根据需要，本品所述的助焊剂可为所有成分混合的一组分形式，也可为各成分独立或将各成分分成若干组的多组分套装形式。

本品还涉及一种焊膏，其包含上述助焊剂和合金焊粉，所述的合金焊粉为无铅焊粉或有铅焊粉。其中，所述的助焊剂与合金焊粉的体积比较佳的为 0.8∶1～1.2∶1。所述的无铅焊粉较佳的为 Sn-Ag-Cu 系、Sn-Ag 系、Sn-Cu 系、Sn-Zn 系或 Sn-Bi 系合金；所述的有铅焊粉较佳的为 Sn-Pb 系合金。所述的合金焊粉较佳的为球形粉末，粒径大小较佳的为 1～45μm。

产品应用　本品主要应用于表面组装。

产品特性　本品的焊膏在 30℃存贮 4 天的条件下其黏度变化小于±6%。而通常的焊膏在相同条件下黏度增加了 84.1%。这说明本品的焊膏具有优异的存贮稳定性，与此同时保持了良好的焊接性能，并且本品焊膏的制备步骤简单。

配方 **37**

焊锡膏及其助焊剂

原料配比

原料	配比（质量份）		
	1#	2#	3#
氢化松香	15	21	27
二乙二醇二丁醚	29	30	24
2-乙基-1,3-己二醇	6	14	20
氢化蓖麻油	15	3	5
硬脂酸酰胺	—	2	3
丁二酸	7	5	6

原料	配比（质量份）		
	1#	2#	3#
戊二酸	3	6	1
甲基咪唑	10	9	8
聚异丁烯 800	15	—	—
聚异丁烯 3000	—	10	—
聚异丁烯 4500	—	—	6

制备方法

助焊剂的制备：

（1）按比例称取咪唑类化合物、松香、触变剂、活化剂、溶剂以及至少一种聚异丁烯或聚丁烯，并准备一个不锈钢容器；

（2）将松香、溶剂和触变剂加入不锈钢容器中加热升温到 130～150℃，并搅拌至完全熔化；

（3）使不锈钢容器降温到 110～130℃，然后将活化剂加入不锈钢容器中，并搅拌至完全熔化；

（4）使不锈钢容器继续降温到 70～90℃，然后将咪唑类化合物和至少一种聚异丁烯或聚丁烯加入不锈钢容器中，并搅拌至完全熔化，冷却制得助焊剂。

助焊膏的制备：

（1）按比例称取无铅焊锡粉及助焊剂；

（2）将无铅焊锡粉和助焊剂在真空搅拌机中充分搅拌混合均匀，即可制得焊锡膏。

产品应用　本品主要应用于高精密电子元件焊接。

产品特性

（1）通过添加至少一种聚异丁烯或聚丁烯，利用该聚异丁烯或聚丁烯代替部分松香，一方面可以减少松香的使用量，从而使黄色的松香残留减少，另一方面，聚异丁烯或聚丁烯均为无色透明黏性液体，可以软化较硬的松香，从而使得焊锡膏为柔软的无色透明物，大大提高探针测试通过率，为电子产品的焊接质量提供了有效保证。

（2）在焊接预热的高温下，被焊的金属在高温下氧化速度非常快，而加入咪唑类化合物后，咪唑可与被焊金属形成一层保护膜，阻止金属继续氧化，从而提高了焊锡膏的焊接性能。

配方 **38**

环保耐高温热风整平助焊剂

原料配比

原料	配比（质量份）	
	1#	2#
助焊载体	50	50
活化剂	1.5	1.5
抗氧剂	0.35	0.35
表面活性剂	0.08	0.08
成膜剂	1.2	1.2
增稠剂	0.65	0.65
去离子水	加至 100	加至 100

制备方法　将各组分混合均匀即可。

原料介绍　所述助焊载体为氢化松香复配水溶性有机酸混合而成。所述水溶性有机酸为丙二酸、丁二酸、戊二酸中的两种的混合物。

所述活化剂为盐酸、氢氟酸及正磷酸中的一种或两种的混合物。

所述表面活性剂为烷基酚聚氧乙烯醚类非离子表面活性剂。

产品应用　本品主要应用于焊接材料。

产品特性　本品使用去离子水作溶剂，降低助焊剂的黏度，可降低助焊剂的制作成本，同时焊接时可达到安全、环保、稳定、无毒害的作用，尤其适用于无铅焊接。

配方 **39**

活性化液体助焊剂

原料配比

原料	配比（质量份）		
	1#	2#	3#
三乙醇胺	9（体积份）	9.5（体积份）	10（体积份）
无水乙醇	860（体积份）	870（体积份）	880（体积份）

原料	配比（质量份）		
	1#	2#	3#
固体松香	240	245	250
水杨酸	30	32.5	35

制备方法　在 15～35℃下，将三乙醇胺和无水乙醇混合，接着加入固体松香，然后加入水杨酸混合 30min，使得固体松香全部溶解，最后经过滤纸过滤制得活性化液体助焊剂。

产品应用　本品主要应用于焊接元器件。

产品特性　本品在使用后能够使得焊材表面光亮、外形饱满，同时焊接面无气孔且焊接基体无腐蚀。

配方 40

活性助焊剂

原料配比

原料	配比（质量份）
松香	20～30
硬脂酸	10～15
乳酸	5～10
盐酸苯胺	0.5～1
氯化锌	0.5～1.5
水	5～10

制备方法

（1）将氯化锌用水制成备用溶液。

（2）将松香、硬脂酸、乳酸在加热条件下混匀制成备用混合物。

（3）将所述备用溶液和混合物放在一起混炼即可。

其中，松香、硬脂酸和乳酸作为助焊剂的主体成分；水作为溶剂；盐酸苯胺、氯化锌为活化剂，可以增强助焊剂的活性。

产品应用　本品主要应用于金属加工。

产品特性　本品在使用时，不会产生对人体有害的有毒气体，通过使用松香、硬脂酸和乳酸作为助焊剂，可以减少金属表面张力，盐酸苯胺、氯化锌作为活化剂可以进一步增强焊接效果，同时，水作为溶剂无污染。

机器人自动焊接焊锡丝用的助焊剂

原料配比

原料	配比（质量份）				
	1#	2#	3#	4#	5#
氢化松香	600	600	600	600	600
聚合松香	247	187	217	227	226
二甘醇单甲醚	—	—	75	—	—
己二酸二乙酯	—	—	—	—	65
丙二醇丁醚	55	80	—	65	—
聚苯乙烯	70	—	80	—	—
聚苯丙烯	—	105	—	—	40
苯乙烯-丙烯腈共聚物	—	—	—	80	—
辛二酸	16	16	—	16	—
己二酸	—	—	16	—	—
二乙胺氢溴酸盐	8	—	8	8	—
二乙胺盐酸盐	—	8	—	—	—
FC-4430	4	4	4	—	—
FSN-100	—	—	—	4	—

制备方法　先将上述高温溶剂和松香树脂加入容器内，加热至155～165℃，搅拌速度为30～40r/min至完全熔化后，再依次加入上述质量份的线型聚合物、活化剂和表面活性剂，在前述温度下继续以30～40r/min的速度搅拌30～45min，待物料熔化并混合均匀后停止搅拌即可得到机器人自动焊接焊锡丝用的助焊剂。把上述制得的助焊剂灌入挤压机中，以120～130℃的温度，0.18～0.22MPa的气压进行挤压到焊锡线中，助焊剂占焊锡合金的质量百分比为2.8%～3.2%，通过拉丝机拉出不同规格的焊锡丝。

原料介绍

线型聚合物为聚苯乙烯、聚 α-甲基苯乙烯、聚苯丙烯、苯乙烯-丙烯腈共聚物、苯乙烯-丁二烯-苯乙烯共聚物中的一种或几种。当温度为125℃时，常规熔融的助焊剂黏度大，流动性较差，挤压进入焊锡丝中熔融的助焊剂容易间断且不均匀，当加入所述的聚合物后，由于聚合物在高温下形成一种线型高分子，挤压进入焊锡线中的助焊剂犹如一根线，分子间的作用力得到大幅增强，从而避免助焊剂容易出现断裂、不均匀的现象。为了达到更佳的线型效果，减少聚合物线上的支链，达到近乎完全的线型结构，优选上述聚合物的高线型型号，如高线型的聚苯乙烯，高线型的聚苯丙烯。

高温溶剂为二甘醇、二甘醇单甲醚、乙二醇单乙醚、丙二醇丁醚、丁二酸二己酯、戊二酸二乙酯和己二酸二乙酯中的一种或几种。

活性化为丁二酸、衣康酸、戊二酸、己二酸、辛二酸、硬脂酸、癸二酸中的至少一种，和一乙胺盐酸盐、二乙胺盐酸盐、三乙胺盐酸盐、环己胺盐酸盐、一乙胺氢溴酸盐、二乙胺氢溴酸盐、三乙胺氢溴酸盐、环己胺氢溴酸盐和2,3-二溴丁烯二醇中的至少一种。活化剂最好采用至少两种，因为根据活化剂的活化温度及分解温度不同，可以在不同的温度下均有良好的去除金属氧化层的作用，从而提高焊接性能。

表面活性剂为吐温-30、AEO-9、NP-9、FC-4430等中的一种或几种。表面活性剂在焊接时可以降低熔融焊料的表面张力，提高润湿力，增强焊料的可焊性能。因为助焊剂的制备及焊锡丝的使用过程中均为高温条件，碳氢类表面活性剂在高温下容易分解，导致失效，所以优选上述含氟的表面活性剂如：FC-4430，FSN-100。

松香树脂为水白松香、氢化松香、歧化松香、聚合松香和丙烯酸改性松香中的一种或几种。

产品应用 本品主要应用于电子产品。

产品特性 本品通过线性聚合物、高温溶剂、活化剂、表面活性剂和松香树脂五类物质的组合制备出的助焊剂，在温度不能太高的条件下挤压到焊锡丝里后填充饱满均匀，可使焊锡丝润湿扩展率良好；机器人自动焊接时不会出现连锡、空焊等焊接不良的现象。

 配方 **42**

聚乳酸助焊剂

原料配比

原料	配比（质量份）			
	1#	2#	3#	4#
丁二酸	10	10	10	10
聚乳酸	0.1	1	0.1	1
二甘醇	39.9	39	44.9	39

原料	配比（质量份）			
	1#	2#	3#	4#
丙三醇	15	15	15	15
硬脂酸酰胺	10	10	10	10
乙酸乙酯	25	25	20	25

制备方法　将各组分混合均匀即可。

原料介绍　所述聚乳酸为外消旋聚乳酸。

聚乳酸是一种热塑性脂肪族聚酯。聚乳酸可以通过各种方式快速降解，因此聚乳酸被认为是一种具备良好的使用性能的绿色塑料。其熔点为175～178℃，与结晶度有关；其沸点为230℃，但是在沸腾前聚乳酸已经发生分解，分解后很快蒸发。锡铅焊锡膏焊接温度为220～225℃，大部分无铅焊锡膏焊接温度在250℃以上，因此作为助焊剂中触变剂的聚乳酸沸腾前分解蒸发的特性正好符合减少助焊剂残渣残留的要求，在焊接加热过程中聚乳酸即被分解蒸发。

产品应用　本品主要应用于电子产品的焊接。

产品特性

（1）本品可以防止焊料粉末颗粒的沉降，同时因焊接加热时能够发生蒸发或分解，无残渣残留，因此可以实现基板焊接后免清洗。

（2）本品助焊剂，可以调节焊膏黏度，对于树脂涂布可以获得更好的涂布和固化效果，涂布更均匀，固化更充分。

配方 43

可减少飞散的有芯焊锡丝用固体助焊剂

原料配比

原料		配比（质量份）			
		1#	2#	3#	4#
复配表面活性剂	非离子表面活性剂 FT900	0.2	0.38	0.66	0.54
	溴代十六烷基吡啶	0.3	0.47	0.66	0.74
	氟碳表面活性剂 FSN100	0.5	0.95	1.68	1.42
复配有机酸	丁二酸	2	0.33	1.2	2.33
	富马酸	2	—	—	2.17
	柠檬酸	—	0.33	0.6	—
	苹果酸	—	0.34	0.6	—

原料		配比（质量份）			
		1#	2#	3#	4#
复配增塑剂	四氢糠醇	0.75	2	0.71	1.95
	分子量为 2400 的聚异丁烯	0.75	1	0.29	0.65
复配松香	氢化松香	58.44	56.52	52	60.8
	无色氢化松香	35.06	37.68	41.6	30.4

制备方法 将复配松香粉碎至直径小于 1cm 的块状，加入反应器中加热到（140±5）℃搅拌均匀，恒温放置 5min 再依次加入复配表面活性剂、复配有机酸和复配增塑剂继续搅拌均匀，倒入模具中成型得到本品固体助焊剂产品。

产品应用 本品主要应用于电子焊接材料。

产品特性

（1）本品助焊剂可把卤素控制在 1mg/g 以下，完全符合无卤标准要求；

（2）大幅度地减少了焊锡丝在焊接过程中焊剂残渣和锡球飞散的数量以及飞散的距离；

（3）采用复配松香，软化点提高了，耐高温性能好，绝缘电阻高，酸值提高，增加了活性，从而可减少活化剂用量；

（4）用于高绝缘高可靠性电子信息产品焊接，具有良好作业性能，而且焊剂飞散很少并减少气味烟雾产生，助焊剂残留呈无色透明，和以往产品相比飞散测试结果减少 60%～80%。

配方 **44**

可减少锡焊接污染物排放的水基助焊剂

原料配比

原料		配比（质量份）			
		1#	2#	3#	4#
氢化松香 AR-120H		1	5	2.8	4.2
复配非离子表面活性剂	FT900	0.19	0.32	0.12	0.275
	溴代十六烷基吡啶	0.23	0.39	0.14	0.275
	吐温-80	0.58	0.79	0.24	0.55
复配高沸点多元醇溶剂	SAF-25 聚亚氧基乙二醇	1.2	0.58	1.88	1.27
	1,2-丙二醇	1.8	0.71	1.88	1.27
	一缩二乙二醇	1.5	0.71	2.24	1.26

原料		配比（质量份）			
		1#	2#	3#	4#
复配有机酸	衣康酸	0.08	0.394	0.078	0.4
	苹果酸	0.64	2.37	0.39	2
	戊二酸	0.08	0.236	0.032	0.2
复配有机溶剂	乙醇	16.7	22.5	21.75	17.86
	异丙醇	8.3	7.5	7.25	8.14
去离子水		67.7	58.5	61.2	62.3

制备方法　将氢化松香 AR-120 H 粉碎至直径小于 1cm 的块状，和复配有机溶剂一起加入反应釜中加热到 60～65℃搅拌 2h 直至全部溶解，再依次加入复配非离子表面活性剂、复配高沸点多元醇溶剂和复配有机酸继续搅拌 1h 待完全溶解后再加入加至 100 的去离子水，再在 2500～3000r/min 速度下搅拌 1h 后静置 4h 经过滤得到本水基助焊剂产品。

产品应用　本品主要应用于电子焊接材料。

产品特性

（1）本品助焊剂可把卤素控制在 $10^{-4}\mu g/g$ 以下，完全符合无卤标准要求；

（2）采用高沸点多元醇溶剂取代醇醚类有机溶剂，避免或减少了醇醚类溶剂对人类生殖、血液、行为、精神的影响；

（3）可减少锡焊接污染物排放，从而减少污染排放物对大气污染，也减少了对操作人员的健康危害；

（4）减少了锡焊接中有机物 VOC 排放，CO_2 排放物在 50%以上，大部分溶剂挥发，而排放物为水蒸气；

（5）本品助焊剂使松香溶于水中，从而使以松香为载体的水基助焊剂作业性好，清澈透明。

配方 **45**

铝钎焊焊锡丝芯用助焊剂

原料配比

原料	配比（质量份）					
	1#	2#	3#	4#	5#	6#
Foral AXE 全氢化松香	22	—	—	—	—	—

原料	配比（质量份）					
	1#	2#	3#	4#	5#	6#
KE-100 松香	—	14	—	—	—	—
KE-604 松香	—	—	—	—	28	—
B140 聚合松香	—	—	12	—	—	—
KR-610 松香	—	—	10	—	—	—
B90 聚合松香	—	—	—	—	—	6
水白松香	—	—	—	—	—	10
冰白松香	—	—	—	28	—	—
氟硼酸铵	24	16	12	24	24	20
一乙醇胺	—	—	—	9.5	—	—
三乙醇胺	12	—	11	—	—	—
二乙醇胺	—	15	—	—	—	—
二亚乙基三胺	—	—	—	30	—	—
N,N-二甲基十二胺	—	—	42	—	—	38
活性氧化锌	—	—	8	—	—	8
氟硼酸亚锡［$Sn(FB_4)_2$］	—	—	—	—	—	1.5
三乙烯四胺	—	38	—	—	—	—
硬脂酸锌	—	10	—	—	—	—
辛酸亚锡	—	6	4	—	—	—
β-羟乙基乙二胺	35.1	—	—	—	38	—
Sn 粉	—	—	—	—	8	—
氯化锌（$ZnCl_2$）	6	—	—	—	—	—
氯化锡（$SnCl_2$）	0.8	—	—	—	1.5	—
氟化锌（ZnF_2）	—	—	—	6	—	—
氟化锡（SnF_2）	—	—	—	0.5	—	—
FC4432	0.1	—	—	—	0.5	—
FC4430	—	1	—	—	—	—
F502	—	—	1	—	—	—
F501	—	—	—	2	—	—
FS-300	—	—	—	—	—	0.5

制备方法 在反应器内按铝钎焊焊锡丝芯用助焊剂所述配方加入氟硼酸铵、锌源、亚锡盐、氟表面活性剂及有机胺；在80～100℃温度下连续搅拌30～45min

使原料充分溶解混合；然后加入改性松香同时将温度升到120～140℃并不断搅拌10～25min，得到黄色透明液体；将该液体冷却至室温即得到固态的铝钎焊焊锡丝芯用助焊剂。

原料介绍

锌源为锌盐、锌粉或活性氧化锌。锌盐为无机锌盐或有机酸锌盐，所述无机锌盐优选 $ZnCl_2$、$ZnBr_2$、ZnF_2、$ZnBr_2$ 或 $Zn(BF_4)_2$；所述有机酸锌盐优选为硬脂酸锌。

有机胺为二胺和多元胺中的一种；或者是一元胺、二胺和多元胺中的多种，其中多种中至少含有一种二胺或多元胺。所述一元胺为乙醇胺、二乙醇胺或三乙醇胺；所述二胺或多元胺为 N,N-二甲基十二胺、β-羟乙基乙二胺、二乙基胺、二乙烯二胺、二乙烯三胺、三乙烯四胺、三正辛胺、四甲基乙二胺或二亚乙基三胺。

氟表面活性剂为 FC4430、FC4432、F5010、FSN-100、F501、F502 和 FS-300 中的 1～2 种。

改性松香优选为 Foral AXE 全氢化松香、KE-604 松香、KE-100 松香、二聚松香 145、KR-610 松香、B140 聚合松香、B115 聚合松香、B90 聚合松香、Polypale 聚合松香、冰白松香、水白松香和歧化松香中的 1～2 种。

亚锡盐为无机亚锡盐或有机酸亚锡。所述的无机亚锡盐优选 $SnCl_2$、SnF_2、$SnBr_2$ 或 $Sn(BF_4)_2$；所述的有机酸亚锡盐优选为辛酸亚锡。

产品应用　本品主要应用于铝及铝合金软钎焊接。

产品特性

（1）本品常温下呈固态并具有一定硬度，且固化效果好、不发生分层现象，非常适合用作焊锡丝的内芯。同时，该助焊剂活性大、铺展率高，能够在铝钎焊时发挥良好的去膜作用，获得光亮、饱和的焊点，焊后残留物较少。

（2）本品可利用机械液压设备将其压入焊料合金（如 Sn-Ag-Cu、Sn-Zn 焊料等）中，拉制成丝，形成外层为合金焊料，内芯为助焊剂的焊锡丝。

（3）本品可在 250～300℃温度区间内对铝及铝合金进行钎焊。

（4）本品同时也适合镍基合金及不锈钢材料的软钎焊。

配方 46

免清洗低飞溅无铅焊锡丝用助焊剂

原料配比

原料	配比（质量份）			
	1#	2#	3#	4#
二乙胺氢溴酸盐	1	0.2	0.5	0.5

原料	配比（质量份）			
	1#	2#	3#	4#
二苯胍氢溴酸盐	2	4	4	4
2-乙基-1-己醇	2	—	6	—
二乙二醇	—	5	—	7
癸二酸	2	2	3	3
辛二酸	2	2	2	2
特级松香	45.5	25	25	25
聚合松香	45.5	61.8	59.5	58.5

制备方法 先将有机胺氢卤化物与高沸点醇类溶剂混合，在常温下用高速分散机搅拌至均匀透明；再将松香加入容器内以（150±10）℃的温度加热并搅拌至熔化，在（150±10）℃温度下加入有机酸，待有机酸溶解在松香溶液后再加入前述有机胺氢卤化物与醇类溶剂的混合液体，继续搅拌 10～30min 后溶解成透明均匀液体即可。

原料介绍

所述高沸点醇类溶剂至少为丙三醇、二甘醇、四氢糠醇、二乙二醇、2-乙基-1-己醇、2-乙基-1,3-己二醇中的一种或几种的混合物。因为有机胺氢卤化物在松香中的溶解度很低，如未用溶剂将有机胺氢卤化物溶解，会造成有机胺氢卤化物在松香中分布不均匀，其中浓度大的地方在焊接时由于瞬间汽化造成助焊剂飞溅严重。高沸点醇类溶剂对有机胺氢卤化物、有机酸和松香都具有优异的溶解性，即使在室温下都可以使有机胺氢卤化物、有机酸均匀地分布在松香中，从而减少或避免助焊剂飞溅。

所述的有机酸活化剂至少 6 个碳原子的一元或二元有机酸，为辛二酸、癸二酸、十二二酸、十二酸、十四酸、棕榈酸、硬脂酸中的一种或几种的混合物。6个碳原子以下的有机酸由于沸点低，在焊接时易汽化、挥发，造成助焊剂飞溅。

所述有机胺氢卤化物为二苯胍氢溴酸盐、环己胺氢溴酸盐、二乙胺氢溴酸盐、二甲胺盐酸盐、二乙胺盐酸盐中的一种或几种的混合物。此类物质具有较强的去除氧化物的能力，但对助焊剂的飞溅也是影响最大的组分，因此控制它在助焊剂中的含量在 0.5%～5%的范围。

所述松香可以是普通松香或改性松香，优选特级松香、聚合松香、歧化松香、氢化松香中的任意一种或两种混合。两种混合松香所形成的残留物不易开裂，焊后绝缘电阻高，飞溅少。

产品应用 本品主要应用于无铅焊锡丝。

产品特性 本品优点在于添加高沸点醇类溶剂可以很好地溶解有机胺氢卤化物，从而减少助焊剂飞溅，并且先采用高沸点醇类溶剂将有机胺氢卤化物在常温下用高速分散机溶解后，再与松香及有机酸加热混合，所制作出的助焊剂透明度高，焊接时基本无飞溅，钎焊性好，绝缘电阻高。

免清洗松香助焊剂

原料配比

原料	配比（质量份）		
	1#	2#	3#
松香	2	4	5
丙烯酸	0.1	0.15	0.2
脂肪酸二乙醇酰胺	—	2.5	—
丁二酸二甲酯	—	—	5
丁二酸	0.2	—	—
抗氧剂苯并三氮唑	0.1	0.3	0.5
触变剂氢化蓖麻油	0.1	0.3	0.5
乙二醇	70	—	—
丙三醇	—	80	—
二甘醇	—	—	90

制备方法 将各组分混合均匀即可。

产品应用 本品主要应用于电子工业领域。

产品特性

（1）本助焊剂具有不腐蚀母材的优点，在焊接温度下，能增加焊料的流动性，去除金属表面氧化膜，焊剂残渣容易清除，同时不会产生有毒气体和臭味，不会对人体造成危害且不会对环境造成污染。

（2）由于添加了抗氧剂和触变剂，在焊接中，本助焊剂能加强焊接能力，更好地降低被焊接材质表面张力，辅助热传导，防止氧化，改善焊接速度和清洗金属使之表面光洁度达到满意程度等。

免清洗无铅焊料助焊剂（一）

原料配比

原料	配比（质量份）		
	1#	2#	3#
氢化松香	3.5	—	—
水溶性松香树脂	—	3.2	1
丁二酸	0.8	0.8	0.8
己二酸	0.8	1.2	1.2
癸二酸	0.4	—	—
二溴丁二酸	—	0.4	0.2
二溴丁烯二醇	—	—	0.3
三乙胺	—	1.2	—
苯甲酸	—	—	2
氢化松香乙酯	0.5	—	—
己二酸二乙酯	0.3	—	—
DBE（混合酯）	0.8	1.5	3
OP-10	0.2	—	0.3
FSC	0.08	—	0.1
FC-135	—	0.1	—
TX-10	—	0.3	—
二甘醇	0.5	—	—
二甘醇单甲醚	—	2.5	—
乙二醇丁醚	—	3	5
苯并三氮唑	—	—	0.2
乙酸丁酯	—	3	—
丙二醇单甲醚	2.5	—	—
异丙醇	89.62	32.8	—
去离子水	—	50	85.9

制备方法 常温下，将溶剂加入干净的带搅拌的搪瓷釜中，开搅拌，先加入难溶原料，搅拌 0.5h 后，依次加入其他原料，继续搅拌至固体物质全部溶化，混

合均匀，停搅拌，静置过滤即为产品。

原料介绍

有机酸活化剂为一元羧酸、二元羧酸、羟基酸，特别是乙酸、丙酸、苯甲酸、苯乙酸、水杨酸、苹果酸、柠檬酸、乳酸、甘油酸、丁二酸、戊二酸、己二酸、癸二酸，可选其中一种或多种的组合。这类活化剂有足够的活性，要适当选择和组合，使其在焊接温度下能够分解挥发，焊后 PCB 板上无残留，无腐蚀。

改良树脂为氢化松香、聚合松香、丙烯酸松香树脂、马来酸松香树脂、水溶性松香树脂、改性松香脂，选其中一种或多种的组合。这些树脂在常温下不显活性，在焊接过程中形成防止再氧化的保护膜，在焊接温度下可增强焊剂的活性，降低焊料表面张力，焊后少量高分子物质均匀地残留到 PCB 板面上，对 PCB 板有抗蚀保护作用，并可增强电绝缘性。

表面活性剂为非离子表面活性剂或阳离子表面活性剂，特别是 TX-10（辛基酚聚氧乙烯醚）、AEO（脂肪醇聚氧乙烯醚）、OP-10（异辛基酚聚氧乙烯醚）、FSN（非离子氟表面活性剂），全氟辛基酰胺季铵盐（中国产）、FSC（阳离子氟表面活性剂）、FC-135（阳离子氟表面活性剂），可选其中一种或多种的组合。适当选择非离子表面活性剂与阳离子表面活性剂组合，利用它们的协同效应，能更好地降低熔融无铅焊料的表面张力和被焊金属表面的表面能，提高焊接效果。

高沸点溶剂为高碳醇或醇醚，特别是二甘醇、十四醇、四氢糠醇、乙二醇乙醚、乙二醇丁醚、二甘醇单甲醚、丙二醇单甲醚，可选其中一种或多种的组合。高沸点溶剂能改善助焊剂的铺展性，使焊剂涂敷均匀，增强助焊剂的润湿力，在焊接过程中挥发掉，焊后板面无残留。

润湿剂为脂肪酸酯，特别是乙酸丁酯、乙酸苄酯、丁二酸二乙酯、己二酸二甲酯、己二酸二乙酯、戊二酸二甲酯、DEB（混合酯），可选其中一种或多种的组合。润湿剂的功能在于提高焊剂润湿力，在焊接过程中挥发，焊后板面无残留。

活性增强剂是非离子共价键溴化物，特别是二溴丁二酸、二溴丁烯二醇、二溴苯乙烯，可选取其中一种或多种的组合。

缓蚀剂是氮杂环化合物、有机胺类，特别是苯并三氮唑、三乙胺。

产品应用　本品主要应用于焊接 PCB 板。

使用方法：可采用喷雾、发泡、浸渍等方法将助焊剂均匀涂敷在待焊接的 PCB 板上，对 PEB 板进行预热，预热温度为 95～110℃（板顶测量），将焊剂中的溶剂完全蒸发掉，再经波峰焊料槽焊接，焊料槽温度视无铅焊料而定，一般为 250～270℃，传送速度为 1.2～1.8m/min。

产品特性

（1）本助焊剂选用的活化剂、润湿剂、添加剂都设计在焊接温度下挥发掉，使焊后板面残留物少，只有少量电绝缘性树脂膜，或基本没有残留物。

（2）本品润湿力强，可焊性优越，可提高无铅焊料的焊接性能，焊后板面残留物少，且铺展均匀，无须清洗，表面绝缘电阻高，焊剂可用去离子水取代 VOC 溶剂，符合环保要求。

配方 49

免清洗无铅焊料助焊剂（二）

原料配比

原料	配比（质量份）		
	1#	2#	3#
精制氢化松香	87	86	84
苯甲酸	1	1	2
癸二酸	0.5	—	—
辛酸	—	—	1
邻苯二甲酸	—	1	—
溴代十六烷基吡啶	—	1	—
苯甲酸苄酯	—	5	—
12-羟基硬脂酸	6	—	6
12-羟基硬脂酸甲酯	—	6	—
5-氯代水杨酸	1.5	—	1
SAF-25	4	—	3
氧化聚乙烯蜡	—	—	3

制备方法　在带有搅拌与加热器的容器内加入配方量的改性松香，加热并搅拌使精制改性松香完全熔化，然后在 130～150℃下加入配方量的高沸点溶剂，搅拌均匀后，加入配方量的有机酸活化剂及阴离子表面活性剂，搅拌均匀，最后加入配方量的耐热性树脂，直至搅拌均匀即得免清洗无铅焊料助焊剂。

原料介绍

有机酸活化剂优选为苯甲酸、辛酸、苹果酸、邻苯二甲酸、癸二酸、丁二酸及己二酸中的一种或两种的组合物。有机酸活化剂对氧化物具有足够的还原作用，可提高助焊剂在焊接中的活性以及增加熔融焊料的流动性。

阴离子表面活性剂优选为 5-氯代水杨酸、溴代十六烷基吡啶、二溴丁烯二醇和二溴丁二酸中的一种或多种的组合物，此类表面活性剂能更好地降低焊料表面张力；同时，由于其活性持续时间长，可抑制其他活性剂瞬间汽化，防止焊接时焊锡丝急剧受热所引起的焊剂及焊料球飞溅,提高焊接作业的安全性,焊后残留物少,同时作为焊剂的辅助活性剂起到助焊效果。由于分子量大,焊接产生的烟雾少,对电子产品的电气绝缘性有好处。阴离子表面活性剂最佳含量为助焊剂总质量的 1.0%～2.0%。

耐热性树脂为 12-羟基硬脂酸、12-羟基硬脂酸甲酯、氧化聚乙烯蜡中的一种或多种的组合物。耐热性树脂可提高助焊剂的耐热性,防止残留助焊剂在冷热循环条件下产生裂纹,从而提高潮湿条件下的电气绝缘性及耐腐蚀性,在活性剂选配合理的基础上,确保电子产品的可靠性。

高沸点溶剂优选 SAF-25、癸二酸二辛酯、苯甲酸苄酯、己二酸二辛酯中的一种或两种的混合物。此类高沸点溶剂可提高焊接各组分的溶解性及焊剂载体的塑性,使焊剂与焊球的飞溅降低到最低程度。

精制改性松香优选精制氢化松香、聚合松香、歧化松香、亚克力松香中的一种或多种的组合物。改性松香作为焊剂的载体,具有良好的保护性能,提高焊接时的抗氧化能力,并能很好地解决助焊剂活性与腐蚀性的矛盾。

产品应用 本品主要应用于金属焊接。

产品特性 本品与 Sn-Cu、Sn-Ag-Cu 系无铅焊料有极佳的匹配效果,可提高无铅焊锡丝的焊接性能,焊接过程中助焊剂与焊料球的飞溅甚微,无臭味、无腐蚀,焊后焊料残留物少,且焊后助焊剂的残留物无裂纹发生,电气绝缘性能高、离子污染低,保证了电子产品封装后的可靠性,焊后可免清洗。

配方 **50**

免清洗无铅焊料助焊剂（三）

原料配比

原料	配比（质量份）		
	1#	2#	3#
精制氢化松香	82	84.5	85.5
苯甲酸	1.5	—	—
己二酸	1	2.5	—
苯甲酸	—	—	1.5
反丁烯二酸	—	—	1
12-羟基硬脂酸甲酯	4	—	—
氧化聚乙烯蜡	2	3	3
5-氯代水杨酸	1.5	2	2

原料	配比（质量份）		
	1#	2#	3#
二溴丁烯二醇	2	2	2
乙酸丁酯	3	—	2
丁酸乙酯	—	3	—
SAF-25	3	3	3

制备方法　在带有搅拌与加热器的容器内加入配方量的改性松香，加热并搅拌使改性松香完全熔化，然后在130～150℃下加入配方量的高沸点溶剂，搅拌均匀后，加入配方量的有机酸活化剂、卤代物活性剂及助溶剂，搅拌均匀，最后加入配方量的耐热性树脂，直至搅拌均匀即得所述的免清洗无铅焊料助焊剂。

原料介绍

所述的高沸点溶剂为SAF-25、癸二酸二辛酯、苯甲酸苄酯、己二酸二辛酯中的一种或多种的混合溶剂。

所述的有机酸活化剂优选苯甲酸、邻苯二甲酸、反丁烯二酸、丁二酸、己二酸及癸二酸中的一种或多种的混合物。有机酸活化剂对氧化物具有足够的还原作用，可提高助焊剂在焊接中的活性以及增加熔融焊料的流动性。有机酸活化剂的含量优选助焊剂总质量的1.5%～2.5%，以提高助焊剂活性和减少焊后离子的残留量，保证电子产品焊接后无残留和无腐蚀。

所述的卤代物活性剂为氯代物和溴代物的混合物，其中，氯代物优选5-氯代水杨酸，溴代物优选溴代十六烷基吡啶、二溴丁烯二醇及二溴丁二酸中的一种或多种的混合物。

所述的耐热性树脂为12-羟基硬脂酸甲酯、氧化聚乙烯蜡中的一种或它们的混合物。耐热性树脂可提高助焊剂的耐热性，进一步提高焊接时的保护性，防止残留助焊剂在冷热循环条件下产生裂纹，从而提高了在电迁移苛刻条件下的电气绝缘性及耐腐蚀性。

所述的改性松香为精制氢化松香、聚合松香、歧化松香中的一种或多种的混合物。松香作为助焊剂的载体，具有良好的保护性能，并可与助焊剂的活性成分之间通过助溶剂达到很好的混溶，解决了助焊剂活性与腐蚀性的矛盾。

所述的助溶剂为乙酸乙酯、乙酸丁酯、丁酸乙酯、丁酸丁酯中的一种或多种。助溶剂一方面可增强助焊剂各组分之间的混溶性，减少飞溅；另一方面，由于使用的是酯类的助溶剂，其具有水果香味，与高沸点溶剂共同作用可极大地改善助焊剂的气味，从而改善操作人员的作业环境，降低操作者的疲劳度。

产品应用　本品主要应用于金属的焊接。

产品特性　本品能有效配合无铅焊料组成免清洗无铅焊锡丝，其焊接性好，无氨臭味，电绝缘性和耐热性优良，离子污染度低，焊后产品无卤素离子残留。

配方 **51**

免清洗型低松香助焊剂（一）

原料配比

原料	配比（质量份）		
	1#	2#	3#
松香甘油酯	5	7	8
硬脂酰胺丙基二甲胺乳酸盐	3	5	2
月桂酸二乙醇酰胺	2	—	—
十四酸二乙醇酰胺	—	1	—
棕榈酸二乙醇酰胺	—	—	0.5
椰油酰胺丙基甜菜碱	2	2	0.5
乙醇	30	35	20
异丙醇	25	30	40
聚乙二醇	32	20	29

制备方法　将各组分混合均匀即可。
产品应用　本品主要应用于金属焊接。
产品特性　本品具有低松香、无卤、助焊活性高、焊点质量高、疵点率低、气味小、烟雾少、低毒性等特点。

配方 **52**

免清洗型低松香助焊剂（二）

原料配比

原料	配比（质量份）		
	1#	2#	3#
环氧改性丙烯酸树脂	2.5	2	2.5
有机硅改性丙烯酸树脂	5	3	2.5
琥珀酸	1	0.5	1

原料	配比（质量份）		
	1#	2#	3#
柠檬酸	1	1.5	1.5
乙酰水杨酸	2.5	1	2
季戊四醇硬脂酸酯	2	3	4
甘油	8	10	10
水	加至100	加至100	加至100

制备方法 将各组分混合均匀即可。

原料介绍 本品采用了在助焊剂中加入有机酸的方法去除基底金属材料和钎料表面氧化物。有机酸类活化剂腐蚀性相对较弱，钎焊过程中易挥发，焊后残留较少且不会残留黏附性含松香助焊剂的污垢，是环保水基免清洗助焊剂活性成分较好的选择。同时，影响钎焊质量的原因很多，钎料不能充分浸润是导致钎焊点质量不高的一个重要因素，而表面张力是影响钎料浸润的主要原因，助焊剂中的表面活性剂能够降低体系的表面张力，提高助焊剂的浸润性。季戊四醇硬脂酸酯作为一种表面活性剂，具有较强的表面活性，添加极少量时，浸润效果较高。在助焊剂中加入甘油作为助溶剂，可以降低助焊剂的表面张力，同时能促使活化剂的溶解并提高溶剂体系的沸点。

产品应用 本品主要应用于电子工业。

产品特性 本品具有无松香、无卤、气味小、烟雾少、低毒性、不易燃、存储和运输方便等特点。

配方 **53**

免清洗助焊剂（一）

原料配比

原料	配比（质量份）		
	1#	2#	3#
丁二酸	3	5	10
己二酸	3	5	10
苹果酸	3	5	10
烷基酚聚氧乙烯醚	1	1	0.5
松香甲基酯	1	1	1.5

原料	配比（质量份）		
	1#	2#	3#
氢化改性松香	9	8	10
松油醇	30	50	30
异丙醇	400	475	450
无水乙醇	550	450	478

制备方法

（1）将丁二酸、己二酸、苹果酸、烷基酚聚氧乙烯醚、松香甲基酯、氢化改性松香、松油醇、异丙醇、无水乙醇按比例加入反应釜中；

（2）在反应釜中搅拌 2～3h，使原料充分溶解；

（3）在反应釜中静置 0.5h，使未溶解的部分沉淀；

（4）将所得液体进行过滤；

（5）包装，即得本品。

产品应用 本品主要应用于焊接材料。

产品特性 本品免清洗助焊剂无色透明，无刺激性气味，焊后目视 PCB 表面干净整洁，无需清洗，润湿性好，扩展率>85%，焊后绝缘电阻>4×10¹¹Ω，固含量小于 2.5%，离子污染度<0.3μg/cm² （NaCl），腐蚀性、干燥度合格。

免清洗助焊剂（二）

原料配比

原料	配比（质量份）				
	1#	2#	3#	4#	5#
有机酸活化剂	3	2.5	3.5	4	1
非离子表面活性剂	1.8	2	1.5	3	0.5
抗氧化剂	0.5	1	0.25	0.1	3
改性松香	0.01	0.012	0.008	0.005	0.02
有机溶剂	加至 100	加至 100	加至 100	加至 100	加至 100

制备方法

（1）称取有机酸活化剂、非离子表面活性剂、抗氧化剂、改性松香和有机溶剂；

（2）将步骤（1）中称取的改性松香在搅拌条件下加热熔化；

（3）依次将步骤（1）中称取的有机酸活化剂、非离子表面活性剂、抗氧化剂和有机溶剂加入步骤（2）所得加热熔化后的改性松香中，然后在温度为40~50℃的条件下搅拌均匀，自然冷却后过滤，得到免清洗助焊剂。

原料介绍

有机酸活化剂为戊二酸、衣康酸、邻羟基苯甲酸、癸二酸、庚二酸、苹果酸或琥珀酸中的一种或两种。

非离子表面活性剂为烷基酚聚氧乙烯醚、脂肪酸聚氧乙烯酯、季戊四醇脂肪酸酯、蔗糖脂肪酸酯或失水山梨醇脂肪酸酯中的一种或两种。

抗氧化剂为苯并三氮唑。

改性松香为氢化松香、全氢化松香或水白松香中的一种或两种。

所述有机溶剂为乙二醇、乙二醇乙醚、乙二醇丁醚和聚乙二醇中任意一种与二甘醇的混合物。

产品应用　本品主要应用于电子电路表面贴装。

产品特性

（1）本品中加入有机酸活化剂可以减少免清洗助焊剂在热处理过程中的去气、起泡和硬化，且有机酸活化剂对氧化物具有足够的还原作用，可提高免清洗助焊剂在焊接中的活性以及增加熔融焊料的流动性。

（2）本品中加入脂肪酸族或芳香族的非离子表面活性剂，可减小焊料与引线脚金属两者接触时产生的表面张力，增强表面润湿力，增强有机酸活化剂的渗透力。

（3）本品采用低毒、无强刺激性气味的混合醇和/或醚溶剂作为溶剂载体不会形成光化学烟雾，挥发完全且不易燃烧，不会造成空气污染，运输和储存方便，安全性好。

（4）本品无需稀释，可直接使用，不含重金属，无残留，具有快干、焊点明亮牢固、铺展均匀、结构饱满、无腐蚀性、焊锡性卓越、润焊性优良且性能稳定等优点。

配方 **55**

免清洗助焊剂（三）

原料配比

原料	配比（质量份）
活化剂	3
溶剂	60

原料	配比（质量份）
表面活性剂	1
成膜剂	34.5
稳定剂	1.5

制备方法　将各组分混合均匀即可。

原料介绍

所述活化剂为有机酸、有机胺和水白松香。

所述溶剂为乙醇、乙二醇、丙三醇和乙二醇单丁醚。

所述成膜剂为丙烯酸树脂。

所述稳定剂为铜缓蚀剂。

产品应用　本品主要应用于微电子组装。

产品特性　本品助焊剂原料选配合理，达到了免清洗的要求，并解决了锡焊膏在焊接性和腐蚀性之间的矛盾，提高了锡焊膏的焊接性能，使锡焊膏具有无腐蚀，固体残留量少，存储寿命较长的特点。

配方

免清洗助焊剂（四）

原料配比

原料	配比（质量份）
溶剂	80
活化剂	10～30
成膜剂	5～20
抗氧化热稳定剂	5～10

制备方法　将各组分混合均匀即可。

原料介绍

所述活化剂组成为己二酸 50%、癸二酸 30%和苯并三氮唑 20%。

所述溶剂组成为乙醇 40%、异丁醇 30%和乙二醇单丁醚 30%，一般可以选用高沸点醇和低沸点醇的混合物作为溶剂，熔融效果好、耐热性好、化学稳定性好。

所述成膜剂为硅改性丙烯酸树脂。

所述抗氧化热稳定剂为对苯二酚，此外活化剂中的苯并三氮唑对保护和稳定作用亦有辅助效果。

产品应用 本品主要应用于金属焊接。

产品特性

（1）本品具有优异的活化作用和稳定性能；

（2）本品具有无腐蚀性、防潮防水、电气性能良好等优点。

配方 **57**

免洗可成膜性水基型助焊剂

原料配比

原料	配比（质量份）		
	1#	2#	3#
去离子水	100	100	100
聚乙烯醇	2	1.5	2
水溶性丙烯酸树脂	—	0.3	—
水溶性醇酸树脂	—	—	0.2
丁二酸二己酯磺酸钠	100	—	100
丁二酸二辛酯磺酸钠	—	100	50
水杨酸	300	300	200
乙酸	100	100	120
丙三醇	1000	1000	500

制备方法 取去离子水，加入可加热并带搅拌的反应釜中，再向其中加入聚乙烯醇，开始升温并低速搅拌，30min 内升温至 70℃，保温并继续搅拌约 1h，至完全溶解。停止加热，仍继续搅拌。依次加入活化剂丁二酸二己酯磺酸钠、丁二酸二辛酯磺酸钠、水杨酸、乙酸、丙三醇、水溶性丙烯酸树脂、水溶性醇酸树脂。加入完毕后，搅拌 5min 至完全均匀，即为助焊剂。

产品应用 本品主要应用于微电子焊接。

产品特性 本品用于微电子焊接生产中，可消除有机型溶剂助焊剂带来的污染和安全问题，又可免去清洗工序，并可在线路板表面形成一层有一定附着力的非水溶性膜，起到防潮防湿的保护作用，有效地提高了电器产品的绝缘稳定性。

配方 **58**

免洗型高温浸焊助焊剂

原料配比

原料	配比（质量份）					
	1#	2#	3#	4#	5#	6#
氢化松香	0.8	—	—	1.2	—	1
歧化松香	—	1	—	—	1.2	1
马来松香	0.6	0.8	—	—	—	—
聚合松香	—	—	0.5	—	1.8	—
松香酯	—	—	0.5	0.6	—	—
柠檬酸	—	—	—	—	0.4	—
邻苯二甲酸	—	—	0.5	—	—	—
戊二酸	—	0.6	—	—	—	—
辛二酸	—	0.5	—	—	—	—
己二酸	0.5	—	—	0.5	—	—
癸二酸	1	—	—	—	0.3	—
壬二酸	—	—	0.5	—	—	—
乙二酸	—	—	—	0.3	—	—
丁二酸	—	—	—	—	—	0.3
衣康酸	—	—	—	—	—	0.5
庚二酸	—	—	—	—	—	1
盐酸联氨	—	0.003	—	—	—	—
二溴丁二酸	0.2	0.15	—	—	0.6	0.2
二溴乙基苯	—	—	—	0.2	—	—
二溴丁烯二醇	—	—	0.5	—	—	—
二乙胺盐酸盐	—	—	0.005	—	—	—
三乙胺盐酸盐	—	—	—	0.005	—	—
AEO-3	—	—	0.06	—	—	—
AEO-9	—	—	—	—	0.1	—
OP-10	—	—	—	0.05	—	—
TX-10	—	0.08	—	—	—	—
溴化十六烷基三甲铵	0.02	—	—	—	—	—

原料	配比（质量份）					
	1#	2#	3#	4#	5#	6#
FSN-100	0.05	—	—	—	—	0.05
PEG-600	0.4	—	—	—	—	0.4
PEG-800	—	—	0.8	—	0.2	—
PEG-1000	—	—	—	0.1	—	—
二乙二醇乙醚	0.2	—	—	—	—	—
二乙二醇甲醚	—	1	—	—	—	—
乙二醇丁醚	—	—	—	0.1	—	—
乙二醇甲醚	—	—	—	—	0.4	—
丙二醇甲醚	—	—	—	—	—	0.2
乙醇	加至100	加至100	加至100	—	加至100	—
异丙醇	—	—	—	加至100	—	加至100

制备方法 在带有搅拌的反应釜中加入树脂和适量溶剂，常温下使树脂完全溶解；然后加入活性物质、表面活性剂和高沸点溶剂，搅拌使之溶解均匀；最后补充溶剂至所需的量并搅拌均匀，过滤后即得所述的免洗型高温浸焊助焊剂。

原料介绍

所述的活性物质是指有机酸活化剂和卤素化合物。

所述的有机酸活化剂为乙二酸、丁二酸、戊二酸、己二酸、庚二酸、辛二酸、壬二酸、癸二酸、衣康酸、柠檬酸和邻苯二甲酸中的至少一种或多种的组合。

所述的卤素化合物为一溴丁二酸、二溴丁二酸、二溴丁烯二醇、二溴乙基苯、溴化十六烷基三甲铵、盐酸联氨、二乙胺盐酸盐和三乙胺盐酸盐中的至少一种或多种的组合。

所述的树脂是指改性松香，为氢化松香、聚合松香、歧化松香、马来松香和松香酯中的至少一种或多种的组合。

所述的表面活性剂是指非离子表面活性剂，为烷基酚聚氧乙烯醚 TX-10 和 OP-10、脂肪醇聚氧乙烯醚 AEO-3 和 AEO-9，非离子氟表面活性剂 FSN-100 中的至少一种或多种的组合。

所述的高沸点溶剂是指聚乙二醇（PEG）和醇醚类溶剂，为 PEG-400、PEG-600、PEG-800、PEG-1000、乙二醇甲醚、乙二醇丁醚、二乙二醇甲醚、二乙二醇乙醚和丙二醇甲醚中的至少一种或多种的组合。

所述的溶剂为乙醇和异丙醇中的一种。

产品应用 本品主要应用于直径小于 0.5mm 的漆包线上锡。

产品特性 该浸焊工艺过程简单，操作方便；工作温度窗口较宽，达到290～480℃；脱漆干净，上锡较好；焊后残留少，不用清洗；操作时助焊剂产生的烟雾小，对操作人员身体影响小。

配方 **59**

耐高温松香基助焊剂

原料配比

原料	配比（质量份）		
	1#	2#	3#
丙烯酸改性松香	5	20	20
聚合松香	10	10	30
酚醛改性松香	10	10	10
触变剂	1	1	7
活化剂	4	4	4
抗氧剂	—	3	3
缓蚀剂	—	0.5	0.5
溶剂	20	20	50

制备方法 将各组分混合均匀即可。

原料介绍

所述溶剂为正丁醇、二乙二醇单丁醚、二乙二醇二丁醚、二丙二醇丁醚、三丙二醇丁醚、二缩三丙二醇中的一种或几种的混合物。

所述活化剂为丁二酸、癸二酸、软脂酸、苯基琥珀酸、环己胺盐酸盐、二溴丁烯二醇、二溴乙基苯中的一种或几种的混合物。

所述抗氧剂为对苯二酚。

所述缓蚀剂为苯并三氮唑、苯并咪唑、乙基咪唑、三乙胺、十二胺中的一种或几种的混合物。

所述触变剂选自氢化蓖麻油、聚酰胺蜡或气相二氧化硅。

产品应用 本品主要应用于电路一级封装。

产品特性

（1）在耐高温松香基助焊剂的配方中加入了酚醛改性松香，大幅度提高了耐高温松香基助焊剂的耐高温性，提高了绝缘性。

（2）在耐高温松香基助焊剂中加入癸二酸和苯基琥珀酸质量比为10∶6的混

合物能够大幅度提高耐高温松香基助焊剂高温下的活性。

配方 **60**

软焊用助焊剂

原料配比

原料	配比（质量份）	
	1#	2#
二乙二醇	50	50
己基癸醇肉豆蔻酰基甲氨基丙酸酯	5	5
己二酸	5	5
蓖麻油	5	5
氢化松香	35	—
木松香	—	35

制备方法 取二乙二醇、己基癸醇肉豆蔻酰基甲氨基丙酸酯、活化剂己二酸、抗垂流剂蓖麻油、松香至反应器中，加热搅拌至溶液澄清。

产品应用 本品主要应用于金属焊接。

产品特性 本品高温回焊的过程中具有热稳定性，并改善扩散性小以及电路导通测试不良的问题。

配方 **61**

SnBi 系列焊锡膏用无卤助焊剂

原料配比

原料	配比（质量份）			
	1#	2#	3#	4#
氢化松香	30	—	—	25
水白松香	—	25	30	—
聚合松香	15	20	15	20
乙二醇单乙醚	10	—	—	15
乙二醇单甲醚	—	—	15	—
二丙二醇甲醚	28	—	—	—

原料	配比（质量份）			
	1#	2#	3#	4#
二丙二醇二甲醚	—	—	—	25
二丙二醇单甲醚	—	15	—	—
二乙二醇甲醚	—	25	—	—
二乙二醇（单）乙醚	—	—	25	—
联二丙酸	3	2.5	3	2.5
丁二酸酐	—	—	—	2.5
衣康酸	—	—	1	—
丁二酸	—	2.5	—	—
己二酸	2	—	—	—
3,4-二羟基苯甲酸	—	—	1	1.5
5-羟基水杨酸	1.5	1	—	—
蓖麻油	1.5	1	1.5	1
聚氧乙基甘油醚	1.5	1.5	1	1
触变剂改性蓖麻油 ST	5	5.5	5.5	5
触变剂十二羟基硬脂酸酰胺	2.5	1	2	1.5

制备方法　将混合的成膜剂加入反应釜中，在温度为120～130℃下熔融，然后加入混合的溶剂和抗氧化剂，温度保持在110～120℃，搅拌8～12min，再加入混合的活化剂和混合的润湿剂，搅拌8～12min，冷却物料到70～80℃，最后加入混合的触变剂，搅拌27～33min，冷却到室温即得本助焊剂产品。

原料介绍

所述的抗氧剂采用5-羟基水杨酸或3,4-二羟基苯甲酸中的一种。

所述的活化剂中的无卤有机酸为己二酸、丁二酸、衣康酸、丁二酸酐中的一种或多种；所述的溶剂为沸点120～138℃的醚与沸点190～210℃的醚的复配混合物，质量比为（1～2）：（2～3）。

所述的润湿剂为蓖麻油与聚氧乙基甘油醚，二者质量比为1.0：（1.0～2.0）。

所述的触变剂为改性蓖麻油触变剂与酰胺类触变剂的混合物，二者质量比为（2～6）：1。

所述的成膜剂为氢化松香或水白松香与聚合松香的混合物，且质量比为（2～3）：（1～2）。

产品应用　本品主要应用于表面安装技术（SMT）焊接。

产品特性

（1）本品的活化剂采用了以联二丙酸为主，复配其它多元无卤有机酸的活性体系，解决了 SnBi 系列合金粉焊接性差的问题。

（2）含有 5-羟基水杨酸或 3,4-二羟基苯甲酸抗氧剂。该抗氧剂具有一定的活性，可以促进 SnBi 系列合金的焊接。另外，在焊接过程中如果遇到氧气，结构中的羟基会氧化成羧基，这不仅保护了 SnBi 系列合金的氧化，而且其活性通过羧基得到了进一步加强。解决了 SnBi 系列合金粉焊接性差，焊后焊点发黑现象。

（3）优选适用于低熔点 SnBi 系列合金粉体的溶剂体系，由于 SnBi 系列合金的熔点在 138～180℃，通过沸点温度在 120～138℃的醚与 190～210℃的醚的复配，溶剂在整个焊接过程中不易过早挥发，直到焊接完成后，溶剂完全挥发，从而使焊锡膏保持良好的保湿性及焊接性。

配方 **62**

低银无铅焊膏制备用松香型无卤素助焊剂

原料配比

原料	配比（质量份）		
	1#	2#	3#
丁二酸	13	—	10
衣康酸	—	4	—
戊二酸	—	8	—
水杨酸	—	—	5
聚乙二醇 2000	5	4	3
二甘醇二乙醚	10	—	—
丙二醇单甲醚	—	9	—
二甘醇单丁醚	—	—	11
丙三醇	12	11	14
氢化蓖麻油	4	5	3
石蜡	3	—	2
乙烯基双硬脂酰胺	—	2	—
三乙醇胺	4	4	3
辛基酚聚氧乙烯醚	2	3	2
壬基酚聚氧乙烯醚	—	—	2
无铅松香	17	—	—

原料	配比（质量份）		
	1#	2#	3#
聚合松香	30	—	—
水白松香	—	23	—
氢化松香	—	27	—
全氢化松香	—	—	32
松香 KE-604	—	—	13

制备方法　将有机酸活化剂加入有机溶剂中，搅拌条件下加热至110～130℃，待有机酸活化剂溶解后，加入改性松香，待改性松香溶解后，加入成膏剂、稳定剂、触变剂、表面活性剂和缓蚀剂，搅拌至澄清透明，静置，冷却，得到低银无铅焊膏制备用松香型无卤素助焊剂。

原料介绍

所述的有机酸活化剂为丁二酸、戊二酸、水杨酸和衣康酸中的一种或多种的组合；优选质量比为（1∶2）～（2∶1）的两种酸的组合。

所述的有机溶剂为丙三醇与一种醚的混合溶剂，所述的醚选自丙二醇单甲醚、二甘醇单丁醚和二甘醇二乙醚。本品选用高沸点的醇与一种高沸点醚的混合相作为溶剂，可使改性松香溶解效果更好，起到既可增加黏度，又可使焊膏保湿稳定的作用。

所述的成膏剂为聚乙二醇2000，其作用是使改性松香溶胶成膏状。

所述的稳定剂为石蜡，它的作用是增强改性松香成膏的稳定性。

所述的触变剂为氢化蓖麻油，它的作用是改善焊膏的印刷性能。

所述的表面活性剂为辛基酚聚氧乙烯醚和壬基酚聚氧乙烯醚中的一种或两种的组合。

所述的缓蚀剂为三乙醇胺和乙烯基双硬脂酰胺中的一种或两种的组合，它的作用是抑制氧化，降低助焊剂腐蚀性。

所述的改性松香选自聚合松香、氢化松香、全氢化松香、无铅松香、松香KE-604和水白松香中的两种的组合。

产品应用　本品主要应用于一般电子产品和高端电子产品表面封装。

产品特性

（1）本品助焊剂是专门针对低银SnAgCu无铅焊膏而设计的，通过合理的活性剂复配，能够克服低银SnAgCu无铅焊料流动性不足、润湿性差的问题。

（2）本品膏状助焊剂与低银SnAgCu无铅粉体配制而成的焊膏具有良好的印刷性能，印刷无塌陷、桥连、拉尖现象，可以满足高端产品表面封装要求。

用于多种锡基焊锡膏的助焊剂

原料配比

原料	配比（质量份）			
	1#	2#	3#	4#
氢化松香	20	—	—	—
水白松香	—	25	—	—
聚合松香	—	20	—	22
KR-610	—	—	20	25
KE-604	30	—	25	—
二乙二醇二甲醚	10	—	—	15
二乙二醇二乙醚	—	15	—	—
二乙二醇单己醚	—	—	20	—
乙二醇单丁醚	—	—	18	—
二乙二醇辛醚	28	23	—	—
丙二醇苯醚	—	—	—	25
丁二酸	—	2.45	—	—
癸二酸	1.49	—	2.48	2.4
己二酸	—	—	1.5	—
植酸钠	0.01	0.05	—	—
植酸钾	—	—	0.02	0.1
ST	5	6.5	5.5	5
十二羟基硬脂酸酰胺	1.5	2.5	2.5	1.5
松香基三甲基氯化铵	0.3	1	1	1
松香醇醚	0.7	1.5	1.5	1
蓖麻油酰二乙醇胺	3	3	2.5	2

制备方法

（1）在一个反应釜中熔融混合的成膜剂改性松香，温度为 140～150℃。

（2）将混合的溶剂和乳化剂缓慢加入熔融松香中，温度保持在 130～140℃，搅拌 8～12min，加入混合的活化剂和混合的润湿剂，搅拌 8～12min。

（3）冷却物料到 70～80℃，最后加入混合的触变剂，搅拌 27～33min。

（4）冷却到室温即得本助焊剂。

原料介绍

所述的成膜剂为两种不同软化点温度的改性松香混合而成，低软化点的松香为氢化松香、水白松香、KR-610，软化点温度为70～85℃；高软化点的松香为KE-604、聚合松香，软化点温度为120～140℃。

所述的溶剂为不同沸点的两种醚混合而成，沸点温度在150～215℃的醚与沸点温度在220～280℃的醚质量比为（1～2）∶（2～3）。

所述的活化剂为多元有机酸与有机磷酸盐的混合物，其中有机酸选自丁二酸、癸二酸、己二酸、酒石酸、衣康酸、苹果酸，有机磷酸盐为植酸盐，多元有机酸与有机磷酸盐的质量比为（1.4～4.5）∶（0.001～0.5）。

所述的润湿剂为松香基季铵盐与松香醇醚的混合物，二者质量比为1.0∶（1.0～2.5）。

所述的乳化剂为蓖麻油酰二乙醇胺。

所述的触变剂为氢化蓖麻油类触变剂（ST）与酰胺类触变剂的混合物，二者质量比为10.0∶（2.0～5.0）。

产品应用　本品主要作为锡基焊锡膏的助焊剂。

产品特性

（1）本品采用了不同软化点的改性松香复配，可以提高助焊剂的活性范围，再加之使用了一定沸点梯度的溶剂，使其在高低焊接温度范围内都有活性，从而成为有铅、无铅锡基焊锡膏用助焊剂产品。

（2）本助焊剂可以制备出 Sn63Pb37、SnAg3.0Cu5、SnAg0.3Cu0.7 等常规有铅、无铅焊锡膏产品，减少了由于不同锡基焊锡膏在生产过程中需要更换助焊剂带来的不便，简化了生产流程。

配方 64

用于铝合金低温钎焊的助焊剂

原料配比

原料	配比（质量份）			
	1#	2#	3#	4#
氢化松香	20	25	30	40
乙醇胺盐酸盐	14	18	10	12
硬脂酸	7	7	5	3
二乙二醇单丁醚	59	50	55	45

制备方法 将成膜剂、活化剂和溶剂按比例称重，然后在130～140℃下加热，将各组分全部溶解并混合均匀后，停止加热，冷却到室温。

原料介绍

所述成膜剂由氢化松香组成。

所述活化剂由乙醇胺盐酸盐和硬脂酸组成。乙醇胺盐酸盐与硬脂酸的比例为2∶1～4∶1。活化剂的特点是熔点低，活性好，保证钎料在低于80℃温度下润湿铝合金。

溶剂选自二乙二醇单丁醚、二甘醇二乙醚。

产品应用 本品主要应用于铝合金的低温钎料钎焊。

产品特性 本品助焊剂能在低于80℃温度下显示出良好的活性。

配方 **65**

铜铝软钎焊用免洗助焊剂

原料配比

原料	配比（质量份）			
	1#	2#	3#	4#
二乙醇胺	28	30	26	26
吡啶硼酸	14	10	12	12
乙酸锌	1	1	1.5	1
乙酸锡	7	4	6	4
三乙醇胺硼酸酯	15	13	12	12
吡啶	5	—	4	2
4,4-联吡啶	—	2	—	—
聚合松香	20	—	12	10
氢化松香	—	16	8	6
异丙醇	加至100	加至100	—	—
乙醇	—	—	加至100	加至100

制备方法 称取各组分原料，常温下将溶剂添加至带搅拌器的反应釜中，搅拌后加入成膜剂，待溶解后依次加入活化剂、金属活性盐、活性增强剂、缓蚀抑制剂，继续搅拌至全部溶解，混合均匀后停止搅拌，静置过滤即得免洗助焊剂。

原料介绍

所述的活化剂为质量比为（2∶1）～（4∶1）的二乙醇胺与吡啶硼酸的混合

物。针对铝表面氧化物难以去除，且在升温过程中易再次形成致密氧化膜的特点，混合不同温度下作用的活化剂。二乙醇胺在焊接常温区即可对铜和铝表面氧化物进行清除，在焊接升温阶段吡啶硼酸逐渐释放活性物质进一步去除表面氧化物，促进熔融 Sn-Zn 钎料润湿。

所述的金属活性盐为质量比（1∶4）～（1∶9）的乙酸锌与乙酸锡，此类有机金属盐在焊接过程中分解形成金属离子及乙酸根离子，其中沉积形成的 Sn、Zn 为复合界面活性剂，可促进 Sn-Zn 钎料在铝接头润湿铺展。而分解的乙酸根会进一步与铜表面氧化膜反应，起到去膜润湿的作用。

所述的活性增强剂为三乙醇胺硼酸酯。与传统的具有腐蚀性的氟化物活性增强剂不同，此类化合物在常温下并无活性，不会对铜铝接头产生腐蚀，仅在焊接升温过程中逐渐分解，在熔化焊料及铜铝接头之间原位释放出活性物质，达到增强助焊剂活性的作用。

所述的缓蚀抑制剂为吡啶或 4,4-联吡啶中的一种或多种的混合物。此类化合物含有吡啶氮官能团，在焊接过程中吡啶氮易与铜、铝反应形成络合物膜，减缓铜、铝原子扩散速度，在一定程度上抑制 Al-CuAl$_2$ 共晶相生成及缓解焊后助焊剂残余物对接头的腐蚀。

所述的成膜剂为聚合松香和氢化松香中的一种或两种的混合物。这些改性松香化合物具有一定的黏度，在焊接过程中能有效防止飞溅，且焊后在焊接接头处形成均匀的保护膜，保证接头在不清洗状态下的有效防护。

所述的溶剂为异丙醇和乙醇中的一种或两种的混合物。

产品应用　本品主要应用于金属焊接。

产品特性　由于本品的活化剂采用二乙醇胺与吡啶硼酸，以及乙酸锌与乙酸锡金属活性盐，能有效改善铜铝软钎焊过程中的润湿性；本品采用的三乙醇胺硼酸酯活性增强剂常温下不会对铜铝接头产生腐蚀，提高 Sn-Zn 焊料的耐腐蚀性能；助焊剂中的缓蚀抑制剂为吡啶或 4,4-联吡啶中的一种或多种的混合物，能有效减缓铜、铝原子扩散速度，在一定程度上抑制易溶脆性 Al-CuAl$_2$ 共晶相生成。

配方 66

用于无银无铅焊料的无卤素助焊剂

原料配比

原料	配比（质量份）				
	1#	2#	3#	4#	5#
丁二酸	1.2	1.4	—	1.2	2.8

原料	配比（质量份）				
	1#	2#	3#	4#	5#
己二酸	0.4	0.4	0.8	—	0.8
乙二酸	—	—	2.4	0.4	—
顺丁烯二酸	0.2	0.2	—	0.4	—
丙二酰胺	0.4	—	—	0.1	—
反丁烯二酸	—	0.1	—	0.4	—
丁二酰胺	—	0.4	0.6	0.3	0.6
3,5-吡啶二羧酸	—	—	0.03	0.02	0.02
异烟酸	0.02	—	—	0.01	—
烟酸	—	0.03	—	—	0.02
NP-10	0.1	—	0.2	—	0.2
OP-10	—	0.12	—	0.1	—
DC-5211	0.1	0.24	0.25	0.3	0.4
聚乙二醇 600	4	—	4.2	—	—
聚乙二醇 400	—	5	—	—	3
聚乙二醇 800	—	—	—	3	1
氢化松香	—	5	—	2.8	—
马来松香	—	—	—	2.4	—
湿地松香	4	—	4	—	2
丙烯酸松香	—	—	2	—	—
聚合松香	2	3	—	—	4
己二醇	2	4	2	4	2
三丙二醇丁醚	2	—	—	2	—
二甘醇丁醚	—	1	—	—	—
二乙二醇丁醚	—	—	2	—	—
二乙二醇己醚	—	—	—	—	2
异丙醇	加至 100	—	42	加至 100	加至 100
乙醇	—	加至 100	加至 100	—	—

制备方法 常温下将溶剂添加至带搅拌器的反应釜中，搅拌后加入成膜剂，待溶解后依次加入有机酸活化剂、活性增强剂、溶铜抑制剂、保护剂和表面活性剂。继续搅拌至全部溶解，混合均匀后停止搅拌，静置过滤即得无卤素助焊剂。

原料介绍

所述的有机酸活化剂为质量比为（2∶1）～（4∶1）的乙二酸或丁二酸与己二酸、顺丁烯二酸或反丁烯二酸的混合物。针对无银 Sn-Cu 系焊料润湿性较差的问题，混合不同分解温度的有机酸为活化剂，可保证在整个焊接温度区间均有有机酸的作用，较低分解温度的有机酸乙二酸或丁二酸可在波峰焊预热阶段去除焊料及焊盘表面的氧化膜，在焊接区域则有较高分解温度的有机酸己二酸、顺丁烯二酸或反丁烯二酸发挥活性，促进焊料润湿。

所述的活性增强剂为丙二酰胺或/和丁二酰胺。与传统的含有卤素的有机酸（醇）卤化物不同，此类化合物为完全不含卤素的活性增强剂。本身具有一定的活性，在焊接温度下亦会逐渐分解，在焊接过程中释放出活性物质，达到增强助焊剂活性的作用。

所述的溶铜抑制剂为烟酸、异烟酸、3,4-吡啶二羧酸或 3,5-吡啶二羧酸中的一种或多种的混合物。此类酸为吡啶羧酸类化合物，含有吡啶氮和羧酸两种官能团。在焊接过程中吡啶氮易与焊盘 Cu 反应形成络合物膜，抑制 Cu 与焊料中锡的反应，降低铜的溶解速率。而另一端的羧酸官能团还能起到活化剂的作用，促进焊料在铜焊盘上的润湿铺展。

所述的表面活性剂为质量比为（1∶1）～（1∶3）的非离子表面活性剂和有机硅表面活性剂的混合物，非离子表面活性剂为壬基酚聚氧乙烯醚（NP-10）或辛基酚聚氧乙烯醚（OP-10），有机硅表面活性剂为 DC-5211。有机硅表面活性剂的表面活性与含卤素的氟碳表面活性剂相当，室温条件下可使水溶液的表面张力降至 20mN/m 左右。使用的组合表面活性剂具有较强的润湿性，能降低熔融焊料的表面张力，提高焊料的润湿性。

所述的保护剂为聚乙二醇 400、聚乙二醇 600 和聚乙二醇 800 中的一种或多种的混合物。聚乙二醇系列化合物具有较高的热稳定性和适中的黏度，能满足无银 Sn-Cu 系焊料较高的使用温度，弥补助焊剂热稳定性差的缺陷。

所述的成膜剂为湿地松香、氢化松香、聚合松香、马来松香和丙烯酸松香中的两种或多种的混合物。这些树脂具有不同的活性和黏度，混合使用不仅可在焊接过程中起到活化剂的作用，还能有效防止焊接过程中的飞溅现象。焊后在焊接处形成一层均匀的松香树脂膜，对焊点进行有效的保护。

所述的高沸点溶剂为己二醇与二甘醇丁醚、二乙二醇丁醚、二乙二醇己醚和三丙二醇丁醚中的一种的混合物。己二醇和醚的混合物为高沸点溶剂，混合使用有助于改性松香、活化剂及其它添加剂的溶解。此外，高沸点溶剂的使用可保证活化剂及其它添加剂在焊接过程中仍处于溶解状态，有助于充分发挥助焊剂的活性。

产品应用　本品主要应用于电子行业。

产品特性

（1）本品助焊剂的所有原料均不含任何卤素，完全符合各种限制卤素的法规要求，是满足环保要求的新型绿色助焊剂。

（2）本品助焊剂能有效抑制无银 Sn-Cu 系焊料对焊盘 Cu 的溶解，克服现有助焊剂在配合 Sn-Cu 系焊料使用过程中出现的润湿不良、热稳定性差的问题。与使用普通助焊剂后 SnCuNi 焊料 0.12μm/s 的溶铜速率相比，使用本品助焊剂的 SnCuNi 焊料溶铜速率降至 0.07～0.09μm/s。

配方 **67**

树脂型助焊剂（一）

原料配比

原料	配比（质量份）						
	1#	2#	3#	4#	5#	6#	7#
松香	10	13	17	20	22	25	25
EVA 树脂	7	15	16	18	17	20	20
盐酸乙胺	0.5	0.7	0.8	0.7	0.6	0.8	0.8
异丙醇	1	2	4	4	3	5	5
乙酸乙酯	3	5	9	9	6	10	10
松节油	1	3	5	5	4	6	6
丁基纤维素	0.9	1.2	2.1	3.1	3.2	3.5	3.5
聚乙烯	2	4	7	7	6	8	8
戊二酸	1	2	2	3	3	4	4
烷基酚聚氧乙烯醚	2	4	4	4	4	5	5
氨基酸酯	0.2	0.7	1.3	1.3	1.3	1.8	1.8
辛醇	20	24	28	36	22	40	40
对苯酚	0.1	0.2	0.5	0.5	0.2	0.6	0.6
二甲基乙酰胺	0.8	1.2	1.6	2.3	0.9	2.7	2.7
酚醇树脂	2	4	9	8	3	9	9
苯并三氮唑	0.5	0.9	1.8	2.3	0.6	2.5	2.5
邻氟苯甲酸	1.2	1.6	2.4	2.8	1.6	3.6	3.6
醋酸丁酯	10	14	24	25	23	30	30
邻羟基苯甲酸	0.3	0.5	0.7	0.7	0.5	0.9	—

制备方法

（1）将松香、EVA 树脂、异丙醇、乙酸乙酯、松节油、丁基纤维素、聚乙烯、戊二酸、氨基酸酯、辛醇、对苯酚、二甲基乙酰胺、醋酸丁酯混合，搅拌（搅拌温度最好为 30～45℃）至组分完全溶解；

（2）将剩余组分加入步骤（1）所得的混合物中，边加边搅拌（搅拌温度最好为 35～40℃），混合均匀后，过滤即得。

原料介绍

所述聚乙烯粉末粒径小于 10μm。

所述烷基酚聚氧乙烯醚为辛基酚聚氧乙烯醚或十二烷基酚聚氧乙烯醚。

产品应用　本品主要应用于焊接材料。

产品特性　本品扩展率大于 80%，焊性适中，无卤素，离子污染度达到最高级别。

配方 **68**

树脂型助焊剂（二）

原料配比

原料	配比（质量份）
混合有机溶剂	80
活化剂	10
成膜剂	5
助溶剂	5

制备方法　将各组分混合均匀即可。

原料介绍

所述混合有机溶剂的成分包括质量配比为 2∶8∶8∶1 的乙醇∶乙二醇∶丙三醇∶乙二醇丁醚。

所述活化剂包括：40%苯甲酸、30%邻苯二甲酸、30%二苯基乙酸。

所述成膜剂包括：50%丙烯酸树脂和 50%丁二烯树脂。

所述助溶剂包括：20%苯甲酸钠、20%水杨酸钠、60%对氨基苯甲酸。

产品应用　本品主要应用于金属焊接。

产品特性　本品具有低烟、刺鼻味小、上锡速度快、保持金属焊接面清洁、润湿性佳、安全环保、无毒无害、使用安全等优点。

水清洗型焊锡膏助焊剂

原料配比

原料	配比（质量份）		
	1#	2#	3#
氢化松香	40	30	40
歧化松香	—	10	—
三乙醇胺	18	10	—
乙醇胺	—	—	8
二乙醇胺	—	8	10
二乙二醇单丁醚	24.5	24.5	—
二乙二醇单己醚	—	—	26.5
防老剂 BHT	1	1	1
苯并三氮唑	1	1	—
丁二酸	2	2	1
乙二酸铵盐	2	2	1
乙二酸	0.3	0.3	0.3
多聚酸	3.2	3.2	2.2
丁二酸铵	3	3	5
氟化氢铵	0.5	0.5	0.5
聚酰胺蜡增稠剂	4.5	4.5	4.5

制备方法 将松香和醇胺类物料均匀加热至160℃，待全部熔清后，加入其他物料，搅拌所有物料溶解至外观为均一清透液体。加热时间不能超过1.5h。加热完后即进行过滤，将加热熔化的助焊剂用100目过滤网过滤倒入放入水箱中的高温袋中冷却，待助焊剂冷却至室温后封口保存，以备后续使用。将上述的助焊剂与锡银铜系合金或锡铜系合金焊粉混合则制备成可以使用的焊锡膏。焊锡膏中合金粉末的含量为80%～92%，可根据产品设计需要以及实际应用时操作的需求而调整，选择适当的合金和比例。

原料介绍

增稠触变剂为氢化蓖麻油、聚酰胺蜡增稠剂中的一种或多种，聚酰胺蜡增稠剂类可优选山嵛酰胺，其主要是调节锡膏黏度，以利于锡膏印刷涂覆时的下锡。

缓蚀剂为苯并三氮唑或咪唑类中的一种或两种以上的组合，咪唑类优选二乙基咪唑，其能够在高温时有效处理金属表面氧化物，帮助焊接并保护焊点防止被焊接金属腐蚀。

有机酸为丙二酸、丁二酸、丁二酸盐、多聚酸、丁二酸酐、衣康酸等脂肪族有机二元酸中的一种或多种的组合。

表面活性剂为聚乙二醇辛基苯基醚，其主要起到降低表面张力，加强焊接活性作用。

氟化物为氟化氢铵，氟化氢铵与有机酸进行复配，由于游离态的氟离子能够提供很强的电负性，从而提供较强离子活度，能够在焊接过程中加快焊锡对表面镀层的侵蚀，加快形成合金层的速度。

混合溶剂为二乙二醇单己醚、二乙二醇单丁醚、二乙二醇单甲醚、一缩二丙二醇溶剂中的两种以上的混合物，作为助焊剂的主要分散介质，能够溶解各个组分，使之有效均匀分散混合并提供有效的热介质和焊接反应环境。

醇胺类是三乙醇胺、二乙醇胺、乙醇胺等醇胺中的一种或两种以上的组合，其与有机酸、氯化物的配合对提高焊接有很好的作用；松香可以是氢化松香、歧化松香、丙烯酸改性松香、高酸值聚合松香等中的一种或多种。

产品应用 本品主要应用于锡合金焊接。

产品特性 本品配方中不含有任何游离态或者化合态的氯、溴元素，焊接过程中气味小、飞溅少，不污染环境，其铺展率大于80%，焊后残留少，易于水洗，表面绝缘电阻和水溶液阻抗较高，焊后铜镜无腐蚀、无毒，无刺激性气体产生，具有良好的焊接效果。本品的关键之一在于使用松香和醇胺类物质预先进行反应，可以将不溶于水的松香改性成为一种可以完全溶解在水中的松香盐类可溶性树脂，并且具有非常有效的焊接活性。使用这种改性松香树脂作为基础材料配制焊锡膏，从而实现完全的水洗效果。

配方 **70**

水溶性助焊剂

原料配比

原料	配比（质量份）		
	1#	2#	3#
亚克力	4	5	8
乙醇胺	5	6	10
二甲胺盐酸盐	0.2	1	12

原料	配比（质量份）		
	1#	2#	3#
乙醇	2	5	10
ZnO	0.05	0.15	0.25
SiO$_2$	0.05	0.15	0.25
去离子水	加至 100	加至 100	加至 100

制备方法　将亚克力、乙醇胺、二甲胺盐酸盐、乙醇和去离子水倒在容器中用高速剪切机剪切，然后加入纳米氧化物搅拌 30min，静置后即得本品水溶性助焊剂。

原料介绍　所述纳米氧化物为 ZnO、SiO$_2$ 的混合物。混合物 ZnO 和 SiO$_2$ 的比例为 1∶1。ZnO 的颗粒度为 80～300nm。SiO$_2$ 的颗粒度为 10～80nm。

产品应用　本品主要应用于电子器件。

产品特性

（1）亚克力与乙醇胺起反应生成一种松香酸胺，它具有松香的特性，又能溶于水，可去除金属表面的氧化物，焊后助焊剂的残余膜具有良好的绝缘性。

（2）水溶性助焊剂中加有纳米 ZnO 和 SiO$_2$。利用了纳米级颗粒的"界面效应"和"小尺寸效应"的特性，钎焊时熔态焊料合金先析出附着在被焊金属表面上，纳米粒子随后沉积在焊料以及被焊材料表面的晶粒孔隙中。由于 ZnO 和 SiO$_2$ 两种纳米粒子的复合配方发挥了协同效应，促进了嵌镶结构的形成，进一步提高了焊后助焊剂残余的绝缘电阻。

（3）纳米粒子改变了水溶性助焊剂的成膜状态，防止焊接时工件和焊料的氧化。

（4）纳米 ZnO 和 SiO$_2$ 具有很好的抗氧化性，可防止焊接时工件和焊料的氧化。

（5）纳米 ZnO 和 SiO$_2$ 可提高表面绝缘电阻。

因此，本品水溶性助焊剂具有焊接时去除金属表面氧化物能力强，焊后表面绝缘性高，焊点强度好，焊点表面光亮，焊点结晶细小等优点。

配方 71

松香型无卤素免清洗助焊剂

原料配比

原料	配比（质量份）		
	1#	2#	3#
氢化松香	35	8	—

原料	配比（质量份）		
	1#	2#	3#
聚合松香	—	40	25
水白松香	—	—	15
丙烯酸树脂	—	8	—
硬脂酸甘油酯	—	4	7
二乙二醇二丁醚	—	23	—
丁二酸二乙酯	—	8.4	—
2,3-二羟基甲酸	—	2.2	—
聚乙二醇2000	15	—	—
甲基卡必醇	18	—	—
二甘醇	16	—	—
乙二醇	—	—	17
三乙二醇丁醚	—	—	25
硬脂酸	—	—	1
柠檬酸	—	—	1
丙三醇	4	—	—
丁二酸	2.8	—	4
己二酸	—	1.5	—
顺丁烯二酸酐	—	1.5	—
戊二酸	2.2	—	—
丁二酸胺	1.5	—	—
二乙醇胺	—	0.6	—
三乙醇胺	—	—	0.2
乙烯基双硬脂酰胺	—	2	—
氢化蓖麻油	5	—	4.5
咪唑	—	—	0.15
苯并三氮唑	0.3	0.65	—
2-巯基苯并噻唑	0.2	—	—
8-羟基喹啉	—	0.15	0.15

制备方法

（1）将称量好的松香、树脂成膜剂加入高沸点溶剂中，加热到110～130℃，并搅拌至形成均一混合物。

（2）将步骤（1）得到的混合物温度降到 75～80℃，将称量好的活化剂、触变剂、缓蚀剂加入其中，在 75～80℃保温下不断搅拌至完全溶解。

（3）将步骤（2）所得混合物以 30～50℃/min 急速冷却至室温，制得助焊剂。

原料介绍

松香为氢化松香、水白松香、歧化松香、聚合松香、脂松香、松香甘油酯中的一种或多种的组合。

树脂成膜剂为丙烯酸树脂、硬脂酸甘油酯、聚乙二醇、环氧树脂中的一种或多种的组合。

高沸点溶剂为乙二醇、丙三醇、二甘醇、甲基卡必醇、乙二醇单丁醚、二乙二醇二丁醚、三乙二醇丁醚、乙酸乙酯、丁二酸二甲酯、丁二酸二乙酯、N-甲基-2-吡咯烷酮中的一种或多种的组合。

活化剂为油酸、硬脂酸、丁二酸、戊二酸、己二酸、癸二酸、苹果酸、柠檬酸、水杨酸、联二丙酸、甲基丁二酸、2,3-二羟基甲酸、顺丁烯二酸酐、丁二酸胺、一乙醇胺、二乙醇胺、三乙醇胺、十四胺中的一种或多种的组合。

触变剂为氢化蓖麻油、乙烯基双硬脂酰胺、触变剂 6500、触变剂 6650 中的一种或多种的组合。

缓蚀剂为苯并三氮唑、咪唑、2-乙基咪唑、2-巯基苯并噻唑、8-羟基喹啉中的两种或多种的组合。

产品应用　本品主要应用于电子产品封装用焊膏的配制及相应的表面封装焊接工艺。

产品特性　该助焊剂完全不含卤素，选用活性适中的有机酸、有机胺作为活化剂，助焊剂腐蚀性小，助焊性优越。所选用的活化剂、溶剂采用复配方式，能在整个焊接过程中都起作用，并在焊接完成时全部分解挥发掉，焊后残留物少，不必清洗，所选用的树脂成膜剂和松香相容性好，焊接后在 PCB 板表面上形成一层均匀的电绝缘性树脂保护膜，同时能起到防水、抗腐蚀的作用。该助焊剂通过添加复配缓蚀剂对界面 IMC 的生长进行控制，焊膏焊接过程中，助焊剂的活性物质对 Cu 衬底的氧化膜进行清洗，提高润湿性的同时也增加了衬底 Cu 原子的扩散。通过缓蚀剂的复配，它们与 Cu 各自形成的保护膜可以互补，保证了衬底表面聚合钝化层的致密性和完整性，从而阻止或减缓了衬底 Cu 原子向焊料基体中的扩散，也降低了焊料基体元素向衬底的扩散和反应速度，这样使得 IMC 的反应扩散阶段明显受到抑制，晶界扩散和体扩散阶段也受到抑制，IMC 的增长速度降低，最终获得薄而均匀、晶粒细小的 IMC 层，从而改善了界面组织性能，提高了焊点的机械性能。

配方 **72**

松香助焊剂（一）

原料配比

原料	配比（质量份）
松香	65～75
溶剂	15～25
催化剂	5
助剂	5

制备方法 将各组分混合均匀即可。

原料介绍 所述催化剂为丁二酸、戊二酸、衣康酸、邻羟基苯甲酸、癸二酸、庚二酸、苹果酸、琥珀酸中的一种或者多种，通常松香组分与氧化物、氢氧化物或者碳酸盐进行反应，需要上述催化剂中的一种进行催化反应。此外，催化剂还可以采用卤化物、有机酸或者氨基酸等物质，而卤化物一般污染环境、破坏大气，故多采用有机酸或者氨基酸作为催化剂，安全环保。

所述溶剂为乙醇、丙醇、丁醇、丙酮、醋酸乙酯中的一种或者多种，松香组分多数不溶于水而溶于溶剂，选取上述有机物质作为溶剂可有效增加其溶解度。

所述助剂为非活性化松香、弱活性化松香、活性化松香及超活性化松香中的一种，其中非活性化松香和弱活性化松香一般不具有腐蚀性，使用安全，而活性化松香及超活性化松香的活性明显提高但具有一定的腐蚀性，因此不可用于电子产品。

产品应用 本品主要应用于金属焊接。

产品特性

（1）通过采用丁二酸、戊二酸、衣康酸、邻羟基苯甲酸、癸二酸、庚二酸、苹果酸、琥珀酸中的一种或者多种作为催化剂来催化反应，安全环保；

（2）通过采用乙醇、丙醇、丁醇、丙酮、醋酸乙酯中的一种或者多种作为溶剂，有效增加了松香的溶解度；

（3）助剂为非活性化松香、弱活性化松香、活性化松香及超活性化松香中的一种，使用安全、选择性广、适用性强。

配方 **73**

松香助焊剂（二）

原料配比

原料	配比（质量份）		
	1#	2#	3#
松香改性酚醛树脂	1	2	15
松香甘油酯	10	0.5	7.5
乙醇	7	—	80
醋酸乙醇	—	7.5	—
十二烷基苯磺酸钠	—	—	5
苹果酸	—	—	2
脂肪酸甘油酯	0.35	0.2	—
邻羟基苯甲酸	0.1	—	—
戊二酸	—	0.3	—
硝酸纤维	0.15	0.2	1

制备方法 将各组分混合均匀即可。

产品应用 本品主要应用于焊接。

产品特性 本品助焊剂助焊活性高，焊点质量高，疵点率低，烟雾少，焊剂残渣容易清除，同时不会产生有毒气体和臭味，不会对人体造成危害，不会造成环境污染。

配方 **74**

提高焊接效果的树脂型助焊剂

原料配比

原料	配比（质量份）			
	1#	2#	3#	4#
松香	20	30	26	24
松香改性环氧树脂	20	15	17	19
乳酸	5	10	9	7

原料	配比（质量份）			
	1#	2#	3#	4#
苹果酸	5	2	3	4
琥珀酸	5	8	7	6
水杨酸	8	4	5	7
硬脂酸	10	15	14	12
脂肪醇聚氧乙烯醚	10	5	6	8
磺基丁二酸钠二辛酯	3	5	4.5	3.5
盐酸苯胺	1	0.5	0.7	0.9
氯化锌	0.5	1.5	1.3	0.9
氯化锡	1.5	0.5	0.7	1.1
氯化钾	2	4	3.4	2.8
聚乙烯醇	3	1	1.9	2.5
三乙醇胺	1	2	1.7	1.4
水	10	5	7	9
甲苯异丁基甲酮	5	10	8	6

制备方法 将各组分混合均匀即可。

产品应用 本品主要应用于焊接材料。

产品特性 本品用乳酸、苹果酸、琥珀酸和水杨酸去除被焊基体表面的氧化膜，与三乙醇胺相互配合，调节助焊剂的 pH，而且由于乳酸、苹果酸、琥珀酸和水杨酸为弱酸，可降低助焊剂对被焊基体的腐蚀性能；加入盐酸苯胺、氯化锌、氯化锡和氯化钾活化剂，使助焊剂在较宽的温度区间内都能够发挥较高的活性，提高焊料和被焊基体间的润湿能力，大大提高了被焊基体的可焊性，使焊点的形状饱满、规则、光亮；采用松香和松香改性环氧树脂作为成膜物质，在被焊基体的表面形成了保护层，阻止了被焊基体内部的进一步氧化，提高了焊点的可靠性，并赋予被焊基体优异的电气性能；以硬脂酸、脂肪醇聚氧乙烯醚和磺基丁二酸钠二辛酯作为表面活性剂，进一步提高焊料和被焊基体之间的润湿能力，降低了焊料和被焊基体间的界面张力，获得了优异的焊接效果，而且与有机物质相结合，使原料中的组分能在水中混合均匀。本品在使用过程中不会产生对人体有害的气体，通过上述各组分配合，可以减少金属表面张力，进一步增强焊接效果，同时不会对环境造成污染。

配方 **75**

完全不含卤素免清洗无铅焊料用助焊剂

原料配比

原料	配比（质量份）		
	1#	2#	3#
琥珀酸	0.75	0.85	—
丙二酸	—	—	0.4
己二酸	0.65	—	0.85
肌氨酸	—	—	0.5
水杨酸	—	0.65	—
甘氨酸	—	0.5	—
乙醇酸	0.5	—	—
特级脂松香	1.5	—	—
聚合松香	1	1.5	—
氢化松香	—	1.5	—
歧化松香	—	0.5	—
多元酸改性松香树脂	0.5	—	—
酮基羟酸 SC-300	0.4	—	—
酮基羟酸 SC-200	—	0.45	0.15
酮基羟酸 SC-400	—	—	0.35
壬基酚聚氧乙烯醚（NP-10）	0.12	—	0.2
改性水溶性松香树脂	—	—	1
丙烯酸改良松香	—	—	0.4
三乙醇胺	—	—	0.45
有机硅表面活性剂（AC-64）	0.1	0.08	0.15
油酸酰胺阳离子表面活性剂（SF-03）	0.08	0.12	0.15
脂肪醇聚氧乙烯醚（AEO）	—	0.2	—
乙二醇乙醚	—	—	4
乙酸丁酯	5	—	—
异丙醇	89.4	—	—
咪唑	—	0.15	—

原料	配比（质量份）		
	1#	2#	3#
混合酯 DEB	—	2	—
丙二醇甲醚	—	3	—
丙二醇苯醚	—	—	3
去离子水	—	—	38
无水乙醇	—	88.5	50.4

制备方法 常温下，将溶剂加入干净的搪瓷搅拌釜中，开搅拌，先加入有机酸活化剂和活性增强剂，搅拌 0.5h 后，加入优质松香树脂，搅拌 1h 后，然后加入其它原料，继续搅拌至固体原料全部溶解，混合均匀，停搅拌，静置过滤即为产品。

原料介绍

有机酸活化剂为一元酸、二元酸、羟基酸、氨基酸，常用的有乙酸、丙酸、琥珀酸、乙醇酸、丙二酸、己二酸、戊二酸、柠檬酸、苯甲酸、水杨酸、苹果酸、甘氨酸、丙氨酸、肌氨酸，可选其中一种或多种的组合。这些活化剂的活性和活化温度各不相同，适当选择其组合，使其在焊接过程中分段发挥活性作用，使助焊剂在整个焊接温度范围都具有足够的活性，且活性物质能在不同温度下分段汽化挥发，焊后 PCB 板上无有机酸活化剂残留，无腐蚀。

优质松香树脂有特级脂松香、聚合松香、氢化松香、歧化松香、多元酸改性松香树脂、丙烯酸改良松香、改性水溶性松香树脂，可选其中的一种或多种的组合。这些树脂有不同的酸值和软化点，可在不同温区起活性作用；在焊接过程中，在被焊金属表面上形成保护膜，防止再氧化，在焊接温度下，增强焊剂活性，降低熔融焊料的表面张力；利用各种树脂成膜的互补性，焊后在 PCB 板表面上形成一层均匀的松香树脂保护膜，起到防腐蚀、防潮湿和增强电绝缘性作用。

活性增强剂有酮基羟酸 SC-300、酮基羟酸 SC-200、酮基羟酸 SC-400，可从其中选一种或多种的组合。这些化合物是完全不含卤素的活性增强剂，它本身具有一定的活性，并且能激发其它活化物质的活性，起到增强焊剂活性的作用。以往助焊剂活性增强剂采用含卤素的有机酸盐或醇、胺卤化物。

表面活性剂为非离子表面活性剂、特种有机硅表面活性剂和阳离子表面活性剂，常用的有壬基酚聚氧乙烯醚（NP-10）、脂肪醇聚氧乙烯醚（AEO）、有机硅表面活性剂（AC-64）、油酸酰胺阳离子表面活性剂（SF-03），可从其中选一种或多种的组合。特种有机硅表面活性剂具有低表面张力、强润湿性和强渗透力，能降低熔融焊料的表面张力，改善它的流动性和润湿性。阳离子表面活性剂能降低焊料表面自由能，减少分子之间的作用力。利用这两种表面活性剂的协同作用能最大限度地降低无铅焊料的表面张力，增强润湿性，提高无铅焊料的可焊性。

润湿增强剂为醇醚和有机酸酯，常用的有乙二醇乙醚、丙二醇甲醚、二甘醇甲醚、丙二醇苯醚、乙酸丁酯、丙二酸二乙酯、己二酸二甲酯、混合酯DEB，选其中的一种或多种的组合。这类物质能改善助焊剂本身的流动性和润湿力，增强助焊剂在被焊接金属表面上的润湿。

缓蚀剂有氮杂环化合物、有机胺，常用的有苯并三氮唑、咪唑、三乙醇胺。

所述溶剂有异丙醇、无水乙醇或去离子水。

产品应用　本品主要应用于电子产品的焊接。

使用方法：可采用喷雾、发泡、浸蘸等方法将助焊剂均匀涂敷到PCB板上，对PCB板进行预热，预热温度为85～115℃（极顶面测量），将焊剂中的溶剂完全蒸发掉，再经单波或双波波峰焊料槽焊接，焊料槽温度视无铅焊料而定，一般为焊料的熔点温度加40℃左右，传送速度为1.2～1.8m/min。

产品特性　本品能和多种焊接材料兼容，对无铅焊料合金无腐蚀作用；组成材料在焊接过程中分段挥发掉，焊后PCB板面残留物少，且铺展均匀，离子残留少，电绝缘性可靠，无须清洗。

本品能够满足通信设备、医疗设备、计算机、汽车电器、电视机、高级音响设备等主机板的焊接要求。

配方 **76**

无卤低碳环保助焊剂

原料配比

原料	配比（质量份）
聚乙二醇	75
氧化聚乙烯蜡	2
表面活性剂	4
优质松香脂	2.4
活性增强剂	2.6
稳定剂	3.5
去离子水	加至100

制备方法　将各组分混合均匀即可。

原料介绍

表面活性剂为十二烷基醇醚硫酸钠、椰油基羟乙基磺酸钠、棕榈硬脂醇磷酸酯中的一种或两种的混合物。

稳定剂为铅盐类稳定剂中二盐基硬脂酸铅与三盐基硫酸铅的混合物。

产品应用 本品主要应用于金属焊接。

产品特性 本品无卤低碳环保助焊剂，不含卤素、绝缘电阻高、助焊性好，同时该助焊剂以水为主要溶剂，比传统的醇基助焊剂更低碳，减少了二氧化碳排放。

配方

无卤高活性低飞溅焊锡丝用助焊剂

原料配比

原料	配比（质量份）				
	1#	2#	3#	4#	5#
三乙二醇丁醚	5	—	—	—	—
二乙二醇单丁醚	—	6	—	—	—
二乙二醇单己醚	—	—	—	—	3
二丙二醇二甲醚	—	—	—	—	3
乙二醇乙醚	—	—	—	2	—
2-乙基-1,3-己二醇	—	—	6	—	—
高活性碘酸盐 D2	0.45	0.54	0.58	0.55	0.5
四氢糠醇	—	—	—	5	—
十六酸	—	1.5	—	2	—
辛二酸	—	—	—	1	1.5
十二酸	—	1.5	—	—	1.5
二十四酸	—	—	—	—	3
己二酸	2	—	1.5	3	—
癸二酸	2	—	1.5	—	—
十四酸	—	—	1.5	—	—
ST-200	—	—	—	1.2	1.8
ST-400	1.6	1.8	1.2	—	—
12-羟基硬脂酸甲酯	—	—	—	7	—
季戊四醇四苯甲酸酯	—	—	2	—	—
氢化松香醇	9	—	—	—	—

原料	配比（质量份）				
	1#	2#	3#	4#	5#
氢化松香甲基酯	—	3	—	—	—
氧化聚乙烯蜡	—	—	—	—	9
FSN-100	0.11	—	0.16	—	—
FS-3100	—	—	—	0.2	0.17
全氢化松香 AX-E	—	—	—	15.61	—
FC-4430	—	0.18	—	—	—
巴西松香	—	27.66	—	—	—
125 松香	—	55.32	—	15.61	—
150 松香	39.92	—	—	—	—
685 松香	—	—	21.39	—	—
聚合松香 115	39.92	—	—	—	—
水白松香	—	—	64.17	46.83	25.51
亚克力松香	—	—	—	—	25.51

制备方法

（1）将原料配方中改性松香及黏度调节剂混合后加热 130～150℃并搅拌至完全熔化；

（2）加入二元有机羧酸复配物、无卤活性增强剂、高活性碘酸盐、高效表面活性剂和高沸点醇类或醇醚类溶剂；

（3）继续搅拌 20～30min 至全部组分完全溶解，制成无卤高活性低飞溅焊锡丝助焊剂。

原料介绍

所述的新型高活性碘酸盐为高活性碘酸盐 D2；

所述的无卤活性增强剂为酮基羟酸 ST-400 或酮基羟酸 ST-200。

所述的黏度调节剂为氢化松香醇、氢化松香甲基酯、季戊四醇四苯甲酸酯、12-羟基硬脂酸甲酯和氧化聚乙烯蜡中的一种或多种。

所述的高效表面活性剂为 FSN-100、FC-4430、FS-3100 和 FSO-100 的一种或多种。

所述的改性松香为水白松香、伊士曼全氢化松香 AX-E、巴西松香、125 松香、150 松香、聚合松香 115、685 松香和亚克力松香中的两种或两种以上的组合。

所述二元有机羧酸复配物为己二酸、辛二酸、癸二酸、十二酸、十四酸、十六酸、硬脂酸、二十四酸中两种或两种以上的组合。

所述的高沸点醇类或醇醚类溶剂为2-乙基-1,3-己二醇、四氢糠醇、二丙二醇二甲醚、三乙二醇丁醚、乙二醇乙醚、二乙二醇单丁醚、二乙二醇单己醚中的一种或多种。

产品应用　本品主要应用于电子、电气产品的软钎焊。

产品特性

（1）本品配方中不使用含卤化合物，实现了无卤化，对人体健康和环境无害。焊接过程中上锡速度快，气味小，手工焊接试验时飞溅少，扩展率达80%以上，对 Sn-Cu 系和 Sn-Ag-Cu 系无铅钎料有较佳的助焊效果。

（2）本品具有透锡能力强的优点，焊接过程中能完整上锡，其他成分能在松香中均匀分布，减少在焊接过程中因为助焊剂成分分散不均匀而造成的飞溅；有机酸为六个碳原子以上有机羧酸，碳链较长，活性保存时间长，可抑制高温下的瞬间汽化，防止焊接时焊锡丝急剧受热所引起的飞溅，提高焊接作业安全性，焊后低残留低腐蚀。此外，选择不同有机酸活化剂合理搭配，在钎焊温度下有助于形成活化梯度，可以增大活化剂的活化温度范围，由于羧基属于吸电基团，有强吸电子诱导效应，能够使另一个羧基中的氢原子容易解离，因而吸电诱导效应使得复配后的酸性增强，使助焊剂在不同的钎焊阶段能保持足够的活性；表面活性剂选用高效的具有特别出色内润滑性能的氟碳表面活性剂，有很强的降低焊料表面张力的作用，添加极少量即有降低金属表面张力的功效；活性增强剂选用无卤酮基羟酸替代传统的二溴丁烯二醇，阻抗高，对焊点光亮饱满起到一定作用；改性松香作为主要成膜物，两种或以上改性松香复配不仅可在焊接过程中起到活化剂的作用，还能有效降低焊接过程中的飞溅现象，焊后在焊接处形成一层均匀的松香树脂膜，对焊点进行有效的保护，使焊处不易开裂，焊后绝缘电阻高。

配方 **78**

无卤高阻抗助焊剂

原料配比

原料	配比（质量份）				
	1#	2#	3#	4#	5#
聚合松香	92.7	48.5	20	40	—
氢化松香	—	40	25	—	44.5
水白松香	—	—	42.4	44.59	—
亚克力松香	—	—	—	—	40

原料	配比（质量份）				
	1#	2#	3#	4#	5#
十六酸	2	—	—	—	3
戊二酸	—	2	—	—	—
己二酸	—	2	—	—	—
十二酸	—	1	—	—	—
辛二酸	—	—	3	—	—
癸二酸	—	—	3	—	—
丁二酸	—	—	—	2	—
十四酸	—	—	—	2	—
衣康酸	—	—	—	3	—
马来酸	—	—	—	—	2
水杨酸	—	—	—	—	3
烷基酚聚氧乙烯醚	0.5	—	0.2	—	—
脂肪醇聚氧乙烯醚	—	0.5	—	—	—
辛基酚聚氧乙烯醚	—	—	—	0.3	0.1
聚乙二醇单脂酸酯	—	0.5	—	0.1	—
壬基酚聚氧乙烯醚	0.5	—	0.3	—	—
异辛基酚聚氧乙烯醚	1	—	—	—	—
羟基苯并三氮唑	0.1	—	0.05	—	0.1
甲基苯并三氮唑	0.1	—	—	—	0.3
苯并三氮唑	—	—	0.05	0.01	—
三乙胺	0.1	0.5	—	—	—
三乙二醇单丁醚	—	2	—	3	7
三乙基卡必醇醚	3	3	—	3	—
三乙二醇乙醚	—	—	6	—	—
二乙二醇单己醚	—	—	—	2	—

制备方法 将改性松香加入容器内加热并搅拌至完全熔化，在130～150℃温度下依次加入有机酸活化剂、非离子表面活性剂、缓蚀剂和高沸点有机溶剂，继续搅拌20～30min，制成无卤高阻抗助焊剂。

原料介绍

所述的有机酸活化剂为丁二酸、戊二酸、己二酸、辛二酸、癸二酸、十二酸、十四酸、十六酸、马来酸、衣康酸和水杨酸中的一种、两种或两种以上的组合。

所述的非离子表面活性剂为辛基酚聚氧乙烯醚、烷基酚聚氧乙烯醚、壬基酚聚氧乙烯醚、异辛基酚聚氧乙烯醚、脂肪醇聚氧乙烯醚、聚乙二醇单脂酸酯和聚乙二醇单油酸酯中的一种、两种或两种以上的组合。

所述的高沸点有机溶剂为二乙二醇单己醚、三乙二醇单丁醚、三乙基卡必醇醚和三乙二醇乙醚中的一种、两种或两种以上的组合。

所述的缓蚀剂为苯并三氮唑、羟基苯并三氮唑、甲基苯并三氮唑和三乙胺中的一种、两种或两种以上的组合。

所述的改性松香为水白松香、聚合松香、氢化松香和亚克力松香中的一种、两种或两种以上的组合。

产品应用 本品主要应用于电子、电气产品的软钎焊。

产品特性

（1）本品对 Sn-Cu 系和 Sn-Ag-Cu 系无铅钎料有极佳的助焊效果，不仅可有效去除氧化膜、实现快速助焊，而且完全不添加含卤素化合物，对人体健康和环境无害；

（2）本品添加的高沸点有机溶剂可改善有机酸活化剂、非离子表面活性剂和缓蚀剂在改性松香中的分布，使得焊后残留物少，表面绝缘电阻高，保证了电子产品的焊后可靠性，能够满足现代电子工业对可靠性的严格要求。

配方 **79**

无卤免清洗助焊剂

原料配比

表 1 微胶囊型活化剂

原料	配比（质量份）		
	1#	2#	3#
丁二酸	40	—	—
戊二酸	—	45	—
丁二酸酐	—	—	45
己二酸	—	—	5
聚乳酸	60	55	50

表 2 无卤免清洗助焊剂

原料	配比（质量份）		
	1#	2#	3#
异丙醇	93.82	67.2	45.15
正戊醇	—	20	—
无水乙醇	—	—	40
三丙二醇二丁醚	5	9	—
四乙二醇单己醚	—	—	12
松香改性丙烯酸树脂	0.5	2	3.5
微胶囊型活化剂	0.6	1.6	2.5
对叔丁基辛基苯氧基聚乙氧基乙醇	0.04	0.12	—
辛基酚聚氧乙烯醚	0.04	—	—
十三烷基酚聚氧乙烯醚	—	0.08	—
异烯基苯氧基聚乙氧基乙醇	—	—	0.245
十六烷基酚聚氧乙烯醚	—	—	0.105

制备方法

（1）微胶囊型活化剂的制备：首先取活化剂倒入反应釜中，加入十倍活化剂质量的异丙醇，搅拌 30min±5min；接着在反应釜中加入聚乳酸，迅速升温至 40℃±5℃，搅拌 240min±10min，以完成活化剂的微胶囊化处理；然后水冷同时快速搅拌，经烘干、研碎获得粉末状固体，即为微胶囊型活化剂。

（2）助焊剂的制备，首先称取醇类溶剂和助溶剂，倒入反应釜中搅拌 20min±5min；接着依次加入成膜剂、步骤（1）制备所得的微胶囊型活化剂，搅拌 60min±10min；最后加入复合型表面活性剂，搅拌 15min±5min，即得本品无卤免清洗助焊剂。

原料介绍

所述的助溶剂为四乙二醇二甲醚、四乙二醇二丁醚、四乙二醇单丁醚、四乙二醇单己醚、二乙二醇单己醚、三丙二醇单丁醚、三丙二醇二丁醚、三乙二醇单己醚、三乙二醇单丁醚、三乙二醇二丁醚、醋酸丁酯、醋酸戊酯中的一种或几种。其主要作用是增加体系对固态物质的溶解能力，并延长产品的存储时间。

所述的微胶囊型活化剂为采用聚乳酸进行微胶囊化处理的活化剂，所述活化剂为戊二酸、丁二酸、己二酸、癸二酸、壬二酸、丙二酸、丁二酸酐中的一种或几种。其主要作用表现在：一是明显延长产品的存储时间，二是显著减少焊后残留物，三是增加助焊剂的可焊性。

所述的成膜剂为松香改性丙烯酸树脂、松香改性酚醛树脂、松香改性醇酸树脂中的一种或多种。其主要作用是在焊接过程中以及焊接完成后为焊点提供保护作用。

所述的复合型表面活性剂为50%～70%阴离子表面活性剂和30%～50%非离子表面活性剂组成的复合型表面活性剂。所述的阴离子表面活性剂为对叔丁基辛基苯氧基聚乙氧基乙醇、异辛基苯氧基聚乙氧基乙醇、对叔丁基壬基苯氧基聚乙氧基乙醇、壬基苯氧基聚乙氧基乙醇和辛基苯氧基聚乙氧基乙醇中的一种或几种；所述的非离子表面活性剂为辛基酚聚氧乙烯醚、庚基酚聚氧乙烯醚、癸基酚聚氧乙烯醚、十一烷基酚聚氧乙烯醚、十三烷基酚聚氧乙烯醚、十四烷基酚聚氧乙烯醚、十五烷基酚聚氧乙烯醚、十六烷基酚聚氧乙烯醚中的一种或几种。其主要作用是有效降低表面张力，增加润湿性，提高产品的可焊性。

所述的醇类溶剂为异丙醇、正丁醇、异丁醇、正丙醇、无水乙醇、正戊醇、异戊醇中的一种或几种。其主要作用是使各种原料均匀地分散，并便于生产使用。

产品应用 本品主要应用于电子工业。

产品特性 本品采用微胶囊技术对活化剂进行预处理后，助焊剂在室温下存储时间达到一年半以上，且使焊后残留物显著减少；复合型表面活性剂的添加，明显提高助焊剂的焊接性能，并进一步减少了焊后残留物。本产品符合无卤要求，适用性更广，应用潜力大。

配方 **80**

无卤素低固含水基免清洗助焊剂

原料配比

原料	配比（质量份）					
	1#	2#	3#	4#	5#	6#
丁二酸	0.5	1.2	1	1.2	1.2	1.2
乙酸	—	—	—	—	1	—
戊二酸	1	—	—	—	—	—
己二酸	0.7	—	1	0.8	—	0.6
甘氨酸	—	1	—	—	—	—
DBE	2.5	2.5	3.5	—	3	1.2
己二酸二乙酯	0.3	—	—	—	—	—
丁二酸二甲酯	—	—	—	0.5	—	—
己二酸二甲酯	—	—	—	1	—	—
苯甲酸乙酯	—	0.5	—	—	—	—

原料	配比（质量份）					
	1#	2#	3#	4#	5#	6#
乙二醇丁醚	—	—	—	—	5	—
二甘醇单甲醚	—	—	—	1	—	—
三乙胺	—	—	1.3	—	1.2	1.5
乙酸丁酯	3	—	—	3	—	3
丙烯酸松香树脂	—	—	—	—	—	0.8
苯并三氮唑	—	—	—	0.1	—	—
乙醇	4	—	—	5	—	—
异丙醇	—	8	—	—	—	—
二甘醇	—	—	1.2	—	—	0.1
乙二醇	—	—	—	—	2	—
FSN	—	0.09	0.06	—	0.06	0.06
TX-10	—	—	—	0.1	—	—
去离子水	88	86.71	91.94	87.3	86.54	91.64

制备方法　常温下，将去离子水加入干净的带搅拌的搪瓷釜中，将难溶原料加入助溶剂中溶解并在搅拌下加入去离子水中，然后依次加入其他原料，继续搅拌至固体物质全部溶解，混合均匀，停搅拌，静置过滤即为产品。

原料介绍

所述的有机酸类活化剂，为脂肪族一元酸、二元酸、芳香酸或氨基酸，特别是乙酸、丙酸、丁二酸、己二酸、戊二酸、苯甲酸、水杨酸、谷氨酸、甘氨酸，可选其中的一种或多种的组合。此类活化剂有足够的助焊活性，在焊接温度下能够分解、升华或挥发，使PCB板焊后板面无残留，无腐蚀。

所述的酯类润湿剂，为一元脂肪酸酯、二元脂肪酸酯、芳香酸酯、氨基酸酯，特别是乙酸乙酯、乙酸丁酯、乙酸苄酯、丁二酸二甲酯、丁二酸二乙酯、戊二酸二甲酯、己二酸二甲酯、己二酸二乙酯、DBE（混合酯）、苯甲酸乙酯、苯甲酸苄酯。可选其中的一种或多种的组合。这些酯类在焊接温度下挥发，焊后板面没有残留。

所述的醇、醚助溶剂特别是乙醇、异丙醇、乙二醇、二甘醇、甲基溶纤剂、乙基溶纤剂、丁基溶纤剂、乙二醇丁醚、二甘醇单甲醚、丙二醇甲醚，可选用其一种或多种的组合。醇、醚助溶剂起助溶和杀水生物的双重作用，因为焊剂以水作溶剂，为避免长期贮存生长水生物，加入适量杀生剂。

所述的表面活性剂可以是非离子表面活性剂，全氟非离子表面活性剂，特别是 TX-10（辛基酚聚氧乙烯醚）、CP-10（异辛基酚聚氧乙烯醚）、FSN（非离子氟表面活性剂）、FSO（非离子氟表面活性剂）。

所述的缓蚀剂是氮杂环化合物、有机胺类，特别是苯并三氮唑、三乙胺。

所述树脂成膜剂是水溶性树脂，特别是丙烯酸树脂、丙烯酸松香树脂、马来酸松香树脂。

产品应用　本品主要应用于电子产品的焊接。能满足通信、计算机、高级音响设备等主机板焊接工艺要求。

本品无卤素低固含水基免清洗助焊剂的使用方法是：可采用喷雾、发泡、浸渍等方法将助焊剂均匀涂敷在待焊接的 PCB 板上，对 PCB 板进行预热，预热温度为 100℃以上（板顶测量），将水完全蒸发掉，再经波峰焊料槽焊接，焊料槽温度为 245～260℃，传送速度为 1.2～1.8m/min。

产品特性　不含卤素，可焊性好，焊后残留物少，无须清洗，绝缘电阻高，用去离子水作溶剂，基本不含 VOC 物质，是环保型助焊剂，且不易燃烧。

配方 **81**

无卤素非松香型低固含量免清洗助焊剂

原料配比

原料	配比（质量份）			
	1#	2#	3#	4#
己二酸	0.8	—	1.4	—
丁二酸	0.8	1.8	—	1.5
水杨酸	—	—	0.5	—
谷氨酸	—	—	—	0.5
甘油	—	—	—	4
松香酸甘油酯	0.2	—	—	—
聚乙二醇	—	—	3	1
丁二醇丁醚	—	—	5	—
乙二醇丁醚	—	—	—	5
苯并三氮唑	0.1	0.1	0.1	—
硬脂酸甘油酯	—	0.2	—	—
α-蒎烯	—	8	—	—
松节油	5	—	—	—
乙酸乙酯	2	—	—	—

原料	配比（质量份）			
	1#	2#	3#	4#
乙二醇乙醚	—	2	—	—
OP-10	1	—	1	1
乙醇	—	—	—	45
无水乙醇	45.1	45	89	—
异丙醇	45	42.9	—	42

制备方法 常温常压下，在带有搅拌的搪瓷反应釜中先加入助溶剂和部分溶剂，搅拌下加入成膜剂，溶解后加入剩余溶剂和活化剂、缓蚀剂，然后再加入发泡剂。搅拌至固体物全部溶解、物料混合均匀，静置过滤即为产品。

原料介绍

本品选用脂肪族二元酸、芳香酸或氨基酸作为活化剂，烃、醇或酯类物质作为成膜剂，醚、酯或萜烯类化合物作为助溶剂，醇类物质为溶剂，为提高助焊剂的性能，满足不同用途的不同需要，可选择加入缓蚀剂、发泡剂、光亮剂或消光剂等添加剂。

本品选用的脂肪族二元酸、芳香酸或氨基酸，如丁二酸、己二酸、癸二酸、反丁烯二酸、苯甲酸、水杨酸、谷氨酸和赖氨酸。既可选其中一种，亦可选两种的混合物。此类活化剂既有足够的助焊活性，焊接效果好，又不含卤素，并且在焊接温度下能够分解、升华或挥发，使印制板板面焊后无残留、无腐蚀。

本品选用的烃、醇或酯类成膜剂可以是长链烷烃、长链脂肪酸酯、松香酸酯或多元醇。最好选用松香酸甘油酯、硬腊酸甘油酯、甘油、聚乙二醇、凡士林或石蜡。既可选用一种，亦可选其中两种的混合物。成膜剂的作用是使助焊剂溶剂挥发后携带活化剂在印制板上均匀成膜，获得较好的上锡能力，防止焊锡飞溅及上锡不均匀。本品中由于成膜剂用量小，且在焊接温度下有一定挥发性，焊后残留物极低，不粘手、不腐蚀印制板板面。

本品采用的醚、酯或萜烯类助溶剂为醋酸酯、溶纤剂或萜烯类化合物，最好选自醋酸乙酯、乙酸丁酯、乙二醇甲醚、乙二醇乙醚、乙二醇丁醚、α-蒎烯、β-蒎烯和松节油。既可选用一种，亦可选其中两种的混合物。

产品应用 本品主要应用于邮电通信、航空航天、计算机、彩电电调等各种印制板的波峰焊和浸焊生产线，能满足发泡、喷淋等多种涂布方式的工艺要求。

产品特性 本品采用了低固含量、无卤素、非松香体系，即由有机酸类活化剂，烃、醇或酯类成膜剂，醚、酯或萜烯类助溶剂及醇类溶剂组成，其可焊性好，焊点饱满、均匀，焊后印制板具有高的绝缘电阻，无腐蚀性，离子残留量极低。

配方 **82**

无卤素免清洗光亮型焊锡丝用松香基助焊剂

原料配比

原料	配比（质量份）			
	1#	2#	3#	4#
苯甲酸	0.5	—	—	—
甲磺酸	—	—	—	0.3
磺基水杨酸	—	—	0.7	—
己二烯酸	—	—	5.5	2
顺丁烯二酸	—	—	3.5	—
羟基苯甲酸	—	—	1.3	—
戊二酸	—	1.5	—	6
氨基磺酸	—	0.5	—	—
癸二酸	0.8	4.5	—	—
柠檬酸	—	1.5	—	3.2
苯基六羧酸	—	—	—	3.5
己二酸	2.2	—	—	—
月桂醇聚氧乙烯醚（AEO）	0.28	—	—	—
烷基二甲基磺丙基甜菜碱	0.14	—	—	—
烷基二甲基甜菜碱	—	—	0.007	—
烷基二甲基磺乙基甜菜碱	—	—	0.13	—
烷基酚聚氧乙烯醚（OP-10）	—	0.25	—	—
脂肪酸甲酯聚氧乙烯醚	—	0.05	—	—
十二烷基乙氧基磺基甜菜碱	—	—	—	0.004
十六烷基磺基甜菜碱	—	—	—	0.004
己二酸二乙酯	—	1	1.5	—
乙二酸二丁酯	—	—	1	—
苯甲酸辛酯	—	1	—	0.1
三乙醇胺	—	0.1	—	—
二乙醇胺	—	—	0.25	0.22
丁二酸二甲酯	1	—	—	—
三异丙醇胺	0.2	—	—	—

原料	配比（质量份）			
	1#	2#	3#	4#
二异丙醇胺	—	—	—	0.23
二甲基乙醇胺	—	0.13	—	—
三丙二醇单丁醚	—	1.5	3	—
二丙二醇丁醚	1	—	—	2
二己二醇二丁醚	—	—	—	4
三丙二醇甲醚	0.5	—	—	—
二甘醇己醚	—	1	1.9	—
聚合松香	45.38	25	—	—
歧化松香	48	—	60.5	78.37
氢化松香	—	61.97	20.55	—

制备方法

（1）称取所述配方原料，先把改性松香放入反应釜中，加热到（150±5）℃，连续搅拌，混合均匀。

（2）把步骤（1）中称取的助溶剂加入改性松香所在的反应釜中，保持加热温度（150±5）℃，继续搅拌，搅拌时间最好为25～35min。

（3）将活化剂、表面活性剂、光亮剂和缓蚀剂依次加入改性松香所在的反应釜中，保持加热温度（150±5）℃，继续搅拌，搅拌时间最好为2～8min。

（4）将步骤（3）制备的混合物冷却至室温，即得到无卤素免清洗光亮型焊锡丝用松香基固体助焊剂。

原料介绍

所述的活化剂为苯甲酸、戊二酸、甲磺酸、磺基水杨酸、苯基六羧酸、顺丁烯二酸、柠檬酸、羟基苯甲酸、己二酸、己二烯酸、癸二酸和氨基磺酸中的一种或多种。

所述的表面活性剂为烷基二甲基甜菜碱、烷基二甲基磺乙基甜菜碱、十二烷基乙氧基磺基甜菜碱、十六烷基磺基甜菜碱、烷基二甲基磺丙基甜菜碱、月桂醇聚氧乙烯醚（AEO）、烷基酚聚氧乙烯醚（OP-10）和脂肪酸甲酯聚氧乙烯醚中的一种或多种。

所述的光亮剂为乙二酸二丁酯、丁二酸二甲酯、己二酸二乙酯和苯甲酸辛酯中的一种或多种。

所述的缓蚀剂为二乙醇胺、三乙醇胺、二异丙醇胺、三异丙醇胺和二甲基乙醇胺中的一种或多种。

所述的助溶剂为三乙二醇单丁醚、三丙二醇单丁醚、三丙二醇甲醚、二丙二醇丁醚、二己二醇二丁醚和二甘醇己醚中的一种或多种。

所述的改性松香为氢化松香、歧化松香和聚合松香中的一种或多种。所述的改性松香用量为80%～90%。

产品应用　本品主要应用于电子组装软钎焊。

产品特性

（1）本品采用活性温度呈梯度分布的有机酸复配，在焊锡丝焊接过程中活性均匀温和，焊接上锡速度快。

（2）本品焊后表面绝缘电阻值高，不会引起器件短路等失效情况。

（3）本品所含活化剂、表面活性剂、光亮剂以及助溶剂沸点较高，焊接过程中挥发性的产物较少，烟雾较小，不会对环境造成污染。

配方 **83**

无卤素无铅焊锡膏及其所用的助焊剂

原料配比

表1　无卤素无铅焊锡膏

原料	配比（质量份）		
	1#	2#	3#
Ag	2.8	3	3.2
Cu	0.48	0.5	0.52
助焊剂	11	11.5	12
Sn	85.72	85	84.28

表2　助焊剂

原料	配比（质量份）		
	1#	2#	3#
有机酸活化剂	1	1.5	2
联氨类羟基羧酸化合物	10	12.5	15
有机溶剂	23	32	42
触变剂	3	5.5	8
表面活性剂	0.5	1	2
水溶性高分子聚合物	62.5	47.5	31

制备方法　将各组分混合均匀即可。

原料介绍

所述有机酸为苹果酸、癸二酸、己二酸、戊二酸或辛二酸。

所述联氨类羟基羧酸化合物为 2,2'-联氨-双（3-乙基苯并噻唑啉-6-磺酸）二胺盐、3-羟基-2-萘酸肼或硫酸肼。

所述有机溶剂是丙三醇、乙二醇。

所述触变剂是氢化蓖麻油或乙烯基双硬脂酰胺。

所述表面活性剂为烷基酚聚氧乙烯醚或辛基酚聚氧乙烯醚。

所述水溶性高分子聚合物为分子量为 200～2000 的聚乙二醇。

产品应用　本品主要应用于电子产品表面组装。

产品特性　本品采用联氨类羟基羧酸化合物代替传统的卤化物，符合环保要求。通过调整联氨类羟基羧酸化合物和添加物的比例，可促进焊膏中各种组分的溶解，提高印制触变性，降低焊料与 PCB 板表面的界面张力，增强润湿力，极大改善产品的润湿性能。同时，联氨类羟基羧酸化合物在焊接温度下几乎完全分解，使焊后残留表面绝缘电阻更高，免于清洗，使用更加安全可靠，有效解决了现有含铅焊锡膏不环保，无铅焊锡膏焊接性能差的问题。

配方 **84**

无卤素消光助焊剂

原料配比

原料	配比（质量份）
氢化松香	6
丁二酸	2.2
棕榈酸	2
对叔丁基苯甲酸	2
异丙醇	87.8

制备方法　将各组分混合均匀即可。

产品应用　本品主要应用于金属的焊接。

产品特性　本品使用有机酸代替盐酸盐，从而使助焊剂既满足焊接活性的要求，又通过大分子有机酸与软化点松香的共同作用形成消光膜。与现在的卤素消光型助焊剂相比，本助焊剂由于松香不易被氧化，松香颜色不易加深，储存时间更长，在单波焊接中，焊接质量与传统消光型助焊剂相同，在双波焊接中，由于助焊剂中含有大分子有机酸对叔丁基苯甲酸，在二次焊接时表现更好，焊接质量更好，且能有效降低发生电迁移的概率，在进行电迁移测试时，不会出现阻抗下降的现象。

配方 **85**

无卤助焊剂（一）

原料配比

原料		配比（质量份）				
		1#	2#	3#	4#	5#
有机酸活化剂	丁二酸	1.74	1.2	1.75	1.5	1.45
	己二酸	0.5	0.25	0.9	0.6	0.65
	戊二酸	0.75	1	0.5	0.85	0.75
松香成膜剂	全氢化松香	5.2	3.75	9.6	5.5	4
表面活性剂	壬基酚聚氧乙烯醚	0.31	0.25	0.75	0.55	0.45
流平剂	聚醚改性二甲基聚矽氧烷物溶液	0.89	0.55	1.5	1	0.7
低级脂肪醇溶剂	乙醇	51.61	60	35	90	—
	异丙醇	39	33	50	—	92

制备方法　将各组分混合均匀即可。

产品应用　本品主要应用于电子工业焊接。

产品特性　本品是由不含卤素的有机酸活化剂、松香成膜剂、表面活性剂、流平剂以及低级脂肪醇溶剂组成的助焊剂，不仅绿色环保，在焊接过程中不会产生刺激性气体，同时在剂量上合理分配，使得焊接后的电子线路板无需清洗、铜上锡饱满，半焊、空焊以及连锡的问题大大减少，提高了生产效率、降低了产品不合格率。另外还使得焊接后的电子线路板表面产生一种无色高绝缘阻抗的薄膜，从而提高了电子线路板的质量和性能。

配方 **86**

无卤助焊剂（二）

原料配比

原料	配比（质量份）				
	1#	2#	3#	4#	5#
松香	20	26	27	28	30

原料	配比（质量份）				
	1#	2#	3#	4#	5#
甘油	2	3	5	6	8
异丙醇	30	32	33	35	40
乙醇	5	6	8	9	10
乙酸乙酯	2	3	4	5	6
盐酸乙胺	1	2	3	4	5
松节油	5	6	7	8	10
二甲基甲酰胺	3	4	6	7	8
聚乙烯粉末	2	3	4	5	6

制备方法 将各组分在50～60℃的条件下充分混合均匀。
产品应用 本品主要应用于焊接材料。
产品特性 本品无卤助焊剂湿润性能达到了91%以上，最高达到了95%。

配方 87

无卤无铅低温锡膏助焊剂

原料配比

原料	配比（质量份）		
	1#	2#	3#
氢化松香	22	20	18
聚合松香	22	24	26
丁二酸	3	2	2
水杨酸	2	2	3
苹果酸	1	1	1
衣康酸	4	5	4
增稠触变剂	5	5	5
缓蚀剂	1.5	1.5	1.5
氟化氢胺	0.5	0.5	0.5
复合型抗氧化油	1	1	1
乙二醇丁醚	30	29	20
二丙二醇甲醚	8	9	18

制备方法 将松香和增稠触变剂和混合溶剂均匀加热到170℃，待物料全部溶清后，温度降低到140℃。再加入有机酸活化剂、缓蚀剂、表面活性剂等物料，搅拌所有物料溶解至外观为均一清透液体。将加热熔化好的助焊膏用100目过滤网过滤倒入耐高温塑料袋中，将盛有助焊膏的袋子放入冷却水循环池中快速冷却至常温。本助焊剂较为适用于 Sn-Bi 系、Sn-Bi-Cu 系和 Sn-Bi-Ag 系共晶焊料合金，80%～90%的焊料合金与加至 100 的上述助焊剂混合则为焊锡膏。

原料介绍

松香可以是聚合松香和氢化松香按（0.8～1.4）∶1 的比例混合而成，其在助焊剂中的比例可以是 44%，其是助焊制的主要基础树脂，提供一部分焊接活性并形成有效的焊点保护层。

所述的有机酸活化剂占助焊剂的 10%，其可以是乙二酸、乙二酸盐、丁二酸、丁二酸酐、衣康酸、水杨酸、苹果酸等有机酸中的一种或多种的组合，主要起到活化的作用，能够祛除氧化膜并帮助形成焊点。

所述的增稠触变剂为改性氢化蓖麻油或聚酰胺类中的一种或多种的组合，其与松香和混合溶剂共同配合调整助焊剂的流变性能，以更便于印刷或涂点的焊接工艺，此时增稠触变剂占助焊剂的 5%。

所述的缓蚀剂是苯并三氮唑或氮唑类中的一种或多种的组合，其占助焊剂的 1.5%，起到保护焊点、防止被焊接金属腐蚀的作用。

所述的表面活性剂是聚乙二醇辛基苯基醚、复合型抗氧化油、复合型无卤活性剂中的一种或两种的混合物，其占助焊剂的 1%，其主要起到降低表面张力，加强焊接活性，形成光滑圆润的焊点的作用。

所述的氟化氢铵占助焊剂的 0.5%，其与有机酸进行复配，作为高效活性剂，能够在各种难以焊接的金属和镀层表面焊接，其关键是游离态的氟离子能够提供很强的电负性，从而提供较强离子活度，能够在焊接过程加快焊锡对表面镀层的侵蚀，加快形成合金的速度，同时氟化氢铵在焊接过程中会随着温度的升高迅速分解挥发，最后完全不会残留在焊点上，保证了焊点的高可靠性。

所述的混合溶剂指的是二丙二醇单乙醚、二丙二醇甲醚、乙二醇丁醚、二乙二醇单己醚等低沸点醇醚溶剂中两种以上的混合物，其占助焊剂的 38%。上述比例的助焊剂使用时效果更佳。

产品应用 本品主要应用于锡合金焊接。

产品特性 本品配方中不含有任何游离态或者化合态的氯和溴元素，实现了无卤，且在配方中加入了特定比例的高活性氟化物，其与有机酸进行复配使锡膏可用于各种难以焊接的金属和镀层表面焊接且焊点不会发黑，结合适当比例（低于传统比例）的松香与混合溶剂，使助焊剂具有特别好的流变性和表面张力，保证焊接过程中的流变性与停驻的平衡，特别适合高效焊接工艺，并同时具有很好的焊接可靠性，这特别适应电子产品向高密度、小体积、多功能发展的趋势。其扩展率大于 80%，焊后残留少，残留物透明，铜板无腐蚀，无毒，无刺激性气体产生。具有良好的焊接效果。

配方 **88**

无铅低温焊膏用免洗型助焊剂

原料配比

原料	配比（质量份）				
	1#	2#	3#	4#	5#
松香季戊四醇酯	21	20	—	11	18
水白松香	—	—	27	—	—
萜烯树脂	—	—	4	3	—
氢化松香季戊四醇酯	—	—	—	—	10
萜烯-苯乙烯树脂	—	—	—	2	—
685 改性松香	16	16	—	11	—
全氢松香	—	—	—	10	—
α-98 高黏度乙烯树脂	8	8	8	5	11
触变剂 6500	4	4	10	2	—
触变剂 6650	—	—	—	3	3.5
二甲胺盐酸盐	—	—	2	—	4
N,N-亚乙基双硬脂酸酰胺	8	8	—	6	8
戊二酸	8	8	—	7	—
辛二酸	—	—	—	—	6.5
己二酸	—	—	8	—	—
2-溴苯甲酸	—	—	2	—	—
盐酸二乙胺基乙醇	2	2	—	2	—
环己胺氢溴酸盐	—	—	—	2	—
邻苯二甲酸二丁酯	8（体积份）	—	—	—	—
苯甲酸丁酯	—	7.5（体积份）	—	—	9（体积份）
苯甲酸乙酯	—	—	17（体积份）	14.3（体积份）	—
二甘醇甲醚	—	—	—	—	19（体积份）
环己醇	—	—	—	—	10.3（体积份）
苯甲酸甲酯	—	—	—	10（体积份）	—

原料	配比（质量份）				
	1#	2#	3#	4#	5#
乙酸苄酯	—	18（体积份）	—	—	—
苯甲醇	15.5（体积份）	—	10（体积份）	—	—
乙二醇丁醚	8（体积份）	—	10（体积份）	—	—
乙酰乙酸甲酯	—	8（体积份）	—	10（体积份）	—
液体松香树脂 SJ-30	1.5	—	1	0.5	0.7
松香改性液体树脂 SF-1	—	0.5	—	0.7	—
蓖麻油	—	—	1	—	—
高黏度石蜡	—	—	—	0.5	—

制备方法

（1）定量称取改性松香树脂、触变剂、增黏剂、有机活化剂和有机溶剂置于搅拌釜中；

（2）加热升温至改性松香树脂、触变剂和增黏剂开始熔化时进行搅拌合成，合成温度控制在最低沸点组分的沸点以下，即（150±5）℃；

（3）待搅拌釜中的所有物料完全溶解成透明无固体物的熔融体时，用有机溶剂补足至物料原有总质量后，停止加热，继续搅拌均匀得到混合物料，降至常温后陈化 4～6h 封装备用；

（4）定量称取润滑剂单独封装，润滑剂与步骤（3）中所得到的混合物料配合即得无铅低温焊膏用免洗型助焊剂。

原料介绍

所述的改性松香树脂包括水白松香、全氢松香、685 改性松香、625 改性松香、松香季戊四醇酯和氢化松香季戊四醇酯中的两种或两种以上的混合物。松香类树脂具有一定的助焊性，而改性松香类树脂的热稳定性能更好，不易氧化，不结晶，酸值低，因此能够使焊膏经焊接后在焊点和基板上形成一层致密的有机膜，保护焊点不被腐蚀和受潮，且具有良好的电绝缘性。

所述的触变剂包括触变剂 6650、触变剂 6500 和 N,N-亚乙基双硬脂酸酰胺中的一种或两种以上的混合物。所述的触变剂 6650 和触变剂 6500 的成分均为脂肪酸酰胺蜡。由于焊膏是一种假塑型流体，具有"剪切稀化"的特性，触变剂的作用是增强流体的切力变稀行为，改善焊膏的印刷性能，同时也起防沉、不易分层、软化及增滑、利于脱模等作用。

所述的增黏剂包括 α-98 高黏度乙烯树脂、萜烯树脂和萜烯-苯乙烯树脂中的一种或两种以上的混合物。

所述的有机活化剂包括脂肪族二元酸、丁二酸、己二酸、戊二酸、辛二酸、癸二酸、二甲胺盐酸盐、环己胺氢溴酸盐、盐酸二乙胺基乙醇和2-溴苯甲酸中的一种或两种以上的混合物。有机活化剂的作用是清除焊料和被焊母材表面氧化物和气体层，使其达到纯金属或合金间的相互接触，以显著减少达到钎焊温度时固、液、气相间的表面张力，即减少其接触表面处自由能或自由焓值，从而充分润滑表面。

所述的润滑剂包括松香改性液体树脂 ST-1、液体松香树脂 SJ-30（氢化松香酯类）、蓖麻油、棕榈油、硅油、菜籽油和高黏度石蜡中的一种或两种以上的混合物。

所述的有机溶剂包括乙二醇丁醚、乙二醇乙醚、二甘醇甲醚、二甘醇乙醚、二甘醇丁醚、二甘醇二丁醚、苯甲醇、环己醇、乙酸苄酯、苯甲酸甲酯、苯甲酸乙酯、苯甲酸丁酯、乙酰乙酸甲酯和邻苯二甲酸二丁酯中的两种或两种以上的混合物。本品采用的有机溶剂与焊剂中的固体成分均有很好的互溶性，常温下挥发程度适中，焊接时能迅速挥发掉，不留残渣且无毒性、无异味。

产品应用　本品主要应用于电器电子产品。

产品特性　本品完全能满足家电通信电子产品的制程工艺要求。由于添加了增黏剂和润滑剂，保证了产品的优良性能，长时间常温下在线使用较可靠，因此利用本品具有优良的流动性、触变性和可靠性，应用于家电、通信电子产品的 SMT 工艺和结构焊工艺中，在环境温度≤30℃、湿度≥80%的工作条件下，能长时间保持良好应用特性，获得良好的印刷质量。

无铅焊膏用低松香型无卤素免清洗助焊剂

原料配比

原料	配比（质量份）		
	1#	2#	3#
聚合松香	28	20	—
歧化松香	—	5	10
水合松香	—	—	10
氨基酸	—	—	16
壬基酚聚氧乙烯醚	—	—	6
丁二酸	13	—	—
己二酸	—	15	—
戊二酸	—	5	—

原料	配比（质量份）		
	1#	2#	3#
聚乙二醇 2000	3	5	—
聚乙二醇 4000	—	—	4
二甘醇二乙醚	26	—	—
二甘醇单乙醚	—	22	—
二甘醇单辛醚	—	—	20
乙二醇	—	15	23
二甘醇	12	—	—
氢化蓖麻油	3	4	0.5
苯并三氮唑	—	—	4
三乙胺	—	1	—
丙烯酸树脂	—	1	6
石蜡	2	5	0.5
三乙醇胺	8	—	—
聚丙烯酸树脂	3	—	—
辛基酚聚氧乙烯醚	2	2	—

制备方法　在带有搅拌器的反应釜中先加入高沸点溶剂，适量活化剂后加入反应釜，加热控制适当的温度，搅拌使其完全溶解，加入改性松香待其完全溶解后加入稳定剂、成膏剂、触变剂、表面活性剂，然后加入缓蚀剂，搅拌至溶液澄清透明，静置，水冷却，即为无铅焊膏用松香型无卤素免清洗助焊剂。再将助焊剂和无铅焊粉以（15∶85）～（10∶90）的比例混合，搅拌均匀，即得无卤素无铅焊膏。

原料介绍

有机酸类活化剂为脂肪族一元酸、二元酸、三元酸、羟基酸、芳香酸、氨基酸、油酸、谷氨酸、甘氨酸，选自乙二酸、丁二酸、戊二酸、己二酸、柠檬酸、山梨酸、乳酸、酒石酸、草酸、苯甲酸、甘氨酸、谷氨酸、油酸、高龙胆酸、顺丁二酸、丙烯酸、L-精氨酸中的一种或多种。此类活化剂有足够的助焊活性，助焊性能较好。助焊剂中活性成分在助焊过程中的作用机理是：首先，活性成分在溶剂里电离出游离的 H^+，H^+ 与母材和焊料表面的氧化物反应，这样，母材和焊料表面的氧化膜被除去，母材的金属部分露出；其次，由于母材的金属部分露出，有利于母材和焊料在钎焊温度下的铺展，达到良好的钎焊目的。

改性松香为氢化松香、聚合松香、歧化松香、水合松香的一种或多种的混合物。这类松香结构相对稳定，用它们配制的助焊剂，性能也相对稳定。改性松香在常温下呈固态，不电离，钎焊后，形成气密性好、透明的有机薄膜，可将焊锡点包裹起来，隔离金属与大气和其他腐蚀性介质的接触，具有良好的保护性能，很好地解决了助焊剂活性和腐蚀性矛盾的问题。

成膏剂为聚乙二醇2000、聚乙二醇4000、聚乙二醇6000，可选其中的一种或多种。成膏剂的作用是增强松香溶胶成黏稠膏状的能力。

稳定剂为石蜡。作用是增强黏稠状松香溶胶的稳定性。

触变剂为氢化蓖麻油、酰胺化合物，可选其中的一种或两种。触变剂的作用是增强焊膏流体的切力变稀行为，改善焊膏的印刷性能，使焊膏易于脱膜，且不发生坍塌现象。

缓蚀剂为氮杂环化合物、有机胺类，可选自三乙胺、三乙醇胺、苯并三氮唑。缓蚀剂的作用是抑制氧化，增大溶液的pH值，降低原来溶液的强酸性，减小助焊剂对印制板的腐蚀。有机酸类和有机胺类易发生中和反应，这种部分中和的产物，在焊接温度下迅速分解为有机酸和有机胺，而这两种物质皆为活化剂，所以改进后的焊剂活性有所增加。加入了缓蚀剂以后，不仅可以调节助焊剂的酸度，还可以使焊点光亮，在不降低焊剂活性的情况下，焊后腐蚀性降至最低。同时提高了焊剂和焊膏的存储稳定性。

增稠剂为丙烯酸树脂、聚丙烯酸树脂，可选其中的一种或两种，作用是增强松香溶胶的黏性。松香含量的降低导致了助焊剂黏度的下降，为了增加助焊剂的黏度必须加入增稠剂。

表面活性剂为辛基酚聚氧乙烯醚、壬基酚聚氧乙烯醚、非离子氟表面活性剂 $FCH_2CH_2O(CH_2CH_2O)_nH$（简称FSN）、非离子氟碳表面活性剂 $F(CF_2CF_2)_n(CH_2CH_2O)_nN$（简称FSO）等，可选其中的一种或多种。加适量的表面活性剂可降低表面张力，促进助焊剂中各种助剂的溶解，并对焊料及钎焊表面起到快速润湿的作用，并协同活化剂起到助焊功能。但是用量过多会降低焊后的表面绝缘电阻。

溶剂为高沸点溶剂。有机溶剂的作用是提供一种电离环境，让松香酸和有机酸在有机溶剂中电离出游离的 H^+。同时，溶剂还起到一种载体作用，在钎焊过程中，载着游离的 H^+ 去除氧化膜，同时，载着其它助焊剂成分起助焊作用。溶剂选择醇类和醚类混合物效果较好，由于低沸点的醇易于挥发，在焊接温度下，对已去除氧化膜的焊料表面起不到良好的保护作用，致使其重新被氧化。高沸点的醇，由于具有一定的黏性，溶解活性剂的效果较好，挥发缓慢，保护效果较好。但是助焊剂单纯使用高沸点的醇，用于配制焊膏时黏度较小，不能满足焊膏印刷黏度的要求。加入一定的醚类，能使溶解松香的效果更好，增大黏度的同时保证在保存过程中焊膏不会变干。因此，可以将高沸点的醇和高沸点的醚混合使用，以弥补单一醚类或单一醇类的不足。高沸点溶剂可选择乙二醇、丙三醇、二甘醇、乙二醇单丁醚、二甘醇单乙醚、二甘醇二乙醚、二甘醇丁醚、二甘醇单己醚、二甘醇单辛醚和 2-乙基-1,3-己二醇中的一种或几种。

产品应用 本品主要应用于 SnAgCu、SnAgCuRE、SnAg 及 SnCu 等合金系无铅焊膏。

产品特性 本品黏度较高，所配制的焊膏能获得良好的印刷形状，很少出现"塌陷"现象，易脱膜，不出现塞孔或拖丝现象，可以满足焊膏的黏度要求。

本品不含卤素，解决了无铅焊膏中松香含量过高引起的不挥发物含量过高的问题。焊料铺展均匀，助焊性能好，焊后残留物为一层无色透明膜状物质，可免除清洗工艺，印制板表面绝缘电阻高，焊后铜镜无穿透，无毒，无刺激性气味，使用安全，且不易燃烧。

配方 **90**

无铅焊膏用松香型无卤素助焊剂

原料配比

原料	配比（质量份）		
	1#	2#	3#
聚合松香	67	19	25
氢化松香	—	10	—
歧化松香	—	—	15
丁二酸	—	15	—
戊二酸	4	15	—
水杨酸	—	—	4
壬基酚聚氧乙烯醚	—	0.5	—
辛基酚聚氧乙烯醚	—	—	10
聚乙二醇 2000	1	—	—
聚乙二醇 6000	—	2	—
聚乙二醇 4000	—	—	11
丁基溶纤剂	—	—	25
二甘醇乙醚	26.5	—	—
二甘醇丁醚	—	22.5	—
氢化蓖麻油	1	8	5
石蜡	0.5	8	5

制备方法 将有机溶剂加入干净的带搅拌的搪瓷釜中，再将改性松香加入溶剂中，加热，搅拌，溶解、澄清后，依次加入其它原料，继续搅拌至固体物质全部溶解，混合均匀，停搅拌，计算并补足因挥发而减少的溶剂量，再混合均匀，静置，水冷却，即为无铅焊膏用松香型无卤素助焊剂。将助焊剂和无铅焊粉以 12∶88 的比例混合，搅拌均匀，即得无卤素无铅焊膏。

原料介绍

有机酸类活化剂为脂肪族一元酸、二元酸、三元酸、羟基酸、芳香酸、烯酸、氨基酸，特别是乙酸、丁二酸、戊二酸、己二酸、草酸、水杨酸、苯甲酸、乳酸、酒石酸、柠檬酸、苹果酸、油酸、谷氨酸、甘氨酸，可选其中的一种或多种。此类活化剂有足够的助焊活性，尤以质量混合配比为 1∶1 的两种有机酸的混合酸助焊性能最佳。

改性松香为聚合松香、氢化松香、歧化松香中的一种或多种。改性松香在常温下呈固态，不电离，钎焊后，形成气密性好、透明的有机薄膜，可将焊锡点包裹起来，隔绝了金属与大气和其他腐蚀性介质的接触，具有良好的保护性能，很好地解决了助焊剂活性和腐蚀性矛盾的问题。

成膏剂为聚乙二醇 2000、聚乙二醇 4000、聚乙二醇 6000，可选其中的一种或多种。

稳定剂为石蜡。稳定剂的作用是增强黏稠状松香溶胶的稳定性。石蜡的稳定效果很强，但用量过多，其本身会析出大量的白色蜡状物，起不到稳定作用；用量太少，也起不到稳定作用。其用量为助焊剂含量的 0.5%～8%。

触变剂为氢化蓖麻油、酰胺化合物，可选其中的一种或两种。触变剂的作用是增强焊膏流体的切力变稀行为，改善焊膏的印刷性能，使焊膏易于脱膜，且不发生坍塌现象。

溶剂为高沸点溶剂。有机溶剂的作用是提供一种电离环境，让松香酸和有机酸在有机溶剂中电离出游离的 H^+。同时，溶剂还起到一种载体作用，在焊接过程中，载着游离的 H^+ 去除氧化膜，同时，载着其它助焊剂成分起助焊作用。选用的高沸点溶剂是丁基溶纤剂、甲基卡必醇、乙基卡必醇、丁基卡必醇或二甘醇乙醚、二甘醇丁醚中的一种或两种。

表面活性剂为辛基酚聚氧乙烯醚、壬基酚聚氧乙烯醚、FSN、FSO，可选其中的一种或多种。

产品应用 本品主要应用于 SnAgCu、SnAgCuRE 及 SnAg 等合金系的无铅焊接。

产品特性 本品设计科学，配制合理，不含卤素，助焊性好，解决了无铅焊膏因熔点增大而带来的高温氧化严重的问题，焊后铜镜无穿透；所配制的无铅焊膏具有良好的流动性、易操作性、质量稳定性和优良的助焊性。完全能满足通信设备、计算机、高级音响设备等主机板回流焊接工艺要求。

配方 **91**
无铅焊料丝用松香型无卤素免清洗助焊剂

原料配比

原料	配比（质量份）		
	1#	2#	3#
丁二酸	13	—	—
己二酸	—	15	—
戊二酸	—	3	—
癸二酸	—	—	12
聚乙二醇 2000	5	6	—
聚乙二醇 4000	—	—	1
二甘醇二乙醚	10	—	—
二甘醇单乙醚	—	5	—
二甘醇单辛醚	—	—	10
丙三醇	12	—	—
四氢糠醇	—	—	5
乙二醇	—	5	—
氢化蓖麻油	3	5	0.5
苯并三氮唑	—	—	4
石蜡	2	3	0.5
三乙醇胺	5	—	—
三乙胺	—	0.5	—
辛基酚聚氧乙烯醚	2	0.5	—
壬基酚聚氧乙烯醚	—	—	4
聚合松香	48	30	—
无铅松香	—	27	—
水白松香	—	—	20
全氢化松香	—	—	43

制备方法 在带有搅拌器的反应釜中先加入溶剂，称量活化剂后加入反应釜，加热控制温度在 150℃，搅拌使其完全溶解，加入改性松香待其完全溶解后

加入稳定剂、成膏剂、触变剂、表面活性剂，然后加入缓蚀剂，搅拌至溶液澄清透明，静置，室温冷却，即为本品。

原料介绍

有机酸类活化剂为脂肪族一元酸、二元酸、三元酸、羟基酸、芳香酸、氨基酸、油酸、谷氨酸、甘氨酸，选自丁二酸、戊二酸、丙二酸、己二酸、癸二酸、水杨酸、衣康酸、壬二酸、乙醇酸、DL-苹果酸、硬脂酸中的一种或多种。此类活化剂有足够的助焊活性，助焊性能较好。活性成分在溶剂里电离出游离的 H^+，与母材和焊料表面的氧化物反应。这样，母材和焊料表面的氧化膜被除去，母材的金属部分露出，从而有利于母材和焊料在钎焊温度下的铺展，达到良好的钎焊目的。

有机溶剂为醇类或醚类溶剂。有机溶剂的作用是提供一种电离环境，让松香酸和有机酸在其中电离出游离的 H^+。溶剂还起到一种载体作用，在钎焊过程中，载着游离的 H^+ 去除氧化膜，同时载着其它助焊剂成分起助焊作用。有机溶剂可选择四氢糠醇、乙二醇、乙二醇单丁醚、丙三醇、丙二醇单甲醚、二甘醇单乙醚、二甘醇单辛醚、二甘醇二乙醚中的一种或两种。

成膏剂为聚乙二醇 2000、聚乙二醇 4000、聚乙二醇 6000，可选其中的一种或多种。成膏剂的作用是增强松香溶胶成黏稠膏状的能力。

触变剂为氢化蓖麻油、酰胺化合物，可选其中的一种或两种。触变剂的作用是增强焊膏流体的切力变稀行为，改善焊膏的印刷性能，使焊膏易于脱膜，且不发生坍塌现象。

稳定剂为石蜡。作用是增强黏稠状松香溶胶的稳定性。

缓蚀剂为氮杂环化合物、有机胺类缓蚀剂，可选自三乙胺、三乙醇胺、苯并三氮唑。

表面活性剂为辛基酚聚氧乙烯醚、壬基酚聚氧乙烯醚、非离子氟表面活性剂 $FCH_2CH_2O(CH_2CH_2O)_nH$（简称 FSN）、非离子氟碳表面活性剂 $F(CF_2CF_2)_n(CH_2CH_2O)_nN$（简称 FSO）等，可选其中的一种或多种。加适量的表面活性剂可降低表面张力，促进助焊剂中各种助剂的溶解，并对焊料及钎焊表面起到快速润湿的作用，并协同活化剂起到助焊功能。但是用量过多会降低焊后的表面绝缘电阻。

改性松香为聚合松香、全氢化松香、无铅松香、松香 KE-604、水白松香中的一种或多种。这类松香结构相对稳定，在常温下呈固态，不电离，钎焊后，形成气密性好、透明的有机薄膜，可将焊锡点包裹起来，隔离金属与大气和其他腐蚀性介质的接触，具有良好的保护性能，很好地解决了助焊剂活性和腐蚀性矛盾的问题。

产品应用　本品主要应用于无铅焊料丝。

产品特性　本品不含卤素，解决了无铅焊膏中松香含量过高引起的不挥发物含量过高的问题。焊料铺展均匀，助焊性能好，扩展率≥75%，润湿时间小于2s，焊后残留物为一层无色透明膜状物质，可免除清洗工艺，印制板表面绝缘电阻高，焊后铜镜无穿透，无毒，无刺激性气味，使用安全，且不易燃烧，具有良好的焊接效果。

配方 **92**

无铅焊料用无卤素免清洗助焊剂

原料配比

原料	配比（质量份）			
	1#	2#	3#	4#
有机溶剂	80	85	75	90
聚酰胺树脂	3	2	5	—
有机酸活化剂	5	3	8	2
无卤表面活性剂	0.2	0.3	0.5	0.1
抗氧化剂	0.8	0.2	0.3	1
松香	3	2	5	1
脂肪酸酯类润湿剂	2	0.5	3	4

制备方法 将所有组分放入助焊剂反应釜中，充分搅拌100～120min至所有组分溶解后即得免清洗助焊剂。

原料介绍

所述的脂肪酸酯类润湿剂由乙酸乙酯、乙酸丁酯、乙酸苄酯、丁二酸二甲酯、丁二酸二乙酯、戊二酸二甲酯、己二酸二甲酯、己二酸二乙酯、混合酯DBE、苯甲酸乙酯、苯甲酸苄酯中的一种或多种组成。脂肪酸酯类润湿剂在助焊剂中可以起到使印制电路板焊点消除暗泡、针孔的作用，具有良好的流平性，提高焊点光泽，焊后版面没有残留。

所述的有机溶剂由异丙醇、乙醇、四氢糠醇、二甘醇乙醚、丙二醇甲醚、2-乙基-1,3-乙二醇、二甘醇二丁醚、聚乙二醇二丁醚、2-甲基-己二醇中的一种或多种组成。上述溶剂具有较强的溶解能力、较高的挥发点，能使助焊剂中的有效成分完全溶解，使助焊剂性能更稳定，保质期延长。

所述的有机酸活化剂由丁二酸、戊二酸、己二酸、癸二酸、水杨酸、苯二甲酸、十六酸、十八酸、消旋苹果酸中的一种或多种组成。上述活化剂能有效去除焊盘上的氧化层，使元件焊接强度增强、焊点光亮。

所述的无卤表面活性剂由乳化剂 OP-10、三乙醇胺中的一种或两种组成。其不含卤素，不会残留在被焊件上而引起严重的腐蚀，改善了助焊剂在焊盘上的流动性，可减小焊料与引线脚金属两者接触时产生的表面张力，增强表面润湿力，使助焊剂的扩展率得到较大提高，增强了有机酸活化剂的渗透力；无卤表面活性剂还可起到发泡剂的作用。

所述的抗氧化剂为苯并三氮唑。有机酸活化剂去除氧化层后，抗氧化剂苯并三氮唑可抑制活化剂进一步与焊盘作用，防止焊盘再腐蚀氧化。

产品应用 本品主要应用于电子行业 PCB 焊接。

产品特性

（1）本品无铅焊料用无卤素免清洗助焊剂固含量较低，松香含量较少，助焊剂焊接后的 PCB 板面上基本无残留物。

（2）本品无铅焊料用无卤素免清洗助焊剂无腐蚀性，不含卤素，表面绝缘电阻高，焊点饱满光滑，无毒，无强烈刺激性气味，基本不污染环境，操作安全。

配方 **93**

无铅焊料用助焊剂

原料配比

原料	配比（质量份）				
	1#	2#	3#	4#	5#
水白松香	15	18	—	—	—
聚合松香	—	—	28	23	—
亚克力松香	—	—	—	—	32
二溴乙胺氢溴酸盐	2	4	7	5	9
琥珀酰胺	1	6	6	2	7
丁二酸	2	3	4	6	8
苯并三氮唑	3	5	5	8	9
山梨糖醇	4	8	7	5	10
二乙二醇乙醚	1	2	2	3	5
2-丙烯酰胺基十二烷基磺酸	0.5	1.2	1.8	2.2	2.4
2,3-环氧丙基三甲基氯化铵	1.2	1.9	3.5	3.7	4.5
氰乙基纤维素	0.8	2.8	2.5	2.8	3.2
乙烯基双硬脂酰胺	—	—	7	4	—

原料	配比（质量份）				
	1#	2#	3#	4#	5#
改性氢化蓖麻油	2	7	—	—	—
硬脂酸酰胺	—	—	—	—	8
蓖麻油	—	—	5	—	10
芝麻油	—	—	—	8	—
大豆油	3	9	—	—	—
去离子水	4	7	12	10	15

制备方法

（1）将改性松香、二溴乙胺氢溴酸盐、丁二酸、苯并三氮唑、山梨糖醇、二乙二醇乙醚和去离子水加入搅拌釜中，搅拌并加热升温至130～150℃，得到混合物Ⅰ；

（2）将步骤（1）所得混合物Ⅰ降温至80～100℃，然后加入琥珀酰胺、2-丙烯酰胺基十二烷基磺酸、触变剂和油类润湿剂，搅拌均匀，得到混合物Ⅱ；

（3）将2,3-环氧丙基三甲基氯化铵和氰乙基纤维素加至步骤（2）所得混合物Ⅱ中，搅拌均匀，即得。

注意：

步骤（1）中的升温过程为程序升温，每小时升温15～20℃。

步骤（2）中搅拌速度为300～400r/min，搅拌时间为30～50min。

步骤（3）中搅拌过程的温度为30～40℃。

原料介绍

所述改性松香为水白松香、聚合松香、氢化松香、歧化松香和亚克力松香中的一种。

所述的触变剂为氢化蓖麻油、改性氢化蓖麻油、乙烯基双硬脂酰胺、乙烯基双月桂酰胺或硬脂酸酰胺中的一种。

所述的油类润湿剂为蓖麻油、大豆油或芝麻油中的一种。

产品应用　本品主要应用于电子工业。

产品特性

（1）采用大量的去离子水作溶剂，只含有少量有机物，在焊接时产生较少的挥发物，因而对环境的污染以及对操作工人健康的危害大大减少；

（2）具有无卤素、焊后残留物少、免清洗、绝缘电阻高、不易燃、存储及运输方便的综合优势，是理想的"绿色助焊剂"。

无铅焊锡膏用无卤助焊剂（一）

原料配比

原料	配比（质量份）		
	1#	2#	3#
改性松香 KE604	26	33	35
聚合松香 135	10	12	15
丙二酸	0.5	0.5	0.1
己二酸	1	2	3
环己烷双乙酸	3	2	1
月桂二酸	6	4	5
月桂酸	—	2	1
乙烯基双硬脂酰胺	4	3	3
己基双羟基硬脂酸酰胺	4.5	4	3
氢化蓖麻油	2	1.5	2
脱水蓖麻油	2	1.5	2
芥酸酰胺	—	0.5	—
苯代三聚氰胺	1	0.3	—
氢化松香甘油酯	4	5	3
EB-7	0.5	0.2	0.2
三异丙醇胺	—	1	1.5
苯并三氮唑	—	0.5	—
Surfynol 465	—	0.2	0.5
Surfynol 604	—	0.2	0.5
二苯胍	1	—	—
抗氧剂 1010	1	—	—
Dynol 604	0.5	—	—
螯合剂	0.15	0.2	0.2
衣康酸二甲酯	7	6	5
二甘醇己醚	25.85	20.4	19

制备方法

（1）将高沸点溶剂加入干净的带搅拌的搪瓷釜内，再将改性松香压碎加入溶剂中，加热、搅拌、溶解、澄清。

（2）再依次加入触变剂、增黏剂、有机酸活化剂、pH 调节剂、表面活性剂、螯合剂，搅拌至固体物质全部溶解，最后加入抗氧剂，混合均匀后放入 5L 烧杯内封口静置，冰水冷却得到无铅焊锡膏用无卤助焊剂。

原料介绍

所述表面活性剂为 Surfynol 465、Surfynol 604、Dynol 604 中的至少一种。

所述螯合剂为 Tekuran DO。

所述的有机酸活化剂为脂肪族二元酸、羟基酸、芳香酸、氨基酸，特别是丙二酸、丁二酸、己二酸、癸二酸、环己烷双乙酸、月桂酸、月桂二酸中的至少一种。

所述的改性松香为氢化松香、KE604、聚合松香中的至少一种。

所述的触变剂为脱水蓖麻油、氢化蓖麻油、酰胺化合物中的至少一种。

所述的增黏剂选自氢化松香甘油酯、苯代三聚氰胺、芥酸酰胺、EB-7。

所述抗氧剂为苯并三氮唑、抗氧剂 1010、抗氧剂 246、9,10-二氢-9-氧杂-10-膦杂菲-10-氧化物中的至少一种。

所述 pH 调节剂为二苯胍、三异丙醇胺中的至少一种。

所述有机溶剂为丁基溶纤剂、甲基卡必醇、乙基卡必醇、丁基卡必醇、二甘醇二乙醚、己基二甘醇、衣康酸二甲酯、二甘醇己醚中的至少一种。

产品应用　本品主要应用于电子电路封装。

产品特性　本品助焊剂不含卤素化合物，绿色环保，可以显著提高焊后残留物的绝缘电阻，同时促进润湿，提高焊锡膏的焊接性能，另外，使用含本助焊剂的焊锡膏，焊后残余物色浅、清亮。

配方 95

无铅焊锡膏用无卤助焊剂（二）

原料配比

原料	配比（质量份）		
	1#	2#	3#
衣康酸二甲酯	7	5	—
己基二甘醇	—	—	7
二甘醇己醚	25.85	19	—
二甘醇	—	—	20
改性松香 KE604	26	35	30
聚合松香 135	10	15	10

原料	配比（质量份）		
	1#	2#	3#
丙二酸	0.5	0.1	0.3
己二酸	1	3	—
癸二酸	—	—	3
环己烷双乙酸	3	1	1
月桂二酸	6	5	4
月桂酸	—	1	2
乙烯基双硬脂酰胺	4	3	4
己基双羟基硬脂酸酰胺	4.5	3	3
氢化蓖麻油	2	2	2
脱水蓖麻油	2	2	3
苯代三聚氰胺	1	—	—
氢化松香甘油酯	4	3	3
芥酸酰胺	—	—	1.5
EB-7	0.5	0.2	—
二苯胍	1	—	1.2
三异丙醇胺	—	1.5	—
Dynol 604	0.5	—	—
Surfynol 465	—	0.5	0.8
Surfynol 604	—	0.5	—
螯合剂 Tekuran DO	0.15	0.2	0.18
抗氧剂 1010	1	1	1

制备方法

（1）将溶剂加入不锈钢锅内，再加入松香，加热至 130～150℃（加热的方式为电磁涡流加热），充分搅拌至溶液澄清。

（2）再加入有机酸活化剂、触变剂、增黏剂、pH 调节剂、表面活性剂、螯合剂，搅拌至固体物质全部溶解，最后加入抗氧剂，混合均匀，成品移出，冷却。

原料介绍

所述的松香为改性松香、聚合松香中的至少一种。

所述的溶剂为己基二甘醇、衣康酸二甲酯、二甘醇己醚中的至少一种。

所述的有机酸活化剂为丙二酸、丁二酸、己二酸、癸二酸、环己烷双乙酸、月桂酸、月桂二酸中的至少一种。

所述的触变剂为脱水蓖麻油、氢化蓖麻油、乙烯基双硬脂酰胺、己基双羟基硬脂酸酰胺中的至少一种。

所述的增黏剂为氢化松香甘油酯、苯代三聚氰胺、芥酸酰胺、EB-7 中的至少一种。

所述的 pH 调节剂为二苯胍、三异丙醇胺中的至少一种。

所述的表面活性剂为 Surfynol 465、Surfynol 604、Dynol 604 中的至少一种。

所述的螯合剂为 Tekuran DO。

产品应用　本品主要应用于电子电路封装。

产品特性　本品制备方法能源损耗降低，焊剂制备时间缩短，物料挥发减少，排放物浓度降低。

配方 **96**

无铅焊锡膏用无卤助焊剂（三）

原料配比

原料	配比（质量份）				
	1#	2#	3#	4#	5#
二乙二醇单己醚	48	46	—	48	48
二乙二醇单丁醚	—	—	58	—	—
硝基乙烷	—	—	—	4	—
氢化松香	40	30	36	40	41
聚合松香	40	50	40	40	41
GE-511	—	—	—	8	8
三甲基丁烯二醇	—	—	—	4	5
松香醚表面活性剂	—	—	10	—	—
TX-10 磷酸酯	12	—	—	—	—
对叔丁基苯甲酸	—	12	—	—	—
联二丙酸	—	—	14	—	—
硬脂酸	—	4	—	—	—
十四酸	16	—	—	18	18
丁二酸	3	4	4	2	2
己二酸	6	7	5	4	4
戊二酸	9	8	7	8	8
辛二酸	2	2	2	3	4

原料	配比（质量份）				
	1#	2#	3#	4#	5#
CHIMASSORB 3030	—	3	—	—	—
抗氧剂 BHT	—	—	—	2	2
甲基苯并三氮唑	2	—	2	—	—
苯并咪唑	—	12	—	—	—
甲基咪唑	10	—	12	10	10
触变剂 7500	—	—	10	—	—
亚乙基双硬脂酸酰胺	—	8	—	9	9

制备方法

（1）按上述比例称量溶剂、松香和表面活性剂加入反应容器中，加热升温至100～120℃，搅拌至完全溶解；

（2）将步骤（1）得到的混合物降温至80～100℃后加入有机酸和抗氧化剂，搅拌至完全溶解；

（3）将步骤（2）得到的混合物降温至50～70℃后加入触变剂，搅拌至完全溶解，冷却至20～25℃，用三辊研磨机将混合均匀溶液中的固体颗粒细度研磨至10μm 以下，即制得本品所述的无铅焊锡膏用无卤助焊剂。

原料介绍

所述溶剂由二乙二醇二丁醚、二乙二醇丁醚醋酸酯、二乙二醇单丁醚、二丙二醇甲醚、二乙二醇单己醚、硝基乙烷、二乙二醇辛醚、三丙二醇丁醚、三乙二醇丁醚中的一种或两种以上组成。

所述松香为氢化松香与聚合松香的混合物，两者的质量比例为1:（1～3）。

所述表面活性剂为 TX-10 磷酸酯、松香醚表面活性剂、GE-511、三甲基丁烯二醇、Surfynol 104E 中的一种或两种。

所述有机酸为衣康酸、硬脂酸、癸二酸、丁二酸、己二酸、戊二酸、辛二酸、十四酸、联二丙酸、对叔丁基苯甲酸、甲基丁二酸中的至少两种以上的组合。

所述抗氧化剂为甲基苯并三氮唑、抗氧剂 BHT、CHIMASSORB 3030、苯并咪唑、甲基咪唑中的一种或两种以上的组合。

所述触变剂为触变剂 7500、改性氢化蓖麻油、亚乙基双硬脂酸酰胺中的至少一种。

产品应用 本品主要应用于电子焊接材料。

产品特性

（1）本品选用质量比为1:（1～3）的氢化松香与聚合松香混合物松香，保证焊锡膏具有较好的黏附力，通过调节助焊剂中溶剂与松香的比例，可以得到黏度范围较宽的焊锡膏；

（2）本品不仅不含卤素而且具有较高的活性；

（3）该助焊剂制得的焊锡膏使用寿命长且具有良好的脱模效果。

配方 97

无铅焊锡膏用助焊剂

原料配比

原料	配比（质量份）		
	1#	2#	3#
氢化松香	7	—	—
水白松香	—	10	7.5
聚合松香	28	30	37.5
甘醇酸	2	—	0.6
乳酸	—	1	—
酒石酸	—	1.8	1
水杨酸	2	—	—
肌醇六磷酸盐	1	0.7	0.4
脂肪酸甘油酯	—	3.9	—
乙烯基双硬脂酰胺	—	1.6	2
氢化蓖麻油	2	—	6
聚酰胺	1	—	—
AEO-12	3	—	—
AEO-14	—	2.2	—
AEO-16	—	—	1.5
三乙胺	—	—	1.5
苯并噻唑	0.1	—	—
苯并咪唑	—	0.8	—
异丙醇	—	20	15
乙醇	23.9	—	12
二甘醇单丁醚	30	—	—
乙二醇单丁醚	—	28	—
乙二醇单丙醚	—	—	15

制备方法

（1）称量溶剂加入反应釜 1 中，再加入松香，加热至 130～140℃，保持恒温至熔化。

（2）在另一个反应釜 2 中加入活化剂、触变剂、表面活性剂、缓蚀剂，控制温度在 60～80℃，搅拌并混合均匀。

（3）将步骤（2）中的混合液倒入反应釜 1 中，充分搅拌使之混合均匀，静置，冷却至常温，得到无铅焊锡膏用助焊剂。

原料介绍

所述松香为氢化松香、水白松香中的一种与聚合松香的混合物，两者的质量比为 1∶（3～5）。

所述的活化剂为有机酸与有机磷酸盐的混合物，其中有机酸为甘醇酸、乳酸、酒石粉、水杨酸中的两种，有机磷酸盐为肌醇六磷酸盐，两者的质量比为 4∶1。

所述的触变剂由氢化蓖麻油、脂肪酸甘油酯中的一种，与聚酰胺、乙烯基双硬脂酰胺中的一种组合而成，两者的质量比为（2～3）∶1。

所述的表面活性剂为 AEO-12、AEO-14、AEO-16 中的一种及以上。

所述的缓蚀剂为苯并噻唑、苯并咪唑、三乙胺中的一种。

所述的溶剂为乙醇、异丙醇、二甘醇单丁醚、乙二醇单丁醚、乙二醇单丙醚中的两种或若干种。

产品应用　本品主要应用于焊接材料。

产品特性

（1）选用质量比为 1∶（3～5）的松香，保证锡膏有较好的黏附力；质量比为（2～3）∶1 的触变剂可以得到黏度范围较广的焊锡膏，满足细小间隙的回流焊的需求。

（2）活性好、无卤素残留，不需清洗，绝缘电阻在 $10^8\,\Omega$ 以上。

（3）高温抗氧化性能强。

配方 **98**

无铅焊锡丝用免清洗助焊剂

原料配比

原料	配比（质量份）				
	1#	2#	3#	4#	5#
聚合松香	40	—	—	—	—
氢化松香	—	45	—	—	25

原料	配比（质量份）				
	1#	2#	3#	4#	5#
水白松香	—	—	38	—	15
马来松香	—	—	—	48	—
丁二酸二甲酯	加至100	—	—	加至100	—
戊二酸二甲酯	—	加至100	—	—	—
己二酸二甲酯	—	—	加至100	—	加至100
顺丁烯二酸	—	15	—	—	—
二羟甲基丙酸	—	—	10	—	—
乳酸	—	—	—	8	—
十六酸	—	—	—	—	10
己二酸	—	—	—	5	—
丁二酸	12	—	—	—	—
聚乙二醇	8	6	7	5	8
辛基酚聚氧乙烯醚	—	—	0.8	0.5	—
DC-5211	1	0.6	—	—	0.5
苯并三氮唑	0.8	—	—	—	—
苯并噻唑	—	1	—	—	0.5
三乙胺	—	—	0.5	0.8	—

制备方法 在熔炉中加入一定量的高沸点溶剂，加热至150℃，在恒温条件下，加入相应的松香树脂，搅拌至溶化，继续恒温搅拌30min。

恒温下依次加入有机酸活化剂、缓释剂、保护剂、表面活性剂，搅拌均匀，恒温45min，倒入松香桶，等待灌芯。

原料介绍

所述的松香树脂为改性松香，由聚合松香、氢化松香、水白松香和马来松香中的一种或多种组成。

所述的高沸点溶剂，至少是丁二酸二甲酯、戊二酸二甲酯、己二酸二甲酯中的一种，作用是溶解固体成分，形成均匀溶液，还可清洗脏物和金属表面油污。

所述的有机酸活化剂至少为丁二酸、己二酸、十六酸、十八酸、硬脂酸、顺丁烯二酸、乳酸、二羟甲基丙酸中的一种，作用是除去引线脚上和焊料表面的氧化物，增强润湿性。

所述的保护剂为聚乙二醇，其分子量在600～2000之间。

所述的表面活性剂为有机硅表面活性剂DC-5211或非离子表面活性剂辛基

酚聚氧乙烯醚中的一种，可减小焊料与引线脚金属接触时产生的表面张力，增加润湿能力，增强活化剂的渗透力。

所述的缓蚀剂为苯并三氮唑、苯并噻唑和三乙胺中的一种，可防止金属的再氧化，抑制腐蚀。

产品应用　本品主要应用于电子封装。

产品特性

（1）选用有机酸活化剂，不含卤素，焊接过程烟雾小，环保无危害；

（2）有较好的润湿性能和去除氧化物能力；

（3）焊接残留物少，对线路板的损害小，不需清洗；

（4）绝缘电阻高。

配方 99

无铅焊锡丝用助焊剂

原料配比

原料	配比（质量份）					
	1#	2#	3#	4#	5#	6#
水白松香	8	—	12	6	—	15
聚合松香	25	—	—	22	20	20
歧化松香	—	15	—	10	10	—
氢化松香	—	20	25	—	10	—
戊二酸	2	—	—	2	2	—
丁二酸	—	—	5	—	4	2
十八酸	—	6	—	—	—	—
己二酸	—	—	—	2	—	—
辛二酸	—	—	—	5	—	—
硬脂酸	6	4	—	—	4	4
环己胺氢溴酸盐	—	0.4	—	—	0.5	0.2
对叔丁基苯甲酸	—	—	6	—	—	—
含少量卤素的乙二胺盐酸盐	—	—	0.8	—	—	—
十二酸	3	—	—	—	—	2
四丁基溴化铵	0.5	—	—	0.2	—	—
聚乙二醇	8	8	8	6	4	6

原料	配比（质量份）					
	1#	2#	3#	4#	5#	6#
丁二酸二甲酯	—	0.8	—	0.6	—	0.4
苯并噻唑	—	0.6	—	—	—	—
壬基酚聚氧乙烯醚	0.8	—	0.6	—	0.4	—
三乙胺	—	—	0.8	—	—	0.6
苯并三氮唑	0.5	—	—	0.8	0.6	—
溶剂	加至100	加至100	加至100	加至100	加至100	加至100

制备方法 首先，将松香树脂加入溶剂中，加热搅拌溶化，在135℃下恒温45min；然后依次加入有机酸活化剂、活性增强剂、保护剂，恒温搅拌至完全溶解；最后加入表面活性剂和缓蚀剂，恒温搅拌30～45min，放入松香锅中可直接用于灌芯工艺。

原料介绍

所述的松香树脂，包括水白松香、聚合松香、歧化松香、氢化松香等改性松香中的一种或多种。

所述的有机酸活化剂为丁二酸、己二酸、戊二酸、辛二酸、十二酸、十八酸、硬脂酸、对叔丁基苯甲酸、软脂酸中的一种或多种，能有效去除焊盘或焊料表面的氧化物，促进焊料的润湿。

所述的活性增强剂为含少量卤素的乙二胺盐酸盐、四丁基溴化铵、环己胺氢溴酸盐中的一种或多种，催化活化剂释放出活性。

所述的保护剂为聚乙二醇，其分子量在1000～6000之间。

所述的表面活性剂为非离子表面活性剂，为壬基酚聚氧乙烯醚和脂肪酸酯类表面活性剂丁二酸二甲酯中的一种或两种，可减小焊料与引线脚金属两者接触时产生的表面张力，增强表面润湿力，增强有机酸活化剂的渗透力。

所述的缓蚀剂为苯并三氮唑、苯并噻唑、三乙胺中的一种或多种，可抑制金属层的溶铜与腐蚀。

所述的溶剂为乙醇、丙酮、乙酸乙酯、去离子水中的一种或多种。

产品应用 本品主要应用于电子产品。

产品特性

（1）本品严格控制活性增强剂的用量，减少了卤素的含量，同时保持了较好的润湿性能和去除氧化物能力；

（2）焊接过程烟雾小，近乎于无，大大减少了对操作人员的伤害；

（3）焊接残留物少，对线路板的损害小，易清洗。

配方 **100**

无铅焊锡用无卤素免清洗助焊剂

原料配比

原料	配比（质量份）		
	1#	2#	3#
软脂酸	0.7	—	—
水杨酸	2.8	2.5	—
己二酸	—	—	2.5
苹果酸	—	—	1
壬基酚聚氧乙烯醚（TX-10）	—	—	0.06
对叔丁基苯甲酸	—	1	—
二溴丁烯二醇	0.3	0.4	—
二乙烯肼	—	2	—
苯胺	2	—	2
乙二胺	—	—	1.2
三乙醇胺	1.2	1	—
FSN	—	0.04	—
氢化松香	加至 100	加至 100	—
马来酸松香树脂	—	—	加至 100

制备方法 将成膜物质，即松香或树脂加入不锈钢制松香桶中加热到130℃左右，使其完全熔化，将各其余组分按质量比1：2用异丙醇或异丙醇与乙醇的混合溶剂完全溶解后慢慢加入熔化的松香或树脂中，并不断搅拌，使药剂分散均匀。等溶剂完全挥发后用油压机把配制好的药剂压进锡线中。最后通过拉丝机拉成各种规格线径的焊锡线即可。

原料介绍

有机酸类活化剂是指脂肪族一元酸、二元酸、芳香酸和氨基酸中的一种或多种，优选乙酸、丙酸、丁二酸、己二酸、戊二酸、软脂酸、硬脂酸、苯甲酸、苹果酸、水杨酸、谷氨酸、甘氨酸、5-氨基间苯二甲酸、十二酸、对叔丁基苯甲酸，可选其中的一种或多种。此类活化剂有足够的焊接活性，在焊接温度下能够分解或者升华，使PCB板焊后板面无残留，无腐蚀。

表面活性剂为非离子表面活性剂，优选壬基酚聚氧乙烯醚、烷基酚聚氧乙烯醚、辛基酚聚氧乙烯醚、二溴丁烯二醇、非离子氟表面活性剂（如 FSN、FSO 等），可选其中的一种或多种。此类表面活性剂属于非离子型表面活性剂，能有效降低焊料与焊盘间的表面张力，增强润湿性，且焊后无离子残留。

成膜物质是松香或树脂，特别是改性松香、改性丙烯树脂、改性环氧树脂、马来酸松香树脂中的一种或多种。成膜物质能在焊后起到包覆残留物以及防止再氧化的作用，不吸水，绝缘电阻高。

缓蚀剂是含氮杂环化合物（特别是苯并三氮唑）或有机胺类。有机胺类及其衍生物，是指乙二胺、丁二酸胺、二乙醇胺、三乙醇胺、苯胺、水杨酸胺、环己烷二胺、环丁烷二胺、二乙烯肼，可选用其一种或多种。此类胺及其衍生物可调节助焊剂的 pH 值，降低腐蚀性，焊接过程中可提高助焊活性，并且在焊接温度下挥发、分解，无残留。缓蚀剂能起氧化抑制作用，可减少焊剂对线路板的腐蚀。

产品应用　本品主要应用于邮电通信、计算机、航空航天、彩电、制冷等各种线路板的焊接工艺要求。

产品特性　本品无卤素，是环保型助焊剂；可焊性好，焊后无残留、免清洗，对板面无腐蚀，焊点饱满光亮；绝缘电阻高。本品扩展率≥80%，润湿时间小于2s，恒温恒湿后表面绝缘电阻大于 $3×10^{11}Ω$，无铜镜腐蚀。

参考文献

中国专利公告

CN-201580059362.0   CN-201810360749.5   CN-201980002196.9

CN-201580071189.6   CN-201810524451.3   CN-201510044388.X

CN-201580071414.6   CN-201810989661.X   CN-201510046766.8

CN-201680004703.9   CN-201810673103.2   CN-201510291284.9

CN-201710632047.3   CN-201811013308.4   CN-201510290589.8

CN-201710569407.X   CN-201811181192.5   CN-201510380315.8

CN-201710667188.9   CN-201811075549.1   CN-201510380129.4

CN-201710753918.7   CN-201811263450.4   CN-201510391727.1

CN-201780001047.1   CN-201811237096.8   CN-201510283609.9

CN-201710713465.5   CN-201811550633.4   CN-201510460774.7

CN-201710760120.5   CN-201811322551.4   CN-201510379409.3

CN-201710912357.0   CN-201811072663.9   CN-201510791158.X

CN-201711099979.2   CN-201811594495.X   CN-201610012910.0

CN-201610852405.7   CN-201910232194.0   CN-201610099852.X

CN-201711204699.3   CN-201910055565.2   CN-201610176964.0

CN-201711361485.7   CN-201910484304.2   CN-201510743537.1

CN-201711386953.6   CN-201880007126.8   CN-201610271830.7

CN-201810032033.2   CN-201810170526.2   CN-201610312404.3

CN-201611188330.3   CN-201910478287.1   CN-201610727867.6

CN-201711495217.4   CN-201910824776.8   CN-201610812914.7

CN-201810078247.3   CN-201880025625.X   CN-201510358011.1

CN-201810169716.2   CN-201910914324.9   CN-201610880005.7

CN-201680075671.1   CN-201910862875.5   CN-201610944238.9

CN-201610892356.X　　CN-201811046845.9　　CN-201610123920.1

CN-201611082681.6　　CN-201811091928.X　　CN-201610099887.3

CN-201611018472.5　　CN-201811099130.X　　CN-201610383648.0

CN-201510869145.X　　CN-201811138505.9　　CN-201610289303.9

CN-201511007828.0　　CN-201811422005.8　　CN-201610553557.7

CN-201511008335.9　　CN-201811306009.X　　CN-201610554352.0

CN-201711099090.4　　CN-201811366771.7　　CN-201580013289.3

CN-201711247757.0　　CN-201880002417.8　　CN-201610777351.2

CN-201680053796.4　　CN-201780037357.9　　CN-201610808561.3

CN-201810102289.6　　CN-201811404140.X　　CN-201610769978.3

CN-201810111135.3　　CN-201910272251.8　　CN-201610979116.3

CN-201780003977.0　　CN-201910409767.2　　CN-201610860383.9

CN-201810090084.0　　CN-201910412891.4　　CN-201611063444.5

CN-201810376229.3　　CN-201910129469.8　　CN-201510799879.5

CN-201810198622.8　　CN-201910425938.0　　CN-201611144226.4

CN-201810687985.8　　CN-201910824118.9　　CN-201511006746.4

CN-201810328364.0　　CN-201910824122.5　　CN-201511006980.7

CN-201810360750.8　　CN-201910721358.6　　CN-201511008850.7

CN-201810383109.6　　CN-201780091039.0　　CN-201710411886.2

CN-201810383110.9　　CN-201911014454.3　　CN-201710506255.9

CN-201810435623.X　　CN-201910903558.3　　CN-201710652289.9

CN-201810383018.2　　CN-201910657120.1　　CN-201710508507.1

CN-201810341491.4　　CN-201510622857.1　　CN-201710578539.9

CN-201810561136.8　　CN-201510592620.3　　CN-201710554492.2

CN-201811003003.5　　CN-201510823320.1　　CN-201710658841.5

CN-201810657870.4　　CN-201510518008.1　　CN-201710842653.8

CN-201811172724.9　　CN-201511034895.1　　CN-201710980974.4

CN-201710957965.3　　　CN-201810328392.2　　　CN-201811204961.9

CN-201711269494.3　　　CN-201711306678.2　　　CN-201910729822.6

CN-201711114835.X　　　CN-201810874476.6　　　CN-201810972667.6

CN-201711322134.5　　　CN-201780011762.3　　　CN-201811256491.0

CN-201710947213.9　　　CN-201780045759.3　　　CN-201810995263.9

CN-201810121964.X　　　CN-201811433348.4　　　CN-201811013288.0

CN-201711487652.2　　　CN-201811592258.X　　　CN-201811169884.8

CN-201810117465.3　　　CN-201811594493.0　　　CN-201811181193.X

CN-201611217774.5　　　CN-201811295373.0　　　CN-201811366761.3

CN-201611250869.7　　　CN-201711383100.7　　　CN-201811592294.6

CN-201810030219.4　　　CN-201810979093.5　　　CN-201811592260.7

CN-201711495231.4　　　CN-201810070633.8　　　CN-201811366748.8

CN-201711306674.4　　　CN-201910609772.8　　　CN-201910285225.9

CN-201810205420.1　　　CN-201910617590.5　　　CN-201880003743.0

CN-201810200065.9　　　CN-201780089223.1　　　CN-201910298995.7

CN-201810238176.9　　　CN-201810560148.9　　　CN-201910156627.9

CN-201810238284.6　　　CN-201880032119.3